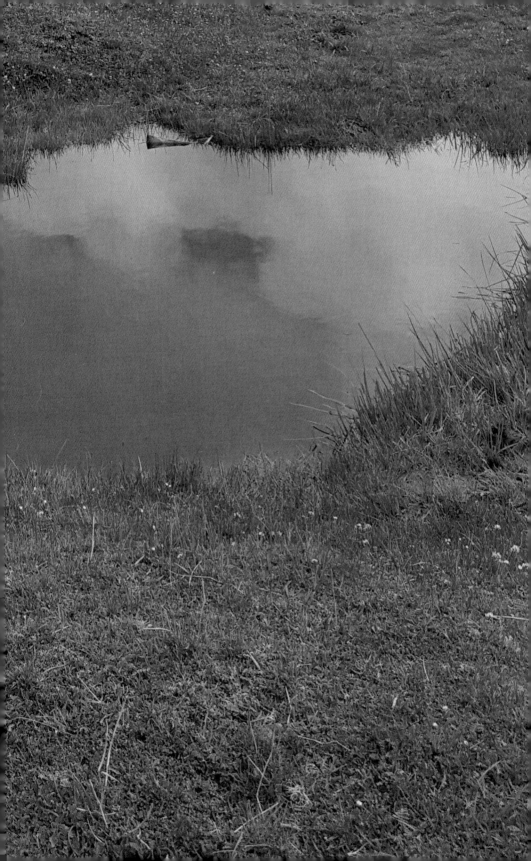

与虫在野

半夏／著

·桂林·

与虫在野

Yu Chong Zai Ye

图书在版编目（CIP）数据

与虫在野 / 半夏著. —桂林：广西师范大学出版社，2019.8

ISBN 978-7-5598-1994-9

Ⅰ. ①与… Ⅱ. ①半… Ⅲ. ①昆虫学－普及读物 Ⅳ. ① Q96-49

中国版本图书馆 CIP 数据核字（2019）第 159135 号

广西师范大学出版社出版发行
广西桂林市五里店路 9 号
邮政编码：541004
网址：http://www.bbtpress.com

出版人：张艺兵
全国新华书店经销
北京盛通印刷股份有限公司印刷
北京经济技术开发区经海三路 18 号
邮政编码：100176

开本：635 mm × 965 mm 1/16
印张：23.5
字数：270 千字
2019 年 8 月第 1 版
2019 年 8 月第 1 次印刷
印数：0 001~8 000 册
定价：118.00 元

序言　　赏虫开生面，逢子亦在野

弗里施（K. von Frisch）观察蜜蜂的舞姿、王世襄斗蛐蛐、朱赢椿制作虫子书、王芳养蝇蛆处理厨余垃圾，很好地体现了人虫互动的多样性。

而“现代性”的大局面是人口、人欲膨胀，过度开垦、大规模使用杀虫剂破坏了生态系统的正常运作。人的快速演化，既威胁到大虫（古人曾称老虎为大虫）也威胁到小虫的生存。

我看花草，不玩虫子，对虫界的人物和故事了解得很少。却也听说过个把玩虫子的人，远有法布尔（Jean-Henri C. Fabre）、柳比歇夫（A. A. Lyubishchev）、埃西格（E. O. Essig）、纳博科夫（V. V. Nabokov）、威尔逊（E. O. Wilson）、约翰逊（M. W. Johnson），近有蔡邦华、周尧、赵善欢、钦俊德、朱耀沂、赵力，见过面的则有张巍巍、李元胜、严莹，以及本书作者半夏。其实我认识三个“半夏”，一个男半夏，一个女半夏，另一个是天南星科的半夏。男半夏曾送我《我的花鸟虫鱼》《果子市》《中药铺子》。本书作者是女半夏，优秀作家，在这里作为虫子爱好者出场。

昆虫在地球上拥有最多的物种数量，其“人口”（虫口）数也最大。但深受人类中心主义之害的高傲人类通常不尊重这些虫子，对其美丽、精致、演化智慧以及它们在整个生态系统中的地位缺乏足够的鉴赏力。没有虫子传粉，我们就无法得到许多食物，还有重要的丝绸；到野外被蚊虫叮咬，便生怨恨，好像虫子天生与人作对。我个人从小不怕虫子，不讨厌虫子，却也谈不上特别喜欢虫子。我的自然爱好聚焦于植物，朴素地认为植物不好动，观察、拍摄起来比较容易。另外基于植物在生态系统中的基础地位而对花草树木敬佩、崇拜有加。后来晓得，生态共同体中，每一成员都有自己的天职，缺了谁都不行。于是，曾想过把爱好扩展到贝类、鸟类和虫子，但都没有当真，还时刻提醒自己，不能太贪。因为一旦喜欢上植物以外的东西，有限的业余时间分配就是个大问题，弄不好反而可能损害了自己多年的植物爱好。博物的对象虽然十分广泛，但作为个体，确实不宜一时什么都喜欢。

但是，虫子确实有诱惑力。2018 年 8 月我到云南勐海看植物，住在海拔 1700 米的一个林业管理站中，夜间门口一盏大灯吸引来无数甲虫、蛾子，美不胜收。那场景令我十分震惊，我差点因此启动了植物之外的第二个爱好！其实，我不知道这些虫子的确切名字，一种雄虫长着五只角，太特别了，我才忍不住实际查了一下，大约是犀金龟科五角兜属的。我更不知道这些虫子对人有什么用处，在生态系统中扮演什么角色。可以肯定，吸引我的首先是它们的美。面向公众，为了便于记忆，我对博物（BOWU）的诠释第一项便涉及大自然之美（beauty）。五年前，吸引半夏走向观虫之路的是什么？我猜想，肯定包含美，或者首先是不可抗拒的美。果真，在这本书里，半夏说五年前的某天她雨后散步，偶然间用手机拍到一只停歇在美人蕉叶上的丽蝇，它的美令她成为“虫拜者”，从此，节假日她都去野地里看虫子、拍虫子。

博物爱好者或自然爱好者，都在乎自然之美。但不会只因为美，局限于美。诚如半夏在序言中所说：“只唤起人们发现美是远远不够的，在现代生产方式下，人发生异化，需要在劳动工作中找到成就感之外的事物来完善自己的人生，不要只是感叹人生无聊和无意义，在人与自然的关系里可以找寻到与自我相处的完美的关系，这是一种必要和高尚。”人与自然有四种可能的拓扑关系，其中最重要的一种是分形交织：你中有我、我中有你。从小就开始广泛地接触大自然，仰观星座月相、接受风吹雨淋，近察花开花落、亲听鸟鸣虫吟，既是个体做人的权利，也是自我实现的必要环节。大尺度上看，尊重自然、回归自然、融入自然，而非超拔、凌驾、征服自然，才有可能做到人类社会的可持续生存。

博物离不开科学，但当代科学已经远远地抛弃了百姓对自然事物那点可怜的爱好、情感。比起科学的客观、严格、艰深、体系化、有力量，博物不算什么；如今科学家有足够的理由鄙视博物。称某位科学家是博物学家，不是在表扬而是在羞辱。威尔逊把自传书名定为《博物学家》(*Naturalist*)，是极少有的自信。在相当长的时间内，博物与科学还有相当大的交集，但是千万别指望博物能通过“套科学的近乎”而获取足够的声望。真的不可能。退一万步，百姓的博物即使全都科学化了，它也只是科学大厦或科学帝国中的一小部分，肤浅的一部分。科学史研究当然可以多挖掘一点博物的材料、人物，以表明历史上博物对于科学是多么重要，但是这样做是科学中心主义的，没什么大出息。博物还原为科学之路，走不通，一方面博物自身太杂、太平面化，另一方面人家瞧不上眼。很显然，博物也不等同于科普，虽然许多人这样以为。那么，博物不从属于科学，不是科学，不是科普，还能是什么？

是文学，是艺术。当然，只是打比方。博物可以是文学一样的东西，可以是艺术一样的东西。博物就是博物，是它自己。各个时期的文学、艺术，自然会借鉴同时代的科学技术，但是从来没有化归为后者。博物也一样。在西学语境中，博物归根到底是对大自然的一种宏观层面的探究，即古希腊人讲的“伊斯特利亚”(对应于拉丁语

historia）。我读过一点材料，反复琢磨、努力建构，想弄清楚博物与科学究竟是什么关系、应该是什么关系，结论是：平行关系。博物平行于科学存在，演化，发展。过去如此，现在如此，将来可能也差不多。很自然，平行于科学的东西很多，也都不可能跟人家较劲，去比力气、比效率、比资助额、比风光程度。博物平行于科学，与科学应保持一定的距离，不远也不近。不远，是指要努力学习科学，借鉴科学的各种知识性进展；不近，是指不依附于科学，不寄人篱下，不追求发论文，不幻想控制和操纵这个世界。

《与虫在野》饱含深情，是不可多得的自然观察笔记，虫子书。我相信，它的出版会推动、丰富正在复兴的中国博物学文化。

我也很喜欢这个书名。与虫子在一起，而且不是在室、在朝，而是在野。非常有趣，有诗意，有画面感。

中国古人常描写“在野”，如“云为车兮风为马，玉在山兮兰在野”（傅玄）。杜甫、陆游、黄庭坚、王安石的诗歌中都喜用“在野”两字。杜甫写道：“豺狼在邑龙在野”“经过倦俗态，在野无所违”“望中疑在野，幽处欲生云”。王安石甚至写过“仁义多在野”。

与虫在野，“逢子亦在野”（孟浩然），博物快乐！

刘华杰

2019年5月12日于北京大学哲学系

自序

在这个纯属偶然的星球上，人类是孤独的，绝对的孤独；在围绕我们的所有生命形式中，除开狗以外，没有任何一种生命与人类结成盟友。

——莫里斯·梅特林克

从前，在电灯泡被人类广泛运用以前，那种隐秘又宁静的田园村落举目皆是：人类拓荒者的历史遗迹存于乡村建筑的墙上窗棂上瓦顶上。每个安详的早晨与傍晚，炊烟四起，太阳照耀着山冈时，树叶在风中轻轻摇晃，唧唧虫鸣平添人世生机，雨幕落雪都是闲看的风景；太阳落下的暮归时分，耳畔传来人类深沉的低吟或者高歌，那是把时间拉长把空间无限打开的舒缓，那是梦一般的乡村圣歌。那时，有人生活着的乡村是真的灵魂家园，是人类站起劳作，坐下躺下便可依赖的精神原乡。

一百多年前，用电做能源的电灯泡诞生，电能转化为光能，这大大推动了人类文明的进步。电灯泡照亮黑夜，于是，在漫漫黑夜陪伴人类的不再是火塘，不再是蜡烛，不再是油灯。史前在月光星光的照耀下前行的蛾子，也从赴火变为赴灯。

2014 年夏天，我偶然间用手机拍摄了一只人见人嫌的苍蝇，手机镜头里的它却令我惊艳，自此我开始关注虫世界。五年来，我用手机拍了几万张虫虫图片。起初我拍虫也不跑远处。周末我总是回到滇池岸边的家里，每天早晨我都呼吸着最新鲜的空气，沿着一条入滇河道走到附近渔村里去，到村民的自留地边买刚从地里拔割来的蔬菜。村民自种自吃的蔬菜管理认真，不用大棚，施的农家肥，不用或很少用杀虫剂。那里成为我最早的拍虫营地，人吃的菜虫也爱吃。很快我便拍到近百种叫不上名字的虫子，心里生出一个芽胚样的东西：我可能会写一本有关虫子的书什么的。此前我读过美国声音生态学家戈登·汉普顿写的《一平方英寸的寂静》。汉普顿在那本书里向世界发出警告：大自然的寂静是一种消失最快的资源。他在国家公园的密林深处设定了一平方英寸大的原点，从那里出发，来测量人为的噪声，比如天空掠过的飞机留下的声音污染。受他启发，我想，渔村这块南北长及东西长各大约 100 米的菜地物种也够丰富了，菜地里的虫子我估量不少于 200 种；书名也可参考一下这本书，10 000 平方米正好是 1 公顷，书名可叫——《一公顷菜地里的虫子》。然而我很快就发现渔村的这块菜地即将荒废，卖菜给我的农妇们说，再过几个月就吃不着这里的菜了，这地里马上要起高楼。果真，半年后，没人种菜了，原来地里种下的没人管护了，荒废的菜地里很快杂草丛生。这一阶段，这里成了虫子的乐土。

然而，好景不长，好像就一瞬间，村民们的屋舍都拆没了，挖掘机开来，建筑挡板把那块土地围起来了。

最近的拍虫地没了，而我已沉迷于虫界不能自拔，若继续拍虫，那当然，我只有走更远的路到山野里去找虫拍了。我的自然观察记录“在野阅微”系列开始持续地在我的自媒体上发布。

在这过程中，我采访了中国当下最著名的博物学家、北大哲学教授刘华杰先生。前后一年的采访写作及阅读一些博物学专著的经历，伴随着《看花是种世界观》的出版，让心里那点芽胚也有了雏形。

每次进入野地，都看见不识的草木、不知的虫子，每次回来查资料或请教都感慨又认识了新的物种。一个人一辈子结识一万个人打顶了，但那一万个人仍只是一个物种，一个物种里一万个人只是一万个不同的个体。而每认识一种虫子我都别有心动——我又结识了一个新朋友，那是一万个外形和神情不同的物种，是真的一万个朋友，唯有欢喜。1950 年的诺贝尔文学奖获得者罗素说：你能在浪费时间中获得乐趣，就不是浪费时间。

我要写一本“与虫书”，而我的虫书绝不写成一本科学的专业论著，给读者正儿八经地讲述知识、搞科普。我拿我人类的两只单眼与虫虫们的复眼对视，我发现可以沟通。这本书并非仅仅是观察摘要，也不是虫虫的歌颂史、赞美诗，我只是想跟你——我的读者说，我们要跟自然界里的这些小东西玩好一点，然后把人类的所谓理智释放一点点。

如今，智能机器人正在很多行当里代替人类工作，而且做得非常好，人类将被闲置一边。话说，当下职场打拼一族无比羡慕有闲人，未来将颠倒过来，袖手不工作的闲人羡慕那少数还在工作的人，因为那时还工作着的人，是智能机器替代不了的。如是，人类将如何排遣正涌向我们的无穷无尽的虚无感？

敏于行的人已真正地“杞人忧天”起来，开始为未来焦虑。智者说，唯一的方向是空出来的时间除了锻炼身体之外，要用来提升精神生活的层次，比如进行文学和艺术的自我修养，除此，需要多跟自然相处，且要好好相处，在自然中自在地活着。

我大学读的是生物学植物专业，毕业即放弃。后来在平面媒体工作，业余搞文学创作。如今自认感觉在钝化，心智不再活跃，文学世界变得苍白、单调。文学评论家呼吁，作家要从闭门造车的密室写作走向旷野在场的写作，作家灵魂眼界要开放，要重新面对现实发言。著名评论家谢有顺先生说：一个作家，在一己之私以外，还要看到有一个更广大的世界值得关注。旷野是指在自我的尺度之外承认这个世界上还有天空和大地，人不仅在书房、密室里生活，他还在地上行走，还要接受天道人心的规约和审问。

而我认为，谢先生说的天道人心规约也还不够，人不应只局限于人类的世界，人还应多多关照这个星球上的其他物种。

1911年，因象征主义诗歌和剧作而获诺贝尔文学奖的莫里斯·梅特林克认为："在每一个可见的自我之后都还有另一个自我，只有这个自我方是真正的存在。"那时的人们都疑惑地看着这个唯灵论思想的代表人物。我认为梅特林克说的那个"自我"就是自在的魂灵。自在，往广里说就是大家都安妥，这个大家不单指人类，还有成千上万的另类生命。

人类自封是这星球上最高等的智慧生物——既然多数人这样认为，那么我们在俯仰四顾之时，低下身段来看看这个星球上另类生命的活法和智慧不应该吗？超微观决定着微观，微观决定着宏观世界，那么我们来观察一些被忽略了的细节，在小处着眼，可否？

今天，转回来颠覆人类抱残守缺自以为是的心态，我认为是时候了。

人类一直沾沾自喜于每一次对付自然的胜利，却一直回避漠视自然对我们的报复。当我还是个孩子的时候，有一句话是——到大自然里陶冶我们的情操！写春游秋游的作文时，我总爱引上这句话。今天来看，这是一句真理呀，这句话应该持续地广泛传播。"陶冶"这个词好理解，那是一种修为行径；情操，情为情感，操为操守，而只是操守还不够，还须上升到最高层次的道德，这才足够准确。有一种道德是自然之大道，老子《道德经》提示我们要"道法自然"！

去，去自然的野生环境里，与那些野性的生命共呼吸甚或共命运。

现在，人类开始担心自己创造的人工智能终将把自己毁灭，看看那个网红美女机器人索菲亚吧，其回答人类的刁钻问题时竟然那么从容机智，反应不仅灵敏还不乏幽默！看看电影《银翼杀手2049》吧，人类描绘的未来故事，并非只是虚构，电影里的人类被起义的克隆人一再干掉。杀虫剂灭了虫子，杀虫剂也在灭人，食品安全问题的提法已变成一种陈词滥调，光提有何用？科学技术的发展影响只是正面的吗？人们是否忽略了其负面影响？生态环境变坏，温室效应加剧，气候恶劣成没有理性的“疯子”，每次飓风扫过，这个狰狞可怖的魔鬼都戕害荼毒了多少生灵？生物多样性一派凋零，这星球上独断专行的人类正自食其果。

对自然必须克己复礼！——这样的微弱之音分贝太低太低！

我自感触摸到了博物学的肌肤。我觉察到博物学存在的目的之一是教会人们更客观地看待这个世界，因为“野地里蕴含着对这个世界的救赎”（梭罗语）。

诗仙李白在《春夜宴桃李园序》里写道：“夫天地者，万物之逆旅也；光阴者，百代之过客也。而浮生若梦，为欢几何？古人秉烛夜游，良有以也。况阳春召我以烟景，大块假我以文章。会桃李之芳园，序天伦之乐事。”

难道，李白诗里描绘的丽景及那桃李园中畅叙的人情欢娱，在未来只是纸上或影视作品里的虚幻？

五年来，周末和节假日我都走进山野，低头幽微处，我发现自己心宽气阔起来，我置身于野，在野阅微。“大块假我以文章”，天地日月山川、草木虫豸，天生有诗意文采，都大方地借给了我一点灵气。

2017年，“量子纠缠”是个绝对的热词。量子物理学发现，两个物质微粒量子，它们相距很远时也发生纠缠。应用此原理搞的量子通信已为人类所用。在野，我已经与自然无缝接驳，我与自然的纠缠没完没了。

庄子《外篇·秋水》有“井蛙不可以语于海者，拘于虚也；夏虫不可以语于冰者，笃于时也”之句。庄子是得天地之启的智慧祖先，他看见了空间和时间对人的囿限：井蛙因空间格局之小，眼界狭小；

跟夏虫说冬天的冰，因为不在同一时间段，说了也白说。

时空的格局，你察觉了，用智慧是可以跳出框定看世界的。以草叶之露洗涤过心和眼的我决定用无垢的言行，记录下这心灵的蛛丝马迹。至于在山野水畔穿梭来去的吾之姿态，什么都不是，留给终将灭我为“无”的自然吧，因为我本是草木甚或是一只虫子。

我的孩子尼克在我写这本书的时候一直提醒我：只唤起人们发现美是远远不够的，在现代生产方式下，人发生异化，需要在劳动工作中找到成就感之外的事物来完善自己的人生，不要只是感叹人生无聊和无意义，在人与自然的关系里可以找寻到与自我相处的完美的关系，这是一种必要和高尚。当下，人的生活呈撕裂态、碎片态、不安定态，要在残缺的生存状态下拾掇完善生存的美感，完善人与自然、人与社会、人与他人、人与自我的关系，就要在生活的高速流变里抵抗这种异化，而不是像陀螺一样被生活的鞭子抽打成一团灰的影子。儿子拿斯拉沃热·齐泽克谈社会学的基本理念跟我交流，我受益匪浅。

生态坏了，自然无序！令人感知自然的触觉早已钝化，远不及生活在诗经时代的人。四年来我俯身大地，同时也平视远方或仰观高处，我发现，世界别开生面。幸好，我知天命的心仍葆有天真童趣，随时随地令我看见美好。我仿佛重新坠入类似于爱情的一张网，流连忘返。

假日里若遇连天阴雨，我便会在窗前看雨、看远山，想念山里那些虫虫。在野，在草在虫的高度，我嗅到土壤的甜腥气，闻到杂草野花的清香，我喜欢身处旷野的这种状态，心旷神怡。

我宁愿人生的行经之处不时有细碎野花般的美好徐徐而来，而不追求突如其来的巨大惊喜，这样，我能欣然领受这一只小虫、一朵小野花带给我的那份小小的诚意和美好。看见叶尖上的飞虫，我仿佛就成为它，有着小小的心思：远方值得我为它起飞，中途会有补给和停歇。

参照虫生，哪一种生命不是这样的模式？人类例外不了。我常感觉我已是一匹野马，不往野地里蹓蹓蹄子就过不下去。有一种旅游是沿着乡村公路的旅游，一再停下看沿途风景。高速公路上的旅游，只奔着目的地去。我喜欢沿着低等级乡村公路走走停停的野游，喜欢美国乡村音乐歌曲——*Country Roads Take Me Home*（《村路带我回家》），这歌里的home绝对是有青山绿水的地方，有鸡啼犬吠、虫鸣鸟飞的地方。为拍虫子和野草闲花，我的蹄子踏入真的荒野，也终将没入时间的旷野。

我采访的刘华杰先生竭力倡导博物学文化，提醒人们反省现代性逻辑，欣赏自然之美，追求天人系统的可持续共生，接续传统，从“无用而美好”出发，着眼生态文明，重塑人类质朴心灵。

对刘华杰先生的采访及后期写作《看花是种世界观》，到写作这本《与虫在野》，我整个人有如被芬芳的药草熏蒸了一次皮肉骨骼。一些东西明晰透彻起来：Living as a naturalist，禅定荒野做个博物生存者。

在我心里，有个遥不可及的榜样，他就是纳博科夫，他先是作家后来是鳞翅目研究专家！以这个身份他也抵达了了不起的疆域！

这世界，“原本山川，极命草木”。现代人感知自然的触觉既已失灵钝化，那就需要唤醒。

步前辈博物学家的后尘，我写我的在野阅微，我要把个人对自然界瓜葛不断的深情与引得我兴趣盎然的世界冶为一炉。

也许，这世界上谁都不可能写出一本真正的自然圣经来，法布尔也曾把一种螳螂认成直翅目的蝗。我希望我与虫的亲昵能令读者尝试着寄情自然，懂得欣赏自然微细处的美好。

在中国的大地上，挖掘机这个钢铁怪兽正举着铲臂吼叫着，没完没了地快速拓荒，无数塔吊自平地升起，越升越高，直窜云霄，藐视大地上原初的一切。

虫安妥，草自在，人类方安然自得，所有的生命皆须敬畏。共生于地球的所有生命，包括虫在内都与人类是生命共同体，人命关天，虫命也关天。所有生命物种的周期节律如复调音乐，声部各自独立却又和谐统一,万物生，生生不已。和光同尘，自然自在。

看花是种世界观，看虫亦然。

那么，我们该如何重新审视虫儿们的生命源流?

跟我来!

目录

A 在野阅微

003· · · 引言：触觉的快乐
005· · · · · 与一只绿头苍蝇对上眼
009· · · 虫心虫德虫语者
012· · · · · 得了“阿尔茨海默病”的蜜蜂
017· · · 金龟子的金衣不是皇帝的新衣
023· · · · · 虫迹虫洞虫的天书
027· · · 蛴螬的春天
031· · · · · 螳螂：虫界“开膛手杰克”
038· · · 一只蛾子之死的观察记录
043· · · · · 虫虫的欢乐夜总会
051· · · 蝉翼不是隐形的翅膀
054· · · · · 别离，在一场集体舞之后
059· · · 蚂蚱这厮这肉
065· · · · · 蝶去
069· · · 蜂情万种
077· · · · · 在蟑螂面前，人类太稚嫩
082· · · 瓢虫的前世今生
088· · · · · 垃圾虫，才华横溢的隐身术士！

095· · · 吊诡之蛾以及复活的蝉
098· · · · · 岁月里参禅，它的容色令我见佛
104· · · 苏武牧羊，蚂蚁牧蚜
109· · · · · 虻 · 牛虻 ·《牛虻》
113· · · 蜾蠃，被《诗经》夸错了的细腰蜂
116· · · · · 蒲松龄笔下状极俊健的帅虫儿
122· · · 与我纠缠的那些蝴蝶
128· · · · · 执念回天域的蛾子
130· · · 虫拜者基本都是好色之徒
136· · · · · 蜘蛛：网络暴力者
141· · · 虫的解析以及倮虫类的人
147· · · · · 风被雨洗过的声音，你听见过吗？

B 人虫对眼录

161· · · 引言：悬崖处，只有飞是生命的诗意！
165· · · · · 2015 年拍虫季
221· · · 2016 年拍虫季
277· · · · · 2017 年拍虫季
303· · · 2018 年拍虫季

C 念虫恋虫

337· · · · · 引言：大自然真是随心所欲的馈赠者
339· · · 念虫恋虫

后记

A　在野阅微

引言　　触觉的快乐

只要是假日，我都身心在野。此在野与权力的掌控和在朝与否无关。

在野，是一种姿态，外逸，逃出框定。这种姿态可以让我一下子就弃了纠结着的小我，没入自然中，与自然融为一体，看花时变花，看虫时为虫，像是天地小了，心胸倒开阔大气起来，所有烦忧都被山风吹走。

我需要这样，去天与地接在一起的地方，从灰色阴沉的色调里驰向天蓝云白草绿土红的辽阔和敞亮！去呼吸清新干净湿润的草木气息，自我清洁和过滤。

我行其野，芃芃其麦。

我行其野，就是自己做自己的“牧羊人”，把身心灵当牛当羊放牧在天与地之间。

野草闲花、自在小虫便成为我凝睇的对象。我盯着它们，仿佛是摇身一变成了它们，跟它们对起话来。我与一只表情生动的胡蜂和言蔼语，与一只正在吸食花蜜的弄蝶说：“小东西，你是一个不可方物的美少女！”更不由歌颂起它们来，带着我的一息脉脉温情，体贴入微，而这些细碎小微的生命成了我的神。我便有了针扎进肉的刺激，悟觉这是我反观人世间的并不浅薄但求深邃的思想。

“在野观虫生”变成我乐趣无穷的生活方式之一。《人间食粮》里安德烈·纪德说：“我真想尝试各种生物的生存方式，尝试鱼类和植物的生存方式。在各种感官的快乐之中，我渴望的是触觉的快乐。”

触觉的快乐！

与一只绿头苍蝇对上眼

那日微雨中散步，美人蕉在雨中娇滴滴的，手机镜头贴近它的曲线，微距镜头里看见钢铁侠一般帅的苍蝇一枚。盯着它放大定焦，它竟然那般奇俊——红色的复眼不知看见我这个人的侵扰没有？它的背上为何有如此奇幻的金属色彩，在天光下晃花我眼？它无知无觉任我拍了个欢天喜地，直拍到手机没电。

老天一时雨一时晴，回家充了电再外出微观这大世界。自此一个细微处的美丽新世界开始充盈我的视界。

我要快快复习法布尔的《昆虫记》。

在我的骨子里、我的基因里，一定有着与自然草木虫豸相依相恋的情缘，或许我跟它们更亲更密。

我惊讶于一只苍蝇的美丽，它给了我别样的审美。它从粪堆里爬出，惹人讨厌地飞来飞去，“嗡嗡”地叫着追逐臭脏的东西……然而它也会在雨后美人蕉叶上停留，让一个人忽然察觉：我们看世界的眼睛可不可以滤去成见，单纯地观察它，发现其脏臭之外非同寻常的美？

拍下美丽清新的它，我乱诌打油诗一首，算是献给它：

观微察细，苍蝇亦美。

草叶筋脉，雨露滋润。

生命曲线，难解谜语。

天然造化，虫子色诱。

偶见偶得，琐屑惊心。

美不胜收，倾情疯迷。

如是蝇缘，旷世奇遇。

这是天意，天意令我看见一个从粪便的供养里长成的绿头苍蝇（注：学名丽蝇）的美好一面。

从此看虫。

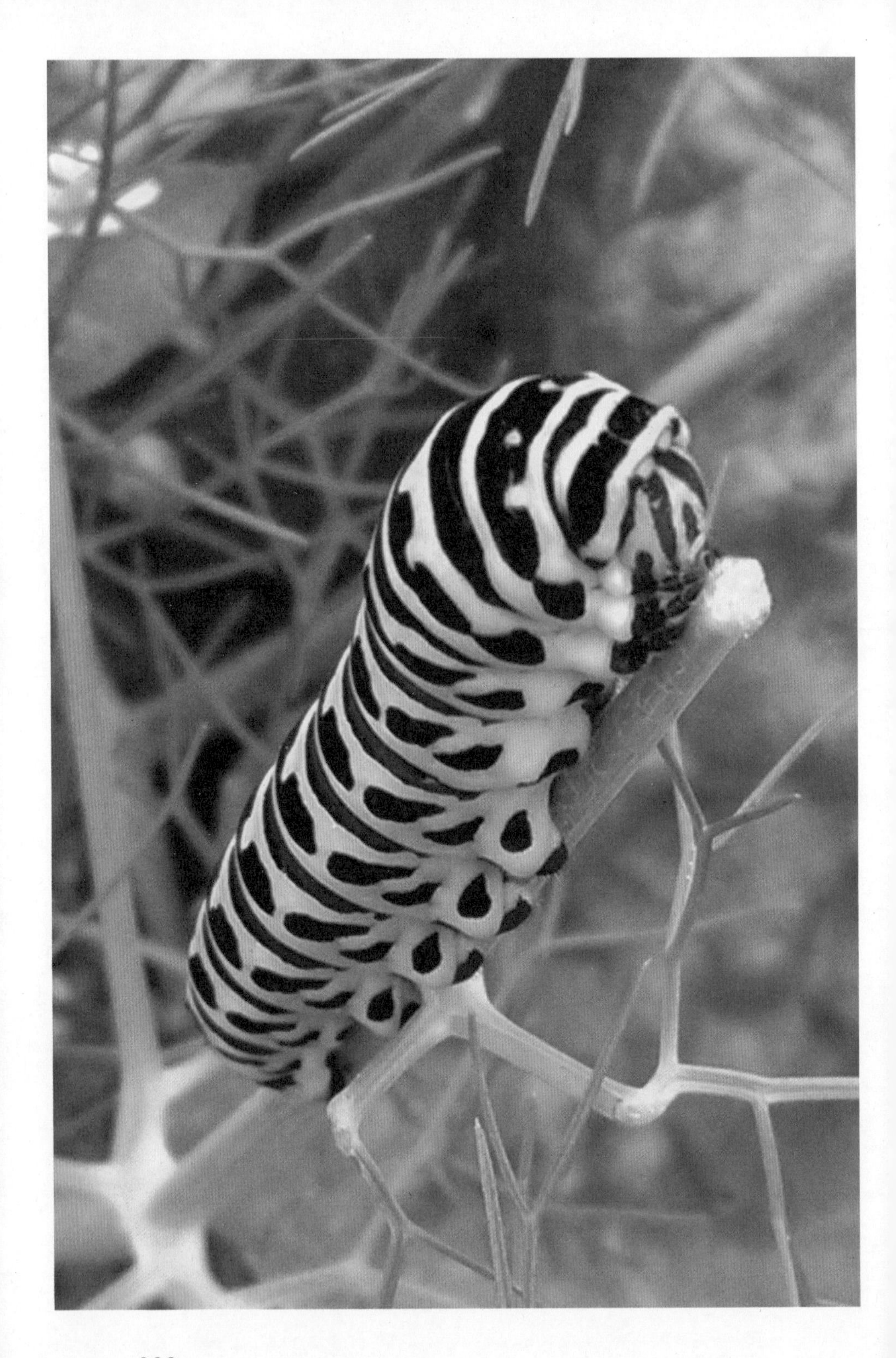

虫心虫德虫语者

一头扎进虫虫的世界。我发现，观察有些虫时，一周前看见的是虫们缱绻缠绵的爱情，一周后看见的便是爱情的结晶。有些虫虫，比如一只长相狰狞的蜘蛛（蜘蛛是节肢动物门蛛形纲，8只足，不属6只足的昆虫纲，我说的是广义的虫虫）会在我的梦里幽灵般地让我魇在一派鬼气森森的世界里，叫天唤地都不灵，吓醒后，有好一阵不敢睁眼看夜黑处的任何影子。

我开始到网上搜罗虫虫图鉴，我得先知道它们姓甚名谁。买到张巍巍、李元胜主编的《中国昆虫生态大图鉴》，张巍巍的《昆虫家谱》，“三蝶纪”的《酷虫长成记》等几种。如愿以偿拿到书时，我发现那些图片全部加在一起不到5 000种。天牛的种类全世界记录在案的就有45 000多种，在中国发现的就有3 700多种，那些图鉴收录的种类是多么少的一部分！因而每一个寄情虫虫者，在其所处的环境里拍到一个不曾被人类观察到的新种，那也是极有可能的。

生态无可复制，不同的环境便有不同的虫虫世界，哪怕是山连着山，只隔了10公里的距离。五年手机拍虫，心里常怀感恩，谢谢虫虫们给我惊奇无限。起初，我总是幻想拍到色彩不同的蜻蜓、蝴蝶或各种甲虫，在所有的虫虫图谱里它们是最妖娆最帅的一类，这个夙愿其实难遂。这期间眼前闪过两只美艳无比的蝴蝶，一只是粉蓝色的，它一闪就化为虚无。一只是黑色与紫色渐变色彩的蝴蝶，它引着我追了它两三百米的路程，终是惊鸿一瞥的遗憾。它飞得过高且又过于敏感，得见两眼它翩翩的舞姿已属不易，用我的手机无法捕捉定格它的美。它的翅面有一种天鹅绒的质感，天生高贵。

疯魔虫虫后，研究蜘蛛时做了大半夜的鬼梦。某日整理图片时，看见某类毛毛虫那拍得纤毫毕现的刺毛毛时，脸部颈部忽然过敏起来，刺痒难耐。我是过敏性皮肤，根本不能去抓搔，一抓便无以控制，那就可能全身都过敏起来，只好拿把大蒲扇猛扇以凉风止痒，同时用意念控制自己的情绪。

曾拿一组毛毛虫图片给一老朋友看，他吓得尖叫躲开，我坏笑，说:“哪天我拍的毛毛虫让你看了把手机扔掉就更好玩了。”他太太说:“你们这对冤家都奔五了还是孩子的心性。”喜欢虫虫的人是会天真一点的。虫难拍，但只要俯身观察树木草叶间，上天就厚爱我，总是给我看见一两种独异的虫虫。

当把日常活动半径里的周边环境探索得差不多时，虫虫种类很难再有新发现。周末，出昆明城去西山往安宁林场或者向北去长虫山的野地里转悠，果然有新发现和收获。多种象甲、叶甲、天牛，多种蛾蝶，以及长相不同花色不同的蝽蟌迅速丰富了我的图库。

虫拍得多了，每天空闲时间在电脑上及手边的资料里研究辨识虫虫耗时渐长。一只红色小虫，至半夜，敲定它为象甲科的一种卷叶象甲。搜遍旮旮旯旯，资料上所见图片无法与我的这只媲美，我拍到的这只除触须和眼睛外全身如红宝石般玲珑剔透，这让我高兴得无以言表。我给这只红色小虫取一个名——红色象甲小战士！拍那只趴伏在菜叶上的黄斑星天牛时，一口气蹲在地里拍了近二十分钟，有差不多两百张它的种种形象。拍得高兴，起身时双脚麻木刺痛，几乎挪不动步子。后立马发一微信，附打油诗一首。遗传学博士莫爷跟帖：“你对着它的正面拍时不觉得恐怖吗？”我复：“我猜这个大金刚帅得想毁容呢，害怕它什么呢？看还看不够呢。”

跟虫虫玩起来后，我常发呆，话少好多。周末朋友们的约会我减少了好多，我两脚成天想去野地里走。朋友们揶揄我：像是懂虫言虫语了。我说：我虫心虫德，进入异度空间了！某日午休醒来，看自家墙上那幅暗影中的唐卡，竟然把菩萨造像遥看成一只甲虫，实在是大不敬。后拿起一本《三联生活周刊》，封面是空中俯拍的行在海面上的一艘舰艇，竟然也晃眼看成一只小虫虫！唉，也难说哪天一醒来，就像卡夫卡《变形记》里写的，变成了一只甲虫。

曾记得多年前看过一个资料，说南美丛林里有独异甲虫，其标本可以当宝石拍卖，特别是色泽亮艳长相奇特的虫虫，身价不菲，足以与真宝石抗衡。迄今，好虫者里仍有寻虫为宝炒作高价的谋利者。

得了“阿尔茨海默病”的蜜蜂

我相信我有第六感，打个比方就是，我相信我生命里一定存在着一副“天线”，如小虫的触角，它调动频道，灵敏地捕捉到了草叶间虫虫们的语言，打通我对小微世界的感官。

我高度近视的眼睛特别地盯上了虫虫，盯上了这细微之处的另类生命，看见了一些不曾看见的小世界，视界膨胀开。

我盼着周末，盼着去寻不同的虫虫，看草木的种种姿态。

天厚我，沉迷进去，世间诸虫仿佛是排着队地进入我手机的存储空间。

人或许并不需要站得多高看得多远，人或许只要一双看见寸光的眼睛，便也可沉迷一花一叶一虫一纤毛的小微世界，自娱自乐清欢无限。法布尔当年是这样的，瓦尔登湖畔的梭罗是这样的，写《洛丽塔》的纳博科夫也是这样的，他们忽然间接收到了另类生命发来的密电码。

法布尔毕生从人的角度看虫虫世界，把有关虫子的知识，把人生的感悟，把人性与虫性，把人言与虫语捏合在一起写出了恒远的经典《昆虫记》。纳博科夫更是在他逝世后获得了专业人士的尊敬，他对鳞翅目昆虫（如蛾、蝶）有深入研究，他的一些新的分类思想被认可肯定，他发现命名的蛾蝶新种不少。纳博科夫又文学又昆虫学的跨界穿

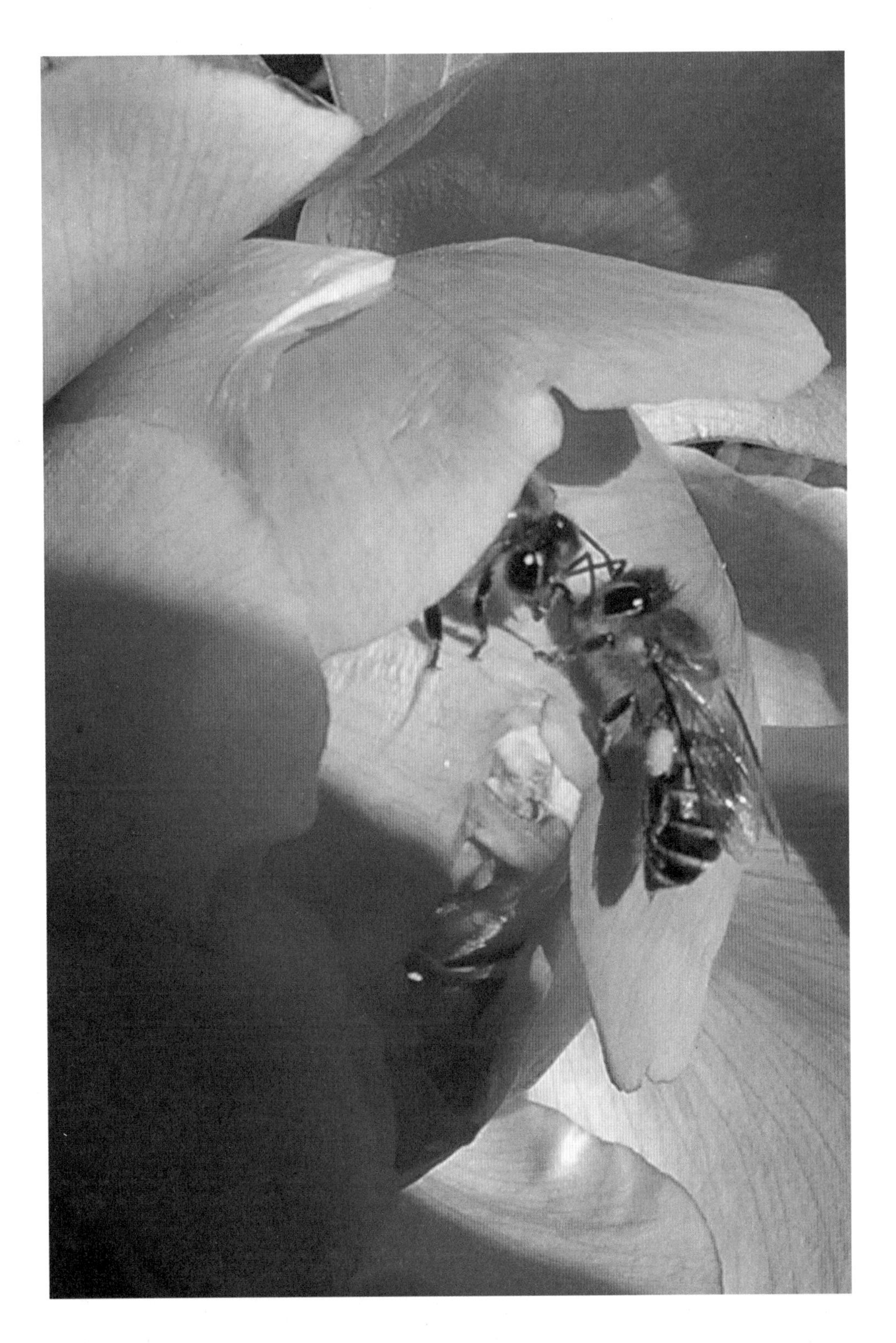

梭，长出了他的双生花，得以“花开两朵，各表一枝”！

昆虫学家估计，世界上约有 1 500 万种生物，昆虫占去三分之二，约有 1 000 万种。昆虫特指节肢动物门昆虫纲的虫虫们，有名有姓的就 190 万种左右。虫虫世界有待人类去发现的新种还多的是，800 多万种虫虫等着人类去发现、去描述、去命名。而最保守的估计也还有 300 万种虫虫等待你去遇见。世界上每年发现的昆虫新种约 1 000 种，这数字是虫虫予人的惊吓。

渺小虫界给人类的启发不可谓不多。很多机械制造的仿生学来自虫的行为举止：直升机学蜻蜓的空中悬停，月球车难道没学过蜘蛛的行走？自从被一只绿头苍蝇的美震慑后，我空着的脑袋想的是：那绿头苍蝇、金龟子身上的炫幻的金属光泽原理是怎么回事？

云南有句小看人的话：“你算个什么虫虫呀，也敢怎么怎么的？！”反正大多数人是不把虫虫正眼看的。不正眼看，原因一是心理上的厌恶害怕，原因二是自认是地球上唯一高级的智慧生物，一只爬虫飞虫有什么能力与人类对抗比试？人类几乎已经制造出了能打败自己的智能机器人，那个下围棋的机器人 AlphaGo 已打败世界上所有的围棋高手。人在不敢轻易设想未来智能机器人的非凡能耐时，更加小看那些可一脚便踩为齑粉的虫虫们。

1986 年 9 月 21 日，人类在美国举办了生物多样性国家论坛，60 多名世界顶级生物学家、经济学家、农业专家、哲学家出席，这个论坛的成果是出了一本叫《生物多样性》的书，并对生物多样性做了一个定义：生物多样性是特定环境中所有生物体的基因变异的总和。1865 年，博物学家华莱士研究了物种进化和繁衍的过程。他指出，地球上大多数动植物仍处在未知领域，这毫不夸张。美国当代博物学家爱德华·威尔逊在其著作《缤纷的生命》里说:(2010 年)地球上新发现的和已判定特征的物种加上被科学家命名的物种,不超过 200 万种,这还不包括微生物在内;我们不能否认未知的大部分生物群对其他生命体的重要性,也不能否认我们自身的重要性。

生物多样性领域的研究仍处于新时代的黎明阶段。每一物种都是一部活的百科全书,展示了它在地球上的存活方式。所有物种的生命进程都源自自然选择条件下的进化。我的理解是,遗存至今的生物都有着人类不可低估的“才华”。《缤纷的生命》一书在我看来就是讲了一个核心思想——生物多样性是维系世界之钥!

我们可以假设,一夜之间,为植物传粉的蜜蜂都死了,你会想到什么?帮助植物传粉的蜜蜂死了,可不是人类嘴里少了一种甜蜜滋味而已的小问题,事儿大了去了——农作物传授花粉者死去大半,粮食产量大减,人类及其他动物饿肚子、饿死,人类走向灭亡。

前些年流传一句爱因斯坦的“名言”,讲的是这位伟大的物理学家说过的一句关于蜜蜂的话——“如果蜜蜂从地球上消失,人类将只能再存活 4 年,没有蜜蜂,没有授粉,没有植物,没有动物,也就没有人类。”事实证明这是有人臆造的一条爱因斯坦名言,因为似乎只有这样才足以让人们警醒,蜜蜂之不存将对人类命运产生多么大的影响。这句话很是耸人听闻,可事实并不夸张。这一观点也并非空穴来风,因为如果没有蜜蜂,如果没有蜜蜂授粉,大部分农作物都将自行淘汰灭绝。蜜蜂研究者近年来发现,地球上蜜蜂种群的数量一直在减少,蜜蜂们患上了一种“蜂群崩溃错乱症”(英文缩写“CCD”),具体表现为一个蜂群的工蜂外出后再也不回蜂巢来,因为它们找不到家了,像得了阿尔茨海默病的人一样。辛苦工作的工蜂没有回蜂巢,蜂儿饿死，一群蜂四散而去。学者们研究推测，这可能是因为郊区的城市化、杀虫剂的使用，也包括我们人类的肉眼看不见的充斥空间的电磁波干扰。这些因素对小小蜜蜂的生存产生了不良影响，而这终将关涉人类的命运。

一个近旁的例子，是我国南部某地蜜蜂因人类过度使用农药而绝迹，致当地的种梨业大受影响，当地的果农不得不采用人工授粉方式，生产成本大幅提高，过去一个蜂巢里的蜜蜂可轻松传粉梨花百万朵，现在那果园得动用上百人方可给几十株梨树授粉。

若蜂群的工蜂出去后失忆，找不到回巢之路，那么全世界的蜜蜂将在2035年绝迹，这绝非吓唬人。

我是人类之一分子，刚刚学会把虫虫当虫虫看，当个不简单的生命看。

观察小微视界里的虫子，我不愿像古人那般总要升华臆想出虚伪的精神境界来以小见大，比如赞美飞蛾赴火之英勇牺牲壮举之类。比拟或许也不错，比如“千里之堤，溃于蚁穴”，用来增加点忧患意识也是对的，但客观自然的记录是我之追求。

金龟子的金衣不是皇帝的新衣

金龟子从分类学上属节肢动物门最大的纲——昆虫纲，隶属其中最大的目鞘翅目。它是一种杂食性害虫，几乎是一个通吃杀手，喜栖息果树上，食梨、桃、李、葡萄、苹果、柑橘，也祸害柳、樟、女贞等林木，为害大豆、花生、甜菜、小麦、粟、薯类等农作物。

央视少儿频道有个小朋友喜欢的主持人刘纯燕，艺名“金龟子”，那形象是比照着瓢虫的形象打造的。瓢虫其实是金龟子的远亲，它只在“目”上与金龟子同属鞘翅目。

鞘翅目虫虫的那一对外翅革质坚硬，因此它们也被泛泛地叫作甲虫。它那一对坚硬的壳状鞘翅一翘起来，下面折叠精巧的膜质翼翅才能张开，帮它飞起来。外面的鞘翅相对坚硬，就是为了护卫它们用于飞翔的膜质翅膀以及保护它们柔软的身体。

甲虫被人类视为害虫由来已久，可恶的它咬食叶片，甚至使其仅剩主脉，群集为害时更为严重。它们的美餐时刻在傍晚至晚上 10 时左右，这一时段咬食最盛。

小时候，在初夏的傍晚到天黑后一段时间内，我最爱干的一件事就是拿个空墨水瓶，与小伙伴们去女贞树丛里捉金龟子。那时金龟子可真是多，借着手电筒光借着星光月光借着附近人家的灯光和路灯光，便可看见它们趴伏在叶枝间，其背甲反射着光泽，手伸过去一捉一个

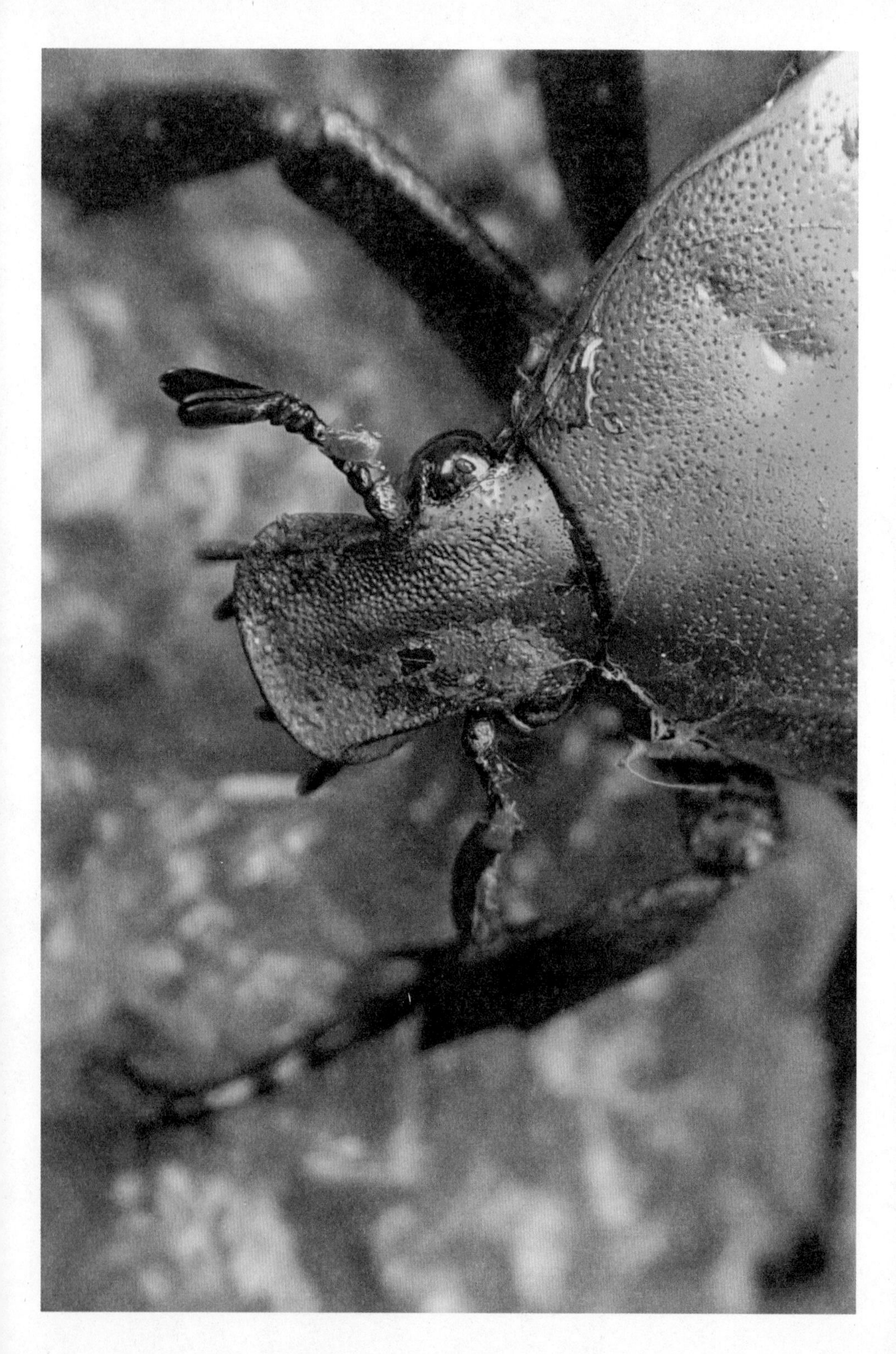

A

准。即便没手电筒，周围没光源，也可支棱着耳朵听金龟子飞起的声音，这金龟子飞不远，忽地飞起几秒钟就又要找下一个落点，循着声音分辨出它的落点，手探过去，也八九不离十地可捉到它。只一会儿就可捉满一墨水瓶。

满满一瓶金龟子拿回家喂鸡吃。物质贫乏时代一般人家都养鸡鸭。鸡最爱啄食金龟子。我爸说，母鸡吃了金龟子不缺钙，蛋歌唱得欢，蛋下得就多，下的蛋就好吃、就香。金龟子全身蛋白质含量高，它的翅嘎嘣脆，闪着金光，含很多矿物质、微量元素。我爸说的不会错，他是化学分析工程师呢。他的话鼓励了我，要吃蛋，吃好蛋，晚饭后就拿上墨水瓶到女贞树丛里捉金龟子吧。当然，苹果园里金龟子也多，但我只是偶尔去那儿捉，它们一飞高，停在高处便捉不到了，在女贞的矮灌丛里最好捉它。

金龟子是学名，在我的出生地我们叫它"默默虫"（疑是"麦麦虫"，发音"me"）。后来到了昆明，昆明人叫它铁豆虫，很形象，和铁豆大小也差不多。铁豆指的是带壳的炒蚕豆，昆明人拿铁豆磨牙，等同于别地的人嗑瓜子嚼花生。

儿子小时候，我曾给他一大个儿透明的空可乐瓶，让他跟邻居小孩子去花园里捉金龟子。每晚捉到三四只，他就高兴得很了，盖上盖，拿回家来，没鸡要喂，便教他在瓶上锥些洞，让他观察那几只闪着幻彩之光的虫虫在瓶里爬玩，直到它们先玩装死，然后真的饿死，再拿去埋在花盆里。

一直很想拍到色泽漂亮的金龟子，却难见它踪迹。某日晚，在一株海棠树上忽见一只，玫瑰粉的异色，体型很小，鞘翅无金属光泽闪，之前不曾见过这种，后来知道它是植食性的叶甲。天近黑，拍得很模糊。某日，在滇池边某处湿地拍虫子，忽见渔民废弃的用作围栅的白色尼龙渔网上，有艳丽的异彩闪烁——金龟子！一激动，趋近一看，是一只误入这细密渔网、欲挣脱而越挣越不能的可怜虫，一只身首异处的金龟子！后又在渔网里看见几只金龟子，都死得异常壮烈，皆是丢盔弃甲魂魄散的惨样。

对虫虫无常识的人，爱把所有甲虫都当作金龟子。刚开始拍虫子时，我在邻居家的大牵牛花篱笆上发现了一只绿豆大的“金龟子”（其实是蒿金叶甲），它全身闪着金光，除了触角和双眼，它从头到脚皆金光闪闪，真真“土豪金”的气派！

拍到金绿色的大金龟子是在昆明西山森林公园里。当时我专注地在接骨草那儿拍四拟叩甲，身后忽有异响入耳！不是鸟翅的“扑棱棱”，不是大黄蜂的“嗡嗡嗡”。回头看，见一团亮绿闪过，一个大家伙朝前飞去！蜻蜓？点水蜻蜓可是款款飞的！眼追它二三十米远，它忽地落进土坎上的草窠窠里。

先闻其声，后见其尊容！跑过去一看，在一处灌丛里的地上，一只闪耀着金绿色光辉的大虫虫正在爬，它的鞘翅上，艳绿底幻化着金光，好大一只丽金龟！目测，它身长约 2 厘米。它在草窠里钻来钻去，非常闹腾，不好拍摄，只好连拍，事后调图来看。它的鞘翅部分因其所处位置闪出金子般的色彩，它在动，它的鞘翅表面反射各方向照进来的光，产生了幻彩……过后细看图片又不只是反光角度之故，它的腿节，一节金铜色一节绿色，又帅又“跩”！

说虫，或许绕不开体现中国传统文化核心价值的十三经之一——老祖宗的首部辞书《尔雅》。《尔雅》堪称最早的中国百科辞典，这部可能出世于战国时代但绝不会晚于西汉的奇书，单是一个“释虫”部分便记录了60多种昆虫，对昆虫的生活习性及它们于人类的害处益处皆提及，全章节是具体而微的昆虫学常识，不乏自己的发现。

《尔雅·释虫》对金龟子的描述很精彩："今甲虫绿色者，长二寸许（请允许夸张，或者古时的度量与今日不同），金碧荧然，江南有之，妇人用为首饰。"

古代妇女跟我这个现代妇女原来想法一致，我就把这金龟子拿在手上玩过，让它在我的腕间珠链上爬过，幻想它是我珍贵的饰物。"金碧荧然"——再没有比这几个字的描述更精准的了，金碧二色不必言，荧字今注解有"物理学上称某些物质受光或其他射线照射时所发出的可见光，此光迷乱惑眼"。金龟子的金属光泽是如何形成的？它们身上的光泽随着观看角度的不同会变幻出五彩斑斓的色彩。与此相同的是蝴蝶翅膀上美丽的图案也有这种异彩。

深入探究，原来这些色彩的产生有的是因为昆虫体表有极细微的凹凸结构，当光照射在上面时即产生折射、反射、干扰及衍射，从而形成变幻绚烂的色彩，这种颜色叫结构色或物理色。（虫的体色在后面的《虫拜者基本都是好色之徒》里有详解。）随着光线入射角度的改变，人们所看到的颜色也变幻为忽紫忽蓝忽绿忽金的光泽。有的颜色则是因积累在昆虫体壁上一定部位的色素化合物，如黑色素、类胡萝卜素等，吸收某种光波而反射其他光波产生的，这叫色素色或化学色，如蝴蝶绚丽多彩的翅色和斑纹。特别的是，虫身上许多色彩其实是由结构色和色素色共同生成的。

这种特性用于仿生学，是什么结果？可否应用这原理赋予汽车外壳天然的色泽？不妥，作为交通工具的它不断变幻色泽，岂不是要造成人眼视觉的大混乱，让交通事故频频发生？用于军事武器的某种伪装色开发？没想好，让材料学家们去想吧。

虫虫们这天赋的异秉显然是为了生存繁殖的天性需求，它们身上漂亮的彩衣，对吸引异性功不可没。有的昆虫则专门积累某类物质，形成与周围环境一致的保护色，将自己隐藏起来，避免被敌害发现。而也有反其道行之的，为了示威、警告、避敌，形成鲜艳夺目的警戒色来保护自己。对有的虫虫来说，表面的色素沉着还可以防止紫外线的伤害，使内部柔软的身体不受侵害。

皇帝的新衣看不见，金龟子的金衣大可观。

一种小虫与地球共存亿万年，它适者生存的高超本领令我膜拜崇敬。

伟大的人类，或可俯下高贵的身段，对自然克制己欲并复之以礼，向它们学习学习？我已然一个忠实的“虫拜者”。

虫迹虫洞虫的天书

看见那片金边兰的叶子上这幅童话故事般的“画作”时，我真如一个发现秘密的孩子，欣喜若狂得要惊叫出声，只不过我还真是一个所谓有阅历的人类中的成人，我压住了那惊叫声，悄悄冥冥地蹲了下去，还掩饰着自己言行的夸张，生怕从我身边经过的人被我的行为吓着，骂我神经病。

把这幅画拍了下来。哪位大师的画作？这是在给安徒生童话还是格林童话配图？叼着烟斗的狗老爷背着双手走过，它头脑里咕嘟咕嘟往外冒出了哪些幻想的泡泡？还是本就在天上飘飞着的小精灵尾随着狗老爷在东游西荡？那些驾着云朵的小精灵在讲些什么呢？那位狗太太跟脚边趴在地上的狗儿又在说什么呢？在训斥它吗？

谁的画？不是神人，只能是虫虫的杰作！是一只虫虫的个人创作还是虫虫们的集体创作？是哪种神虫虫完成了这举世无双的大作？

曾经，在一片美人蕉的叶子上看见一排齐整的圆孔洞，孔洞一字排开，孔洞之间距离相等，我没怎么想便武断地认为，那是身为“高等动物”的某个人用烟头烫出的孔洞，还嗤之以鼻地谴责了人类的不文明行为。后来，我在不同的地方、不同的时段、不同的植物，比如芭蕉叶、美人蕉叶、茅草叶上发现了同样齐整的孔洞时，我立即质疑从前的判断——我彻底错了。一琢磨，我发现那虫洞造型齐整，一行一行在同一片叶子上有如邮票打孔机“咔嚓咔嚓”地打着孔，有的打通了，有的直接打断，有的只是留下了浅痕，尚未完成。但那相似如复制出来的孔洞切痕又令我惊讶不已，什么家伙干的？我使劲儿地猜想，自然猜测这还是某种小东西干的好事。虫虫，还是虫虫，了不起的虫虫吧！这样的打孔痕迹在很多单子叶植物的叶片上都有。

问题一个接着一个，它们在啃食叶片时习惯收割后慢慢享用？还是边劳作边咽下肚子？留下这么整齐划一的痕迹是为了什么？是为了受伤的叶片分泌出来的一点儿汁液和甜蜜的味道？虫虫们有复制自身行为的乐趣快感？留下某种相似痕迹是为向同类发出某种信号？显示自己的才干？不管你怎样猜测，当虫虫们在叶片上“打孔”或者在叶片上“作画”时，它们显然是充满着生存的热情。

看见这些虫迹的我想啊想，想疼了脑仁儿也没太想明白，最后，我只得低眉顺眼默认一个事实：虫虫们都身怀绝技，确乎有着非凡的才能。

著名的书籍装帧设计大家，世界最美书籍的设计奖获得者朱赢椿先生也拿虫说事儿。他观察他居处的虫虫们，然后写成观察日记，设计成书，书名就叫《虫子旁》，书中插页及书封书腰都应合文字内容做了巧妙的安排，好似有虫子从这页爬到了另一页。而他另一本直接用虫子留下的痕迹做成的“天书”——《虫子书》更不可思议，直接用蜗牛的爬行之痕、潜蝇的幼虫在叶肉里饱食穿行留下的痕迹来做了一本书。全书所有“文字”便是各种虫子的“书写”，那些虫迹有如大书法家洒脱的行草书法，有如意蕴无限、深藏着谜语的山水画作。《虫子书》中每一个虫迹就是一个“文字”，一幅“画作”。自然的天书，它们排列成行，如我们不知的神灵在书写一部自然的巨著，这些神灵就是虫虫们。我猜朱先生是在对虫子的观察中得了天启，他懂得了虫子的“语言文字”，他获得了某种来自虫子天书的喻示，阅读它同样收获了别样的阅读快感。没有文字“内容”的虫子之书征服了人类读者，这是形式大过内容的胜利，是虫子们集体“书写”自然之书的荣誉，而我这个同样对虫子感兴趣的人，又一次被另类生命的生命之痕征服。

虫子的无意行迹让人类觉察其意味，这是人类的想象力无边界的拓展，谁说起自青萍之末的风，起于虫子之迹的天书，不会掀起波澜？

惊叹连连时，我相信，造物主给人类在这地球上的每一个小伙伴都赋予了艺术天赋，它们都非同凡响，都能制造传奇。

人类的夜郎自大或许也会遭到虫子的讥笑，你用一双人眼看虫虫时，你要知道它们有很多都是具有复眼的精灵，复眼多角度的投影让它们看见的世界或许比我们看到的更复杂，人类凭什么小觑它们？

说虫迹虫洞，发岔地牵强附会一下宇宙层面的“虫洞”概念也无妨。宇宙里的虫洞（wormhole）也叫时空洞，又称爱因斯坦－罗森桥，也译作蛀孔（还真是借了虫虫们的行为举止来说事）。它是宇宙中可能存在的连接两个不同时空的狭窄隧道。宇宙虫洞理论认为透过虫洞可以做瞬时的空间转移或者做时间旅行。迄今为止，科学家们还没有观察到虫洞存在的证据。为了与虫虫们制造出的虫洞进行区分，一般通俗所称虫洞应被称为时空洞才准确。人类的想象力是没有边界的。自然里很多看起来很神奇或很平常的物事都有因由，不管人类知道还是暂时不知道。

荒野里有生命的真相，但理论上你穷尽不了真相，你大不了是一个补充叙述者，描述你看见的虫界传奇。就像昆虫生态摄影师张巍巍那样，已是了不起的贡献——发现命名了几种新的昆虫，在一颗琥珀里看见一个已在地球上灭绝的虫（也有可能是没发现活体，而现存的昆虫又没有与它类似的），然后以它为准新命名一个“目”。而我忽然在野阅虫，没抱着这样的梦想，我只是一再惊叹，看吧，虫虫们的种种超人绝技，若只乜斜它们、不屑它们，人类就真的愚蠢了。造物主神奇，上天赋虫异秉，这是虫们的造化，这是它们亿万年来存活于地球的理由。

万物皆奇迹，所有的生命都是自然的杰作！

蝽蝽的春天

首先请原谅我用“蝽蝽”称呼半翅目的各蝽科虫子，呼唤它们用了叠词，说明我亲近它们。

春夏秋冬四季是人类划定的自然时间的历法，虫虫世界不依你人类此法圄限，到了人类界定的秋天，虫儿们比任何时候都忙，它们的翼翅扇得比平时勤快，它们的鸣叫比日常高几个分贝，在蝽蝽那里，人类的秋天是它们狂欢的爱情之春。

拍虫历史不长，在我遇到的虫虫种类里，蝽蝽是我拍得最多的一类，它们的外形和长相实在是繁多，总给我惊喜。每拍一个新品种时，我都心里亲昵地跟它们打着招呼：“嗨，你个臭蝽蝽，小臭臭！”仿佛是亲昵地叫自己的孩子——你个小臭狗，小臭臭！

原本想象会拍到许多的蝴蝶、甲虫之类，事实却并非那样，到目前为止蝴蝶拍得最少，甲虫类除了天牛，让我拍得过瘾开心的还真没多少。

某日见到一只艳绿色的丽金龟，它趴伏在山径石阶一角，一动不动的，我激动了：“哼，你还装死？”等我拍了好几张片片才发现它真的是死了，它的鞘翅绝美地放着荧绿的光彩，而它已香消玉殒，死得硬翘翘的了。人弄死了它？抑或它刚与另一个天敌恶斗了一把，它祭献出生命？反正它在路边的一个角落里死了。怜惜它时想到，这说明这山林里还有它的生存环境，它成了生态标志物。想到总有一天能拍到它活着的样子，方才释然。

叫蝽蝽“臭臭”倒真是叫对了，蝽蝽身上有臭腺孔，惹怒了它，它会忽地朝空中喷射臭液，臭翻你！所以蝽蝽也叫臭壳虫（花鸟市场卖的泡酒药用的一种虫也叫臭壳虫，但那个是鞘翅目的拟步甲，后面会专门提到）、放屁虫、臭大姐、臭婆娘，当然也有叫它花大姐的。花大姐放了臭屁的话，一准也被人骂成臭大姐、臭婆娘。所幸我还从来没有被蝽蝽收拾过。小时家里老人兴捉了它来泡药酒，那活着的蝽蝽被酒一浸泡不难受才怪，它受了刺激自然就把它体内那点护生宝物喷射进酒里了，老人说这臭壳虫泡的药酒管事，我们得大耳巴（腮腺炎）时用这药酒涂抹，冬天老人家关节风湿肿痛时也拿了棉签蘸点抹抹。

蝽蝽，人类划归它在半翅目昆虫里，它体壁上部有坚硬的革质或角质的肩背板，宽而隆起，膜质翅在下半部分露出，头部有刺吸式口器，平时藏在腹部。它们多数是素食者，非素食者就叫猎蝽，多猎食叶甲类。蝽靠口器吸食植物的汁液为生。

原本半翅目昆虫里还包含一个著名的蝉类，后来分类学家觉得不妥，又另立个同翅目出来，把各种蝉归到同翅目里。蝽的前胸背板发达，中胸部有发达的小盾片，看起来有半截鞘翅，小盾片大到盖住它的膜翅，它们就被叫为盾蝽，盾蝽的成虫是半翅目里极其漂亮的一类，都市日常环境里少见。

对于人类来说，蝽蝽们是大害虫，人类种的果蔬它们很爱偷食。我国已知的蝽类约有 500 种，命名时通常用它们的宿主植物冠名，比如菜蝽、稻缘蝽、荔蝽、茶盾蝽等。

蝽蝽种类多，人类常依着它背部因色彩、斑纹、凸凹不平的隆起形

成的面相，赋予它某种人格，罗列它的各种“人脸”谱相，倒也有趣。

蝽蝽忙着生育繁殖后代，为它们伟大的种族繁衍不亦乐乎地“爱爱”着。昨天，我在滇池边某渔村的一块菜地里拍到了红蝽，还看见了一只宽碧蝽从高处忽地飞落在草丛里，我先以为那是一只蚂蚱，蹲下去才发现是只蝽蝽，它那半副革翅下的膜翅，有飞行的能耐。

在一蓬瓜叶的阴凉儿里，毛刺刺的瓜茎上一个瓜褐蝽大家庭其乐融融，一只嫩幼的小蝽蝽从高处跃下，爬上了它爸或它妈宽阔的背上半天不下来，头部一对小触角转来转去地四处打探着。在我聚焦的镜头里，它们的生活如同一个以蝽蝽为主角的外太空，那里井然有序而又充满欢乐……

专心地拍着瓜褐蝽时，不慎刮破了高处的一张蜘蛛网，一只长脚花蛛竟然掉落在我拿着手机的右手上，我倒不怕它，一切以拍虫虫为最高宗旨，我眼疾手快地用左手拿过右手上的手机，抓拍了右手上的蜘蛛。

凌晨3时许，我的右手两手指奇痒难耐，我从睡梦中痒醒过来。开灯一看，右手小指和无名指有两处红肿块。不敢抓搔，忙起来找防过敏药膏涂抹。边涂药边想了想：这两处红肿是那只蜘蛛弄的，还是凝神静气拍虫虫时被小蠓虫叮的，还是拍荨麻叶上那只很小的叶甲时不小心碰到了荨麻的纤毛？荨麻叶的毛毛可碰不得，小时候外婆给我讲的老野人的故事，说荨麻叶是毛辣叮（毛毛虫）变的，它的毛毛就是毛辣叮身上的毛毛。手部红肿源起何处不好判断，相比虫虫们带给我的乐趣，这点小痒痒不算什么，但戴手套加以防范是应该的。

观察拍摄虫虫，理解着猜测着它们的生命之谜，我眼前的世界訇然炸开一个洞，凑近了，那里有无与伦比的生动，更有惊心动魄之处。

螳螂：虫界“开膛手杰克”

下午 6 时左右，太阳西斜，我下楼去，在小区边上杂草丛生的消防绿色通道那儿漫步，这个时候光线条件很好，若遇见虫虫，光影效果会不错。这绿色通道的铁栅那边是宽阔的云南海埂会堂，这边是别墅住家的花园篱笆。绿色通道南面端头那户人家种植了藤蔓植物大牵牛。那花和藤葳蕤繁茂，直把他家的院子遮蔽得严严实实，他家的铁栅又高，整个就形成了一道高高的绿墙。

我喜欢到那里去寻觅虫虫，里面的人看不见我，我自由自在细细地往枝叶间的暗处探察，互不影响。若人家篱栅稀疏，我会不好意思盯着人家种的植物肆无忌惮地看，那是侵扰了，有侵犯隐私之嫌。最好的一点是我发现这家人不给这大牵牛藤喷杀虫剂，那叶面上都成了小蛾子一般的白色粉虱的乐土，这种地方会是一个虫虫食物链良好存在的生态小环境。我就是在那里首次拍到过一只蒿金叶甲、一只芝麻大的粉虱，及一对膜翅收敛后反射光线的炫彩大蚊——那背影高贵美丽，若人类 T 台时尚走秀女模特。

这天我运气真好，我在那里遇见了一只中华刀螳，并观察到它捕捉一只星蝽后享受大餐的全过程。拍到螳螂这样有代表性的大型昆虫是一直以来的梦想，我不相信可以在家门口拍到它，而且还看见它捕食的全过程。当时我在枝叶的暗处发现它时，激动得手都发抖，心跳加速，拍了很多“糊片”，气得我停下来深呼吸半天，平静自己。拍微距（或只能称近距拍摄）是件累人的事，伤人的心脏，在屏住呼吸无限接近虫虫的过程中，我大气都不敢喘，生怕惊扰了虫虫。

整个拍摄过程在我导出图片时才看清楚，而我临时还拍了一段视频，那已是螳螂的大餐进行到尾声的时候，那只蟠蟠被它啃食得只剩一个外壳时，它左看右看很不舍地弃之。这个过程在视频里得到了生动的展示。现在看片才觉得螳螂这家伙太残忍了，称它杀手、叫它刀客那真是一点儿都不夸张。站在人类的思维角度想，倘若那些蟠蟠们看到我的视频且明白的话，它们会闻风丧胆，怕死螳螂！

螳螂的英文名 praying mantis，含有祈祷之意，说的是它常常把特化的前足举起来，像祷告者的姿态。当它貌似最虔诚的祈祷者时，其实是它最集中精力找寻猎物的时候。

螳螂种类很多，但有几点是共性：三角形的头（当然，屏顶螳、锥头螳是另类）、一对向前看的大复眼、胸部拉长、用来捕捉猎物的吓人吧啦的刀锯式的前足，而且螳螂有其他昆虫没有的绝技，它的头部移动扭转灵活自如，它可以转过头来看见它身后的猎物，所以作为拍摄者，我常常拍到的螳螂姿态是它背对我，但眼睛却朝后看着我，它其实是在判断它身后的我是否会带给它危险。

2017 年 10 月逗留云南普洱期间，我拍到几种类别的螳螂，有长相怪异如科幻电影里的外星人的屏顶螳，更有巨腿螳、菱背螳、广斧螳等种类。我的感受是螳螂有最好的视觉，它的机敏及迅捷的避险反应是我所拍昆虫里最突出的。它大大的复眼使得它能精确地测算距离，

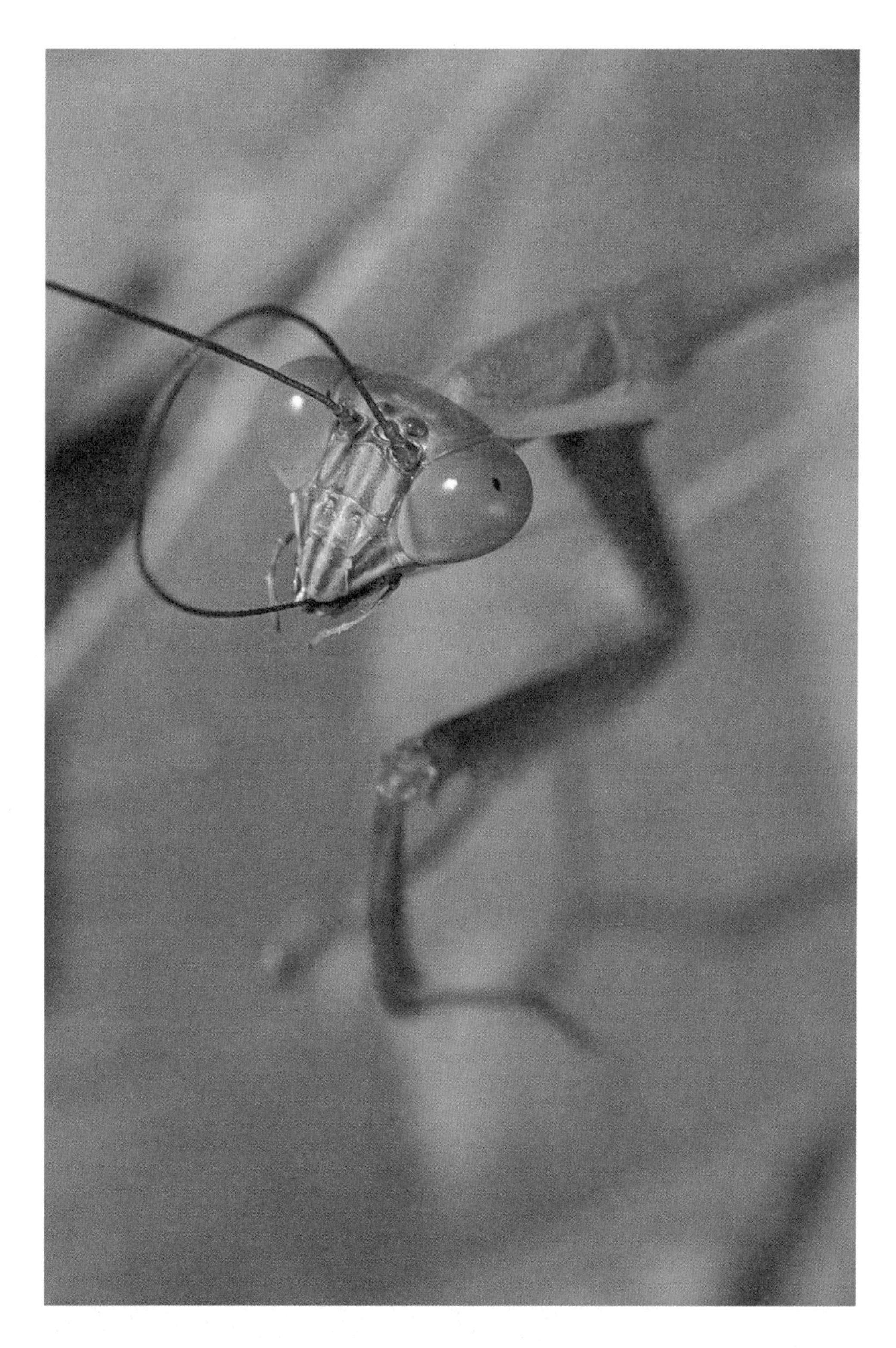

在很短的时间里伸出它的前足突袭并捕捉猎物——有资料显示，这个迅捷的动作少于 1/10 秒。勇猛的螳螂有时候竟然捕捉两栖类里的小不点儿：小青蛙。说它是昆虫里的“开膛手杰克”那真是一点不夸张。

当年拍到螳螂这样的大虫小有成就感，选了两张发给儿子看。他告诉我，太奇怪了，他当天在学校宿舍的阳台上，忽然不知从何处掉下一只身长约有他手长的大螳螂，他吓得提着衣服一抖，抖到楼下去了！我遗憾得直怨他不趁机给我拍只上海的大螳螂看看。怪事，这日螳螂在昆明、上海两地都招惹我们母子。至于儿子说它有手长，那显示他被吓着的程度，有 20 厘米长的螳螂？恐有夸张的成分，没及看清便抖落了它，说它大得吓人可以理解。

晚上整理图片时，隔壁的海埂大会堂里，日本歌手小野丽莎的演唱会正在举行。天将黑时城里来看演出的人把车停满广场。业余潜心研究虫虫，我把这个我喜欢的歌手来演出的事忘得一干二净了，也没想起去弄票来欣赏，小野一定会在演唱会上唱《玫瑰人生》和《大明劫》吧？我猜。电脑上调出《大明劫》，听着歌，看着图片里可怜的蛞蝓在螳螂刀臂下逃不走的劫数。

赶巧，那天央视新闻里一则小报道吸引了我，说一百年前一直没破案的英国连环杀手“开膛手杰克”终于被确认了，一个侦探爱好者花了十多年的工夫终于查出了真凶。报道说真凶是当年怀疑级别最大的六个人中的某位，证据是一块染有血迹的披肩，用了特复杂的基因筛选比对技术云云。

在虫界，螳螂就是传说中的“开膛手杰克”，只不过它杀虫不眨眼，且只要没有黄雀在后，它便是永远的公开的连环杀手，永远挥舞着它那双有锋利尖刺的大刀一样的捕捉足。

阴险的家伙常把一对刀臂合握在胸前，它的触须东扫西瞄时，它的一双大眼温柔地看向你时，你还以为它是一个正在祈祷的朋友，而险恶的杀机无一点端倪。

弱肉强食，这是自然界的内定秩序。

中国武术传统的流派里有一流派就叫“螳螂拳”，这是著名的象形拳，应是武林高手认真观察螳螂捕猎的过程后，总结提炼出的拳法套路。电视里见过，查资料知此拳法是首批被国家体育总局武术运动管理中心列入系统研究整理的传统武术流派之一。螳螂拳法，进攻迅捷勇猛、斩钉截铁，具有勇往直前的气势。在观察拍摄螳螂时，它的动作举止真是有如上所述“螳螂拳”的特点，应该说是有心人观察螳螂时认真学习了它的迅捷勇猛之态。武林高手说，常练螳螂拳可以培养人的坚强斗志和敏捷应变能力。

说螳螂，不说说它跟人类的另一层关系，就是故意忽略。我有一位正在研习中医的朋友告诉我，螳螂的卵块是很管用的中药。它在中药材里的名字叫“螵蛸”。我上网一搜，各种卖此药材的信息汹涌入眼。秋后至春天前采收，采后蒸死虫卵晒干备用，想象了一下，我有些惊悚。说是此物固精缩尿，补肾助阳云云。

读医书，药效里最常提到的便是“滋阴壮阳”，为此功效，人类不惜牺牲掉一些珍异草虫。唉，一直担心这会演化为找“虫草”的效应——在藏地的高山草甸上，人类趴在地上双眼如扫描仪一般，一株不漏地梳篦掉它们，采挖到虫草几乎灭绝，只为收获巨额利润。

昆虫学家对螳螂的命名与民间的命名是吻合的，这个造物主的怪物被视为沉湎于神秘信仰的苦行修女，说它的膜翅像是修女拖地的长裙，法国人至今沿用修女袍（mante）称呼它。另一个对螳螂的民间看法是把她当成传达神谕的女占卜士。我在云南普洱就听说了哈尼族同胞的小孩子逗玩螳螂时的一种游戏，感觉其中便隐含着这样的占卜因素。哈尼族的小孩子看见螳螂，会用手指指着它问："螳螂螳螂告诉我，你家妈妈在哪里？"螳螂会用一双真诚的大眼跟人对视着，随人手指的方向偏头，它视力好且脖颈可灵活转动，像晓得似的偏头指引妈妈所在的方向，像是真的给问它的人占了一卦似的。同样的也可以问它："螳螂螳螂告诉我，我家爹爹在哪里？"这种古老的童趣游戏，也只有在与自然亲密接触又天真的哈尼族同胞那里才有留存了。

螳螂一对前臂收敛时如祈祷的手，打开时就是人看了都吓着的"刀斧"，庄子嘲讽过这虫界刀斧手。《庄子·人间世》有螳螂"怒其臂以当车辙，不知其不胜任也"，这就是"螳臂当车"成语的由来，说它不自量力。如今此成语用处，常说的是：小小的力量也欲挡历史前行的车轮？那不是白费劲儿嘛，不被碾成齑粉才怪。

虫界凶狠的刀斧手也有倒下的时候，我亲眼见蚁群搬动螳螂大侠遗体的场面，几只兵蚁指挥着众工蚁把它往巢穴里搬运，壮观，令我想起格列佛在小人国的奇遇。

"螳螂捕蝉，黄雀在后"，是环环相扣接踵而至的悲情之链。自然界万类俱在，一个降服一个，哪一种生命，不是亿万年的进化突变筛选繁衍而又生生不已？哪一类不是经历了亿万年的磨难坎坷，才呈现出今天的生命多样性、复杂性甚或个性？谁又不身怀绝技？而人作为虫虫们的最大最强天敌，也不知不觉中驯练出了最强大的近身虫子，比如苍蝇、蚊子、蟑螂，赶不尽灭不完。

一个物种区别于其他物种，是因为此物种所拥有的共性，而在这个共性之外，一个物种里的个体虫子，它是有个性的吗？众所周知，人都有个性。我好奇。

伟大的歌德说，只有高等的人类方有个性。我不相信歌德的论断，以我的观察，一个小虫个体也是有个性的，当一只歪着头的螳螂用一双大眼盯着我看时，我想到这个问题。微如一只虫如何证明它的个性？看它的行为举止啊，两只中华刀螳，我用一茎干草叶逗它们时，一只愤怒地勇猛地伸出刀臂来抱扑那草茎，一副关公挥舞着青龙偃月刀大战吕布的样子，另一只明哲保身，忙不迭地回避逃跑，往草窠深处钻。

国人斗蛐蛐时或也可观察出同类虫子的个性来吧？

一只蛾子之死的观察记录

在傍晚的光影里遇见虫们，即便它们孤独着，也有最后那缕阳光把其身体拉扯变形的虫影。那样子一再地令我有怜悯之心冒出——如从前我拍到的一只豆娘，一片阔叶上，它仿佛是抱着自己的影子，那时天光正在弱下去，那情形如同人类寂寞时分顾影自怜的样子。

有动静，我低头看。脚前，一只灰白的小蛾子在草茎上扑腾。

弯下腰去，看它。它要干吗，想飞离这里？

它的翅膀震颤着，呼呼地扇着，扇成了我眼前的一团灰白，一团不成形状的模糊影像。

我蹲下了，看它。

远处的蚂蚁觉察到了什么，一个跟一个地朝扑腾着的蛾子跑过来，四面八方地跑过来。

那只蛾子振着翅扑腾，但扇翅的频率渐渐减缓，黑色的蚂蚁围拢在它身边。

再笨，也猜到了，这只蛾子即将终结它的生命。蚂蚁那鬼精灵嗅到了蛾子临终前的气息。它们欢悦地相互打着招呼，传递着信息，额手相庆，等候着，等候着一顿丰盛晚宴的开始。

在人类时间的几分钟前，它刚刚产完卵？它即将完结人类眼中它低贱得只有最后一两天的生命？

“地球霸主”人类规定以昼夜更替为一个时间度量，这度量的一天里，地球上所有的生命根据太阳的升起和落下、黑夜的降临、白昼的起始，选择着自身生命的活动周期。

世间所有的生物都有个特性，当它是食物链中脆弱的一个时，它会通过大量地产卵，保证一个很大的基数来谋求成活的后代。一百个卵活了一个，那也是胜利，比如苍蝇、比如蚊子这样一生产卵无数的昆虫。

轻贱的生命，一只蛾，在它离去时完成了它最伟大而又最要命的一生，完整的一生。它气绝时，已为所属种群的生命得以延续繁衍，做出了力所能及的贡献，至于卵们最后能否完成它们的一生一世，那是后话。

我看着它平生所有的力气都耗尽了，而它不甘心，无限悲伤地挣扎着死去。

一直蹲着，我把镜头趋近到离它两三厘米的微距。

我看清了它。粉红的肉身腹节裸露出来，长长的羽状触须已失去功能，再没一点劲儿来扫描捕捉周围信息。

一只迫不及待的黑色蚂蚁顺着它的触须爬到它身上，并开始拖拽那触须。

它的身子还在战栗，还在那里艰难地挪动着。它的羽翅在纷乱的挣扎里缺损了，变得十分丑陋。双翅上的鳞粉黏附着脏兮兮的污物，不再反射天光荧荧闪亮，像毁了妆容的美人。

忽然，它似乎是被爬上身来的那两三只蚂蚁惹怒了，也不知哪里来的一股子犟力气，忽地一跳腾，翻了个身，背上的蚂蚁被抖落了。

然而，翻了身的它仰面朝天的样子更加不堪，死前的最后一点尊

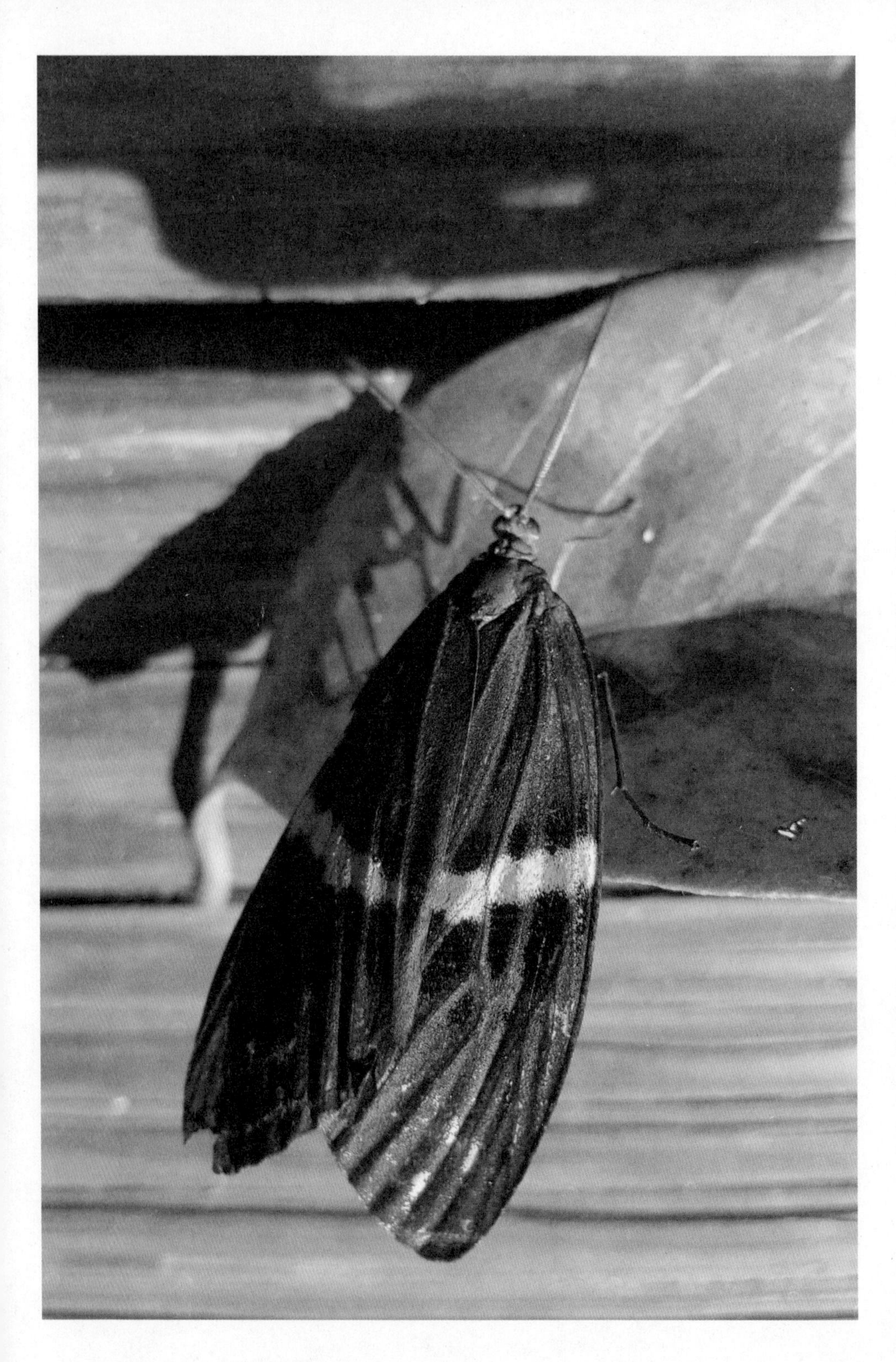

严都丧失殆尽了。它四仰八叉地微微颤抖着，蚂蚁的欺凌变得放肆。

悯蛾不忍，我随手扯了一根细细的草茎，轻轻地拨弄想助它翻过身来。

我怎么都没想到的是，它，这只蛾子忽然又像我最初见到它扑腾的样子，忽地腾起，自个儿翻过了身子，就势扑腾到四五厘米远的另一处。

最后，它拖着身子，钻进了两茎细细的草叶下，收拢了双翅，不再动弹。

它死了。

通过镜头我定定地观察它约莫一分钟，它再也没有一点生命的迹象。

黄昏时分，太阳就要掉到西山背后的最后一瞬间，它死了。

它真的死了，耗光了最后一点生命之力，无声无息。

先前被它全力一抖吓开的蚂蚁们又朝着它包抄过来。

补记：2017年10月下旬开始写作这部书稿时，我住在普洱的寓所里，早间散步时，我见到了一只蛾子濒死时用身体最后的一点力气挣扎着完成的壮举。一只头已断、翅已折，感知世界动静的触角已失的蛾子，在最后的时刻画出了一条生命之痕，它诞下了给这个世界的遗赠——一溜儿卵粒。我推演了它的劫数，无论怎样的猜测，这最后的一幕该是多么惊心动魄。从它死亡的现场，推理还原出它临死前的惨境。它死前努力地排出了身体里的卵，可这些卵却排布在人行道上，如一弯生命的逗号。它身首两处，丢盔弃甲之时成熟的卵被它努力地排布出来，它已没有挑选一个安全的排卵处的时间和力气。作为地球上最高等的动物——

人，看到此惨状也倒吸几口凉气。蝙蝠或者鸟突袭了它，它在树上枝叶间颤抖着翅，准备排卵时，天敌对它进行了精准的斩首行动。这之后，我还目睹过一只锦斑蛾的死亡过程，而蚂蚁总是第一个到达现场，蛾子挣扎的弥留之迹、死亡的信息以什么途径被蚂蚁察觉？那只锦斑蛾从高处落下来，落到一片芒萁蕨叶上时，我在接一个电话，与远方的朋友正谈得欢，我立马说声对不起，挂了电话。引起我注意的这只锦斑蛾不是在飞翔，而是因翅膀已无扇动能力在滑坠。它在蕨叶上扑腾，我因拍摄角度限制，想用一草茎给它一种牵引，它却似乎也抓不牢，最后它坠落在我的靴子旁，不想再动。但因为在这过程中，我看见了它扑腾时美丽的绿翅下，还有神秘的幽蓝色后翅，我想刺激一下它。我知道它应该已经完成了它的终生大事，就要死了。我用一根松针去撩它，它竟然用尽全力扑到我裤管上，顺着往上爬……终于它从我衣服上坠地，蹬了两下，然后收拢了六足，不再动弹。拍了它几张遗像，拨开它的前翅，看见了它的后翅那神秘的蓝色鳞斑。就一眨眼的工夫，一种3毫米长的小蚂蚁朝它汹涌而来。锦斑蛾太美了，我竟然下手按灭了冲在前面的两只蚂蚁，然后，我拎起它来，把它轻轻地放到那芒萁蕨的叶丛里去了。

英国著名意识流、象征主义作家弗吉尼亚·伍尔夫七八十年前写过一篇《飞蛾之死》。有人说这篇文章是她自比，她就是那只可怜的蛾子。也许吧，伍尔夫本就是一个备受争议的作家，光与暗、冷与热在她的命运和作品中交织杂糅，而蛾子，正是在黑暗里扑向光明的生物——伍尔夫著此文喻己是完全可能的。

虫虫的欢乐夜总会

很多虫子追求光明，有趋光性，黑夜降临后它们出动，趋着光亮处来过夜生活。有些虫子晚上是不活动的，有些虫子晚上才来精神。白天夜晚的错开，有学者推测是虫们的智慧，大家不扎堆，各自根据与生俱来并得到巩固的习性生活。

观察拍摄虫子以来，至少拍到几十种喜欢暗夜生活的虫虫们。

在虫界，鳞翅目的蛾类趋光性尤为著名，它们白天躲着，躲于暗处，藏身在草木荫下，白天你只能在叶子背面、树干的阴面看见它们趴伏着一动不动，一到夜间，它们就开始手痒脚痒地外出了。从前它们扑向火焰，小命都要不时搭上。如今则前赴后继地扑向城市里的光源——路灯灯管。

双翅目蚊类也喜欢夜生活，天一黑就嗡嗡地烦人，叮人吸人血，不叮人的摇蚊也在晚上出来往灯亮处凑热闹，对张了大网伺机捕捉它们的蜘蛛也顾不上了。

凑热闹恐怕是所有生物的原始本能，世间有哪一种生物，高等到人类低等到蝼蚁，会喜欢孤独呢？有光热的地方就热闹就不寂寞。

虫虫除有趋光性外，还有趋热性、趋湿性、趋声性等趋向性，对光热等刺激有趋向和背向两种反应，所以它们的趋性也就有正趋性和负趋性之分。

与蛾子相反，因一个流传甚广的杀虫剂卡通漫画形象而从此在江湖上混得一个绰号“小强”的蟑螂，它们白天几乎不见踪影，晚间出来在厨房卫生间等处活动时，灯一亮便四处逃窜——见光便躲，它们有的正是负趋光性。

对刺激做出一定的反应是昆虫得以生存的必要条件。例如，寄生在人畜等高等动物体表的小蛇蚤或虱类，需要人畜的体温作为刺激，以它们天生的趋热性找到宿主。

这一点我感触最深，到了夏天我不论在哪里都会成为他人的灭蚊器，除了我血糖高、血甜外，蚊子向着我飞，原因首先是我是体热者，走一段路，别人还没冒汗，我已是全身汗涔涔地热气蒸腾了，我的热辐射能量让非常敏感的各类虫子兴奋异常，纷纷哼着小曲赴我而来。在普洱市，我曾有两次在外吃饭，被花脚蚊子袭击，结局是我还没感觉到痒，便看见手上有一滴血珠：一只吸饱我血的蚊子撑得仰翻于我手背上，飞不动了。两次被蚊叮都有当地朋友亲眼见证。于是朋友戏谑演绎这事：“蚊子才一觉察到你的体表热辐射便奔走相告——快来啊，天啊，上了一款最新鲜的甜品，或是，大声吆喝着——野味来了！香得扑鼻，尝尝去！”

防不胜防，蚊子们的一嘴小咬便引发我至少半个月的过敏反应，夏夜我外出散步都裹得严严实实的，不让叮人的小虫子们阴谋得逞，我要让它们望我兴叹！

飞蛾扑火被人类赋于一种人格意志，夸它们为追求光明，以身扑火在所不辞，有大无畏的牺牲精神，自古便有高风亮节之士拿蛾子咏物言志表达节操。

据研究，夜晚活动的蛾子们亿万年来都借月光和星光为自己导航。

月球离地球太远，它们发出的光就相当于平行光，蛾儿们拿它们做参照来做直线飞行。天性里，蛾子们只晓得按照与光线成固定夹角的路线飞行，努力飞出直线，这样能节省能量。但自从原始人类学会了使用火后，蛾子们的命运就发生了改变。因为火光源离蛾子们近，光线的发出是放射型的，傻蛾子不明白这个，它们坚信只要按照与光线的固定夹角飞就是勇往直前的直线运动，结果飞啊飞啊，飞出了打转转的螺旋线，直接飞进螺旋中心的火里去了，一点儿犹豫都没有。

蛾子一辈子的梦想是长出翅膀能飞翔，当它长成时，它一生的美好时光也就是人类的几天时间，它们来不及学会判断，来不及完成繁衍种族的责任，一旦被灯火迷惑便再也难回头，搭上身家性命。

人类聪明，祖先们发明了指南针。正常情况，根据指南针，航海家们不遇阻碍的话，最大的追求就是船走直线，以期最快抵达目的地。但你设想倘在南极雪原上，在距离南磁极很近的地方，指南针总指向附近的磁极点，如果往东走，就是围绕南磁极绕圈圈。如果往东南走，就会像蛾子一样做等角螺线运动，绕很多圈后到达南极点。

小时候见过男孩子们喜欢玩原地转圈游戏，比赛谁转得时间长，说是转停后能稳定住不跌跤的人能当空军开飞机。但最后总是见他们原地旋转很多圈后，再也走不了直线。人在平衡器官被干扰的情况下，自以为是在走直线，但旁人看来却更像是喝醉了东倒西歪瞎乱走。

蛾的原始趋光性在现代城市里基本不会再受致命伤害了，因为城市的光源再也不是一堆柴火的光焰，也非一盏油灯一芯烛火的样子，蛾们朝着光明朝着密封的灯柱灯光飞，真的就只是凑热闹玩，只不过它们这时的牺牲和劫数来自更强大天敌的捕食，天敌们知道它们夜间会在灯下玩。

但不论如何，虫虫们的夜生活一直在继续。

近一段时间，夜间散步时去虫虫夜总会暗访，一根根灯柱上，虫虫们在那里结识异性，痴缠相恋，在那里享受大餐，在那里搔首弄姿。

一天，一只蠼螋贴在一根灯杆上开个人化装舞会，它一会儿像个时尚界名模走秀，一会儿像个戏台子上的名角拉开架势要唱上一段，一会儿又像一个名媛或一个女王高傲得要死，一会儿像个仙女欲乘风归去，一会儿又妖里妖气地卖弄风情。

滇池湿地公园的虫虫夜总会不时地会有穿着绿纱衣的虫美人出现，它就是草蛉。每见这个虫美人，我都会激动，几至要打呼哨。记得第一次见它，便为之倾倒。为了留下它的美色姿容，在没有电量、天还下着细雨、夜里十点的情况下，我还飞跑回一公里以外的家装上电池又跑回那个灯杆夜总会。嗨，脉翅目的虫美人草蛉小姐竟然还在老地方候着我，但我刚刚手抖着拍了它两张照片，还没抓拍到它最俏丽的容颜，它就丢给我一个模糊的背影弃我而去，令我怅惘不已发了好一会儿呆。

持续四年多对夜间灯杆“虫虫夜总会”的观察，我发现了虫子们还有一种非凡的能耐，那就是不同的虫子抵达夜总会的时间有明显的不同。夏夜某天晚 8 点 30 分左右，我看见几根灯杆上几乎都是飞蚂蚁（有翅蚁）在那停歇或绕飞，显得异常活跃，除有几只摇蚊、几只蝇类再偶见几只小瓢外，其他虫子都很少。我简直被飞蚂蚁的那阵式惊到了，我知道那是它们在“婚飞”，寻找交尾对象，完成祖先交给它们的繁衍种族大任。我拍了两张图后，快走去了。等我快走半个小时后再回到那几根灯杆边，一只飞蚂蚁都不见了，灯杆上是另一番繁忙景象，蜘蛛纷纷出动捕摇蚊，各种蛾子粉墨登场，螟蛾、夜蛾、灯蛾，甚至天蚕蛾也来了，甲虫里的金龟子、步甲、小瓢，还有草蛉、蠼螋多起来。我再快走半小时后又观察灯杆上的虫虫们，金龟子不见了，来了两只黑须长角石蛾，来了一只姬蜂。这情形好像是，各种虫子包了不同的夜总会场次。它们如约准时在自己的时段抵达自己的场子。这是为了不搅扰别人，同时也因此容易找到自己同类的缘故吗？这种自然选择固定下来的特性显然为虫们节约了时间成本，又不至空间拥挤，打伙儿的虫虫们都能高效地利用时间和空间。

推想开去，一年四季，野外的生命无论动物植物都有这样的本分，花儿永远是次第开放，虫儿们分季节分时段来到世界上，世界公平公正地给予大家一个合适的舞台，让你唱几天主角，然后你销声匿迹隐去，明年再来。在野阅微，作为人类中的一个个体，我常感慨小虫们能坚守着这样的契约精神，彼此之间默契地和谐地遵循天意，真是不感动不行。

话说从前，武则天冬天雪中探梅，梅花煞是好看，一人谄媚于她："梅花再好也毕竟是一花独放，如果您能下道旨意，让这满园百花齐开，岂不更合心意？"也不知古时长安城里的园艺师们，可助则天大帝实现了这个梦想？则天大帝任性违反自然规律的命令很荒诞。

春夏秋冬，一年四季，二十四节气各有其美，各有花开，各有虫鸣，渐入佳境的审美方是人的修养。吴越王钱镠在思念他回娘家侍奉父母的王妃时，写过一封蕴含无限情怀的家书，书里有一句话传到了今天！也许人们已不知吴越王的英雄业绩了，但"陌上花开，可缓缓归矣"这一句话蕴含的诗情画意令人读之仍是艳羡。相亲相爱的夫妻缱绻之情嫁接自然生态的美好，苏东坡都被这句话打动了。他在杭州做官时到临安，听了王妃家乡人改写的民歌《陌上花》后，和了三首

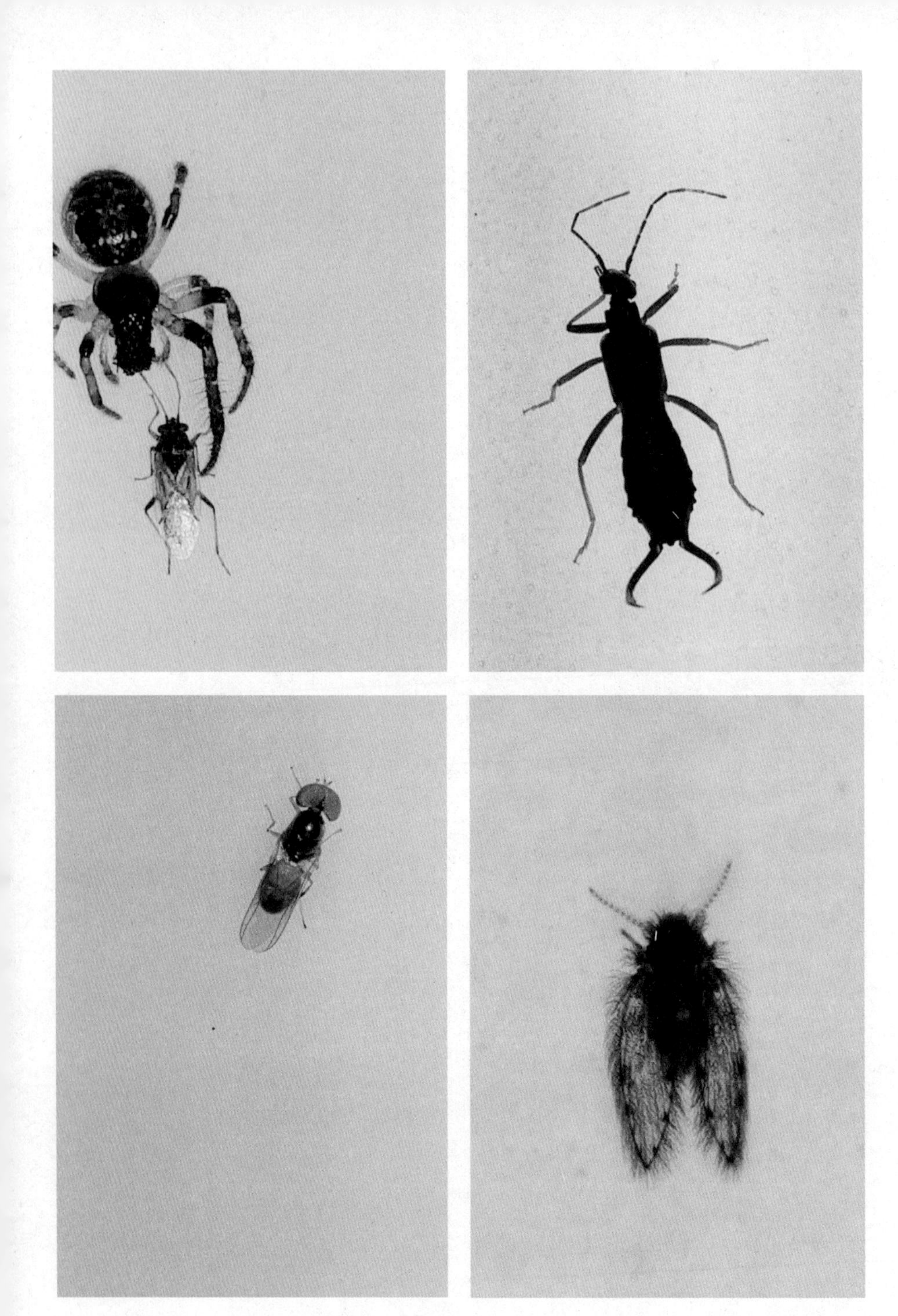

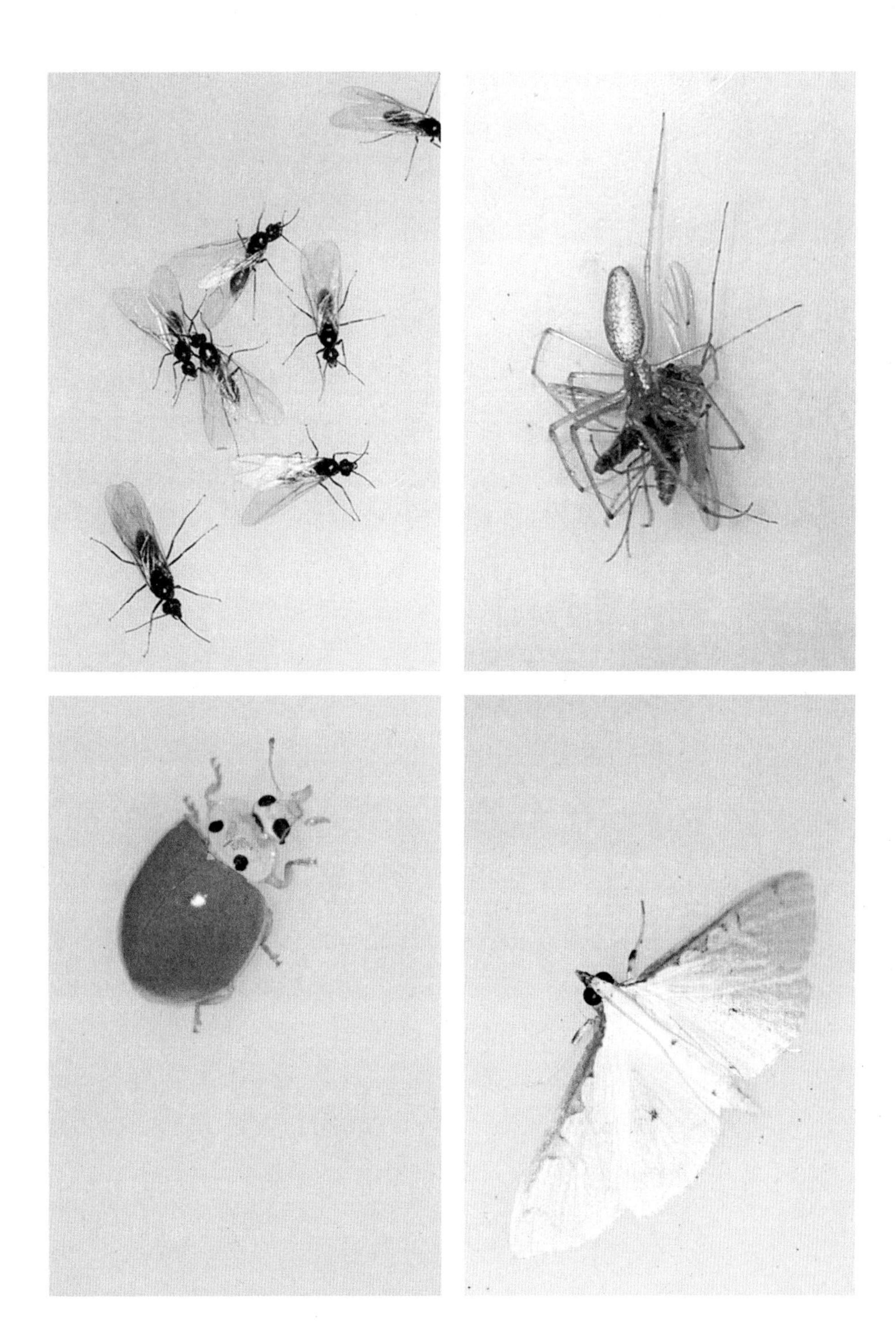

《陌上花》，并点评："吴人用其语为歌，含思婉转。"在此录一首苏东坡和此句话的诗："陌上花开蝴蝶飞，江山犹似昔人非。遗民几度垂垂老，游女长歌缓缓归。"

不遵循土地伦理，不道法自然生态伦理的则天大帝心有贪念。吴越王比之有格调，这也再次证明看花是种世界观。

蝉翼不是隐形的翅膀

人一居高临下，对什么都不屑一顾，常就视什么东西都如“草芥”；人喜好在高处高屋建瓴、高瞻远瞩，对一些物事就斥为“雕虫小技”。

与虫与草亲，越来越被吓着，人这于草于虫说来无异于恐龙巨兽的东西，凭的什么这般自高自大，目空一切？

小草小虫过着它们渺微的生活，成就着它们的死生，默默地，从所属种群基因那儿与生俱来地继承遗传着基因，在地球生态圈里成为一个小小的链扣，成为生态链生态网络中的一个环节。一个小链扣、一个小环节的局部脱离断裂或许不至影响全局，但请设想一整个生态圈就是一大张网络，四处都是局部的小破口，那张生态大网就是一个破网，一阵风来便四处告急，最终不能维持的将是人类自己的生存保障。“千里之堤，溃于蚁穴”不也是这个道理吗？

人类有时从这些弱小生命身上悟出些道理，赋它们人之品格，也不吝赞美，有人咏梅临寒开，有人颂飞蛾扑火。

不论贬抑或歌颂，所有的形容和喧嚣于草木小虫来说只是云烟。

秋深山中行，看见草木的荣枯渐次跟着季节的轮替、跟着气温、跟着干湿度，禀着天赋的基因密码，繁茂着、凋败着，遵从着大自然的安排和秩序。

世间永不会所有的花同时开，永不会所有的花同时凋零。武曌的百花齐放逆天，现今的科学家在温室里完全可以满足则天大帝恣意妄为的目的，不做，只为不欺天。

这秋的山林里，菊科植物荣枯同在，枯的枯了，开的开着。唇形科的小花们，如天降的精灵一个个悬于枝上，像公园娱乐场乘飞轮车的孩子咧嘴欢笑，粉的紫的蓝的红的花冠分为上下两唇瓣，上唇瓣是它们的头帽，下唇瓣是它们的身子衣装。半个月前开得繁盛的锦葵科的粉色地桃花，现在通通败了，蜂蝶不睬，杳无踪影，而它的亲戚黄色的小野葵（黄花稔）一下子炸开花蕾，妖娆着。

就在这深秋，也有似乎要到春天才看得见的蕨类植物，蜷卷着它毛茸茸的小龙爪，等待舒展。潮湿的林荫下，锈红色的几朵蘑菇小伞撑开了，菌柄虽纤细，撑住那把“大伞”没问题。一种紫红色的野果像散落遗失在地的链珠，我尽量避免踩到它们，以免把一些虫儿们的美食给糟蹋了。摘了一颗那小果子，指甲掐开，汁多有细籽儿，但还算不得是浆果，凑到鼻尖嗅嗅，舌尖舔一下它滋味的念头终是打消，神农氏遍尝百草，以身试药需要勇气、经验和常识。

接连几天雨，这一天放晴。在山里拍虫虫不需要往阴暗里去，得找到阳光照射得到的林间草丛灌木丛，仔细观察。运气真好，看见几只金色蟋蟀，它们雌雄搭配，欢度着它们的黄金时光！第一次抓拍到蝽蝽奓开翅膀欲飞的样子，终于理解明白了“半翅目”的分类标志。接着瞥见一只土红色的长鼻象甲卧于花蕾之上。

还在孩提时代的蝽蝽玩起川戏变脸。小长袖蜡蝉并不善舞，它暗地里把自己的一双翼翅借给了弯曲的一片草叶，草叶就像长了一双翅一般，却飞不了。哈，这可不是给徘徊孤单中的小女孩以坚强的那对隐形翅膀，眼尖的我捕捉到了它那一对美丽透明的蝉翼……

人心也有皱褶曲折、有纹路脉痕，此刻，我的心哗地一下子张开如蝉翼。

蝼蚁、草芥之命，关乎天，关乎地。虫啊草啊得小自在，世界方会精彩纷呈，而人类如是可得大自在。

别离，在一场集体舞之后

起先，在我刚进入林子，专注于一朵野花的观察时，它，一只浑身漆黑的毛蚋慌慌张张地进入我的视线。

瞧它那样，仿佛身后有无数天敌要夺它的命，而它纵有一副漂亮的翼翅，却不愿起飞，而是无头无脑无主张地东奔西钻，往草窠里往枯枝下奔，往泥石的空隙里挤，神色逃命般仓皇。

镜头转而追寻着它，直到看见它卧趴不动。我用一根细枝轻轻地拨弄了它一下，它挣扎着支撑起身体，试图张开翅膀，但它的翅只张开一边，另一边却打不开，旋即它歪倒在地，再也不动。我仍试探着用纤草拨弄它，它没有反应，死了。

镜头连拍了它死前的影像。我离开了。

这是一只黑毛蚋。7月间，我曾在这山里的一座寺庙的红墙上拍到一只漂亮的红胸毛蚋，那时我刚开始亲近虫儿，我还不知道它跟蝇、蚊、虻是远亲，同属双翅目。我只习惯地叫它背锅虫，是我们小时候的叫法，因为它的胸背板高高地隆起。

死去的是一只雌性黑毛蚋。它是完成了产卵任务后，终老而死的吧？像我曾拍到的那些濒死的蛾类一样？它先前不知所措的亡命行为，是自感大限已到的一种回光返照吗？死得一点儿也不从容。

继续往林子深处去，往密林里有阳光照射的地方去。今日是个大晴天，虫儿们这时候会循着阳光出来活动，阴森的地方虫儿们似乎不爱待，我的眼力也看不见它们。

秋深了，我再不多跑一下野外，能见到的虫儿就越来越少了。今天，林子里除了几声鸟鸣，再偶尔稀落地响起几声蛐蛐的低吟，高处的蝉声已销声匿迹。除此只有林径上爬山人的喘息、话音和脚步声。

前面一处很亮堂的地方是个三岔口，那儿林稀，阳光倾泻下来。我紧走几步，在那一带的草木间我拍到过多种虫子，那是我拍虫的大本营。

呼呼地，什么东西向我扑来。一点黑影扑到我下巴颏唇边的位置上，差点被我的呼吸吸进嘴巴里，我立马用手扇赶，一看我的衣襟上已粘着两只黑色虫虫。

那块阳光直射的林中空地上空，漫天飞舞着同一种虫虫——先前遇见的黑色毛蚋！

浑身漆黑的它们，动作并不敏捷，飞翔显得迟缓，光线照到它们的翼翅时，它们就会有点彩色的银亮反光，否则它们就是一小团翼翅扇动的模糊灰影。它们没头没脑地撞向路过的人，扑到周围的枝叶上，有些直接越飞越低下坠到地上，落在地上的它们动作缓滞地爬一爬，然后如先前我见到的那只雌毛蚋一样，身子一歪，死掉了。

想拍下毛蚋群飞的样子，却在亮堂的山林背景下什么也拍不清。我遂把镜头对着濒死挣扎的它们。

那些张开了翅膀挂在草叶上扑腾的、飞不起来的大限将至了，它们很快将会气力耗尽，坠地而亡。那些敛翅停歇的或飞着的，都是在燃烧生命最后的一点能量。两个爬山的路人注意到了地上众多的死虫或还在蠕动挣扎着的黑虫虫，其中一人疑惑地问另一个人：咋个了，这些虫虫一起自杀求死?

正在附近张网捕食的蜘蛛真是快活极了，那些毛蚋一只一只从空中掉落到它的网上。天上掉馅饼的好事它一再捡到，简直就是那个守株待兔的宋国农夫了。蜘蛛这些天只管收获，不问耕耘。

我一直没有查到毛蚋的相关生活习性。我自思忖，它是一种群居性的昆虫，它们春天来到世间，经过这一生一世，完成了种群的繁衍后，相约着来到这里，在阳光下做最后的飞舞，然后共赴一场永世的别离……

明年春天会再见到它们吗？当然！它们的孩子也会长出翅膀。到时我们见到的仍然是黑毛蚋、红胸毛蚋。跟今天看见的一模一样。

后来，我以人的思维虚拟了两个问题，并自问自答：

“人可以集体别离，一起赴死吗？”

“不会，当然也不该。”

“为什么呢？”

“人是高等动物，每一个人的社会属性不同，每人肩负的责任不同，每个人都要努力地负担起属于自己的责任，然后方可撒手人寰。世间绝不会有一只毛蚋老了，还挣扎着非要活到明年开春以期看见它的后代长成。这是虫本性与人本性的不同。”

嘿，我的回答可是太有人脑的惯性思维了？这真是人类的高级智慧?

察观虫生，换个角度看人自己。

任何生命，死去的只是这一代这一拨这一个生命的个体，在另一个意义上我们可以说生命是永远不朽的，它一脉相承，生生不已。

生命不朽。

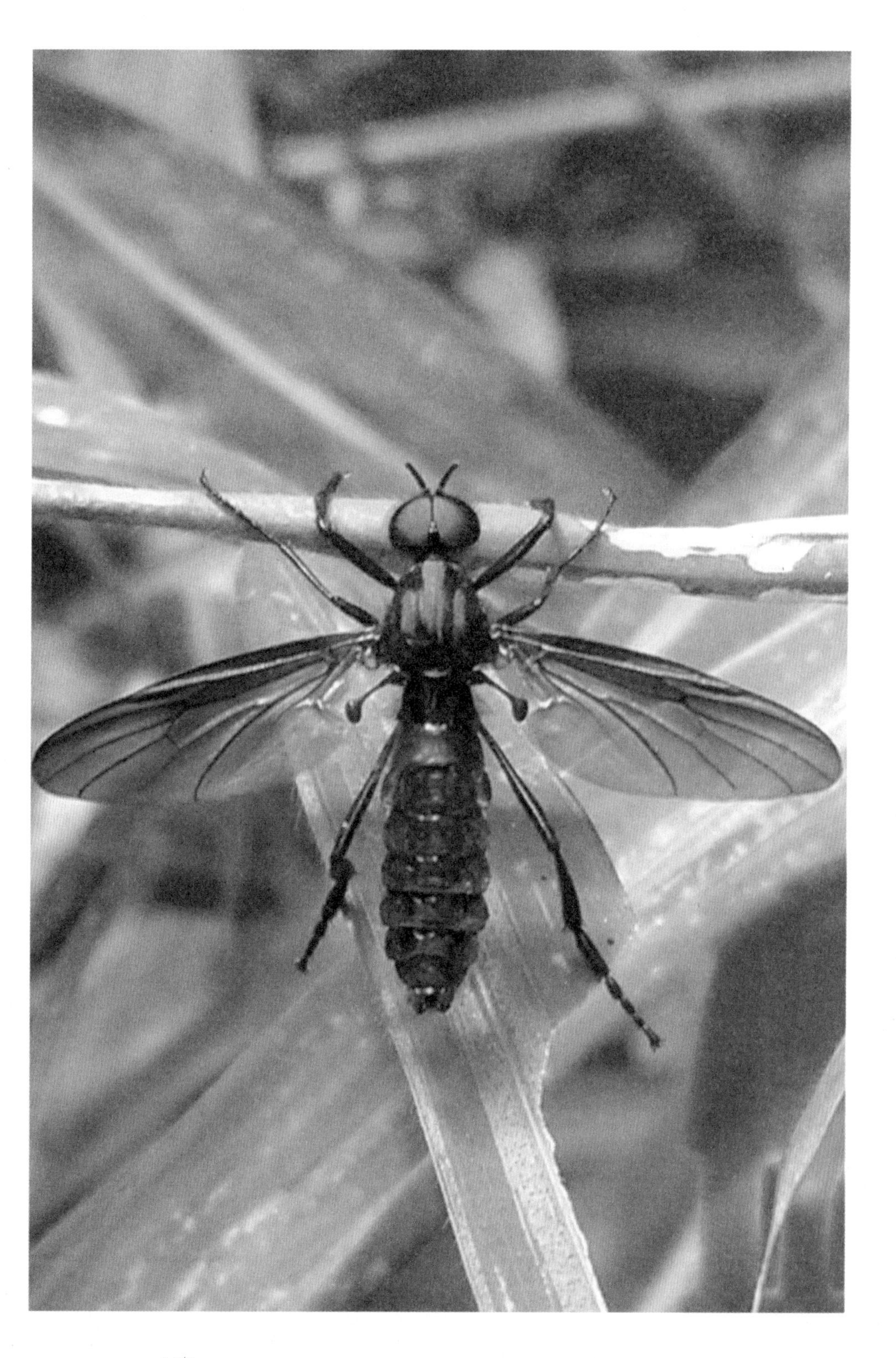

关于毛蚋，很容易分清其性别，雌虫个体大些，小眼。雄虫比雌虫小，有一对鼓鼓的大复眼。我多次拍过毛蚋的“爱爱”图像。然而某一天，我在拍毛蚋时，拍到了两只雄性毛蚋紧紧相拥的情形，我第一时间想到昆虫是否有同性之爱的问题，印象中没有任何资料提及。动物，包括昆虫在内，凭化学痕迹来辨认方向、辨认同类，它们释放的各种气味，或溶到水中或扩散到空气中，而这些化合物从人眼看不见的微小腺体中扩散出来，它们就凭着它们的祖先传给它们的天生技能彼此相认。

有时看着原本各自单飞的蝴蝶，有一只从人眼可见的数十米远外忽然直线飞来，与它的同类“邂逅”，于是一对蝴蝶双双保持着一小点距离上上下下翩翩起舞，由不得我这个人不惊讶于小虫们全是精于化学沟通的大师。一只僵坠而亡的蛾蝶，它的死亡之气味是如何迅速招引来蚂蚁的？蚂蚁是如何察觉十米之外有濒死者，并奔走相告，大老远地迅速集结的？在这一点上，人类与它们相比，太弱了。或许我们人类的祖先在进化的早期也敏于与自然沟通，只是随着某些功能的进化，一些功能退化了、被遮蔽了，此长彼消，当我们越来越耳聪目明时，我们真的是越来越智慧了吗？我们是否退化了某种感觉器官，遏制了某种技能的发展？难道人证明自己越来越智慧，就是制造出机器人 AlphaGo 在围棋上永远打败了人类自己？

我看见的那两只雄性毛蚋个体的同性性行为，也许是它们交流时发生了误解，好奇怪！又想到还有蜜蜂的工蜂出巢后找不到回家的路！这些虫界的咄咄怪事，让我们人类该有什么样的警觉？

蚂蚱这厮这肉

蚂蚱大名为蝗，在人类眼里它是害虫，是很可恨的东西。由它引起的“蝗灾”直接影响到人类的生存。

《诗经·小雅·大田》中道：“去其螟螣（螣即蝗，螟是螟蛾的幼虫螟蛉，寄生在稻麦茎芯），及其蟊贼，无害我田稚。田祖有神，秉畀炎火。”

“秉畀炎火”是指捕捉这些害虫拿去烧死掉。

《尔雅注证》的作者郭郛先生曾与英国剑桥大学李约瑟合著《中国古代动物学史》，蜚声国际。他从事昆虫学、动物学史研究60年，写过《中国飞蝗生物学》。蝗是被人类当作大害虫的，郭老写过一篇《蝗赞》：“水旱蝗灾，古今三害，治水有方，端赖国力，治蝗有例，综合生态，治旱艰苦，西北之灾，综合开发，水从云来。”

好个“水从云来”啊！那是地球生态和谐，众生共荣才有的美景。

中国人恨一种东西，常有咬牙切齿之感，恨不得剥它的皮食它的肉。

在这一点上，云南人就聪明了。话说蚂蚱，我得从“云南十八怪”的“鸡蛋草绳拴着卖，三个蚊子一盘菜，蚂蚱当作下酒菜”说起。

吃过蚂蚱肉吗？

在云南某些得天独厚的地方，比如普洱那样物产丰饶、风调雨

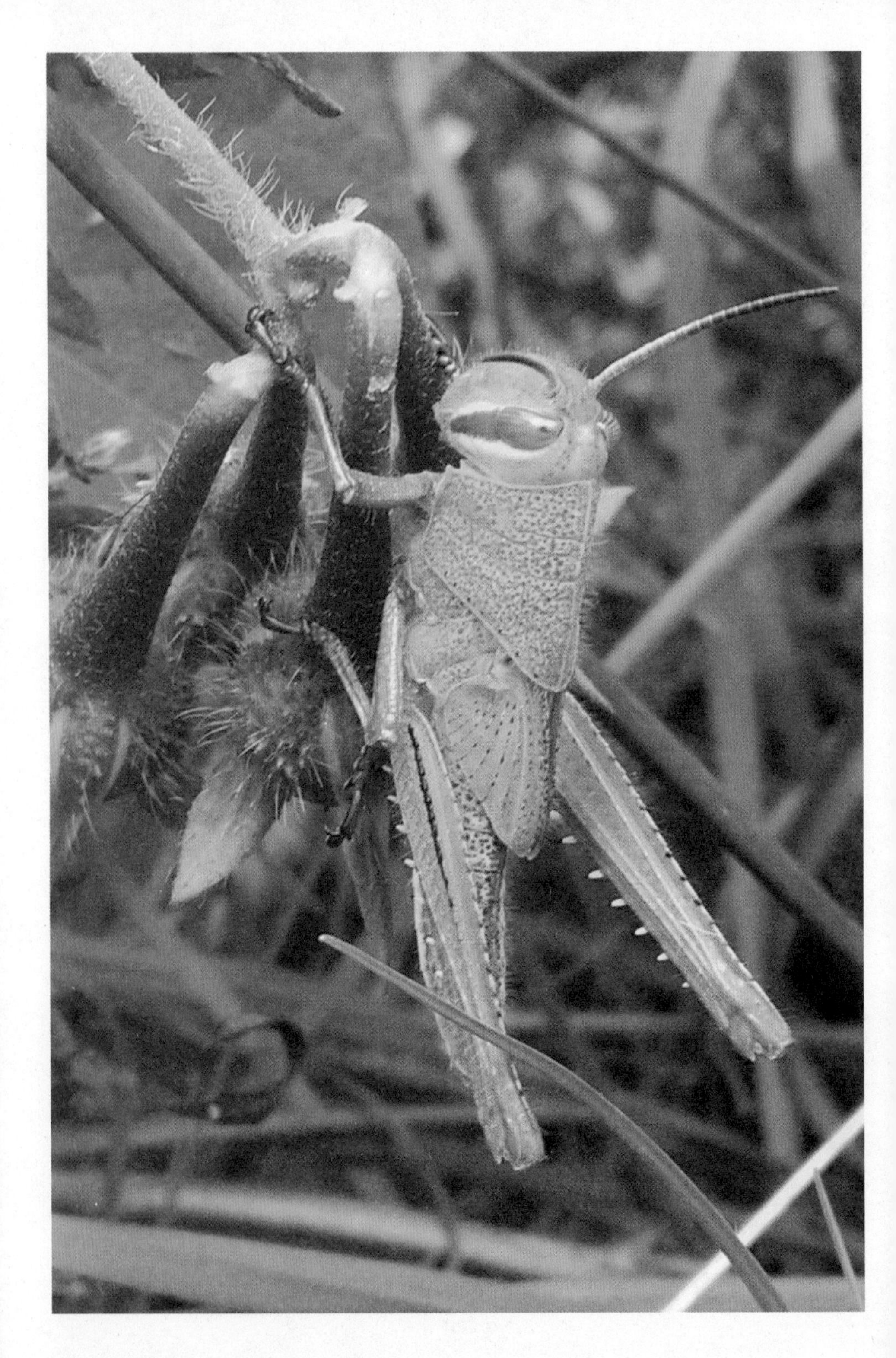

顺的地方，民间有一种底气十足的骄傲说法：“我们这地方人不兴种菜，因为走出家门便处处可以摘菜，动的就是肉，绿的就是菜。”啥意思？说的是食物食材，会动的虫虫都是肉，绿色草木都是菜。你若抱着入滇擒孟获的诸葛亮的心态，小看云南人，认为他们野蛮，认为云南是不毛之地，不种五谷的地方，那你才是被笑话的人。这个得学明代大才子杨慎，在惶恐不安地被发配到云南后，他发现云南这传说中的蛮荒之地原来是一方乐土啊，然后悄悄地偷着乐。

云南土著得自然滋养，谙晓什么虫可食什么草木可嚼。云南土著不是懒不是不耕作，是因为云南食源太丰富了，人们食苔藓、吃菌类、吃虫儿，比如蚂蚁蛋、竹虫、蜂蛹、蚂蚱，等等。以现代营养学观之，这种食谱实在是绿色健康的。（我本人不主张食虫，特别是濒于灭绝的种类，比如齿蛉的幼虫。）

蚂蚱是肉，这其实是天下皆知的事情。夏秋两季，蚂蚱在田间地头草丛里蹦得欢的时候，捉它们来，水焯一下，然后猛火热油炸之，即为一盘好的下酒菜。

从来蚂蚱都为人类切齿地恨啊，它们除为害水稻、小麦、玉米、烟草、棉花、芝麻、麻类之外，还为害甘薯、甘蔗、白菜、甘蓝、萝卜、豆类、茄子、马铃薯等多种作物。民间俗谚说：“蝗虫四起米价高。”

人们何时起把蚂蚱当食物的呢？我猜聪明的古人是这样吃起蚂蚱来的：“你个小蚂蚱专吃我辛苦种下的粮食蔬菜，你吃它们，我吃你，量你吃稻麦吃菜叶的会有啥子毒？我吃你岂不是也一样？”于是试吃，乍一吃，有如吃到肉食般惊喜，还挺香，如是吃蚂蚱之风传开，吃时还可解解心头恨。

云南普洱市的墨江哈尼族自治县有个节日——“捉蚂蚱节”，哈尼语叫“阿包念”，在“六月年”（每年阴历六月二十四日）后的第一个属鸡或属猴日举行。哈尼族的水稻种植史现在世界著名，都种出个世界文化遗产（云南红河州的千年哈尼梯田）来了。北回归线穿墨江县而过，住在那里的哈尼族人们生活在山区，种植一季水稻。过了“六月年”，水稻就开始抽穗。为避免虫灾、确保水稻丰收，哈尼族同胞郑重地过“捉蚂蚱节”。过节这天，全寨子男女老少都到田里捉蚂蚱，然后用划开的竹片夹着提前分解开的蚂蚱的头、腿、身或翅插在田埂和排水沟旁，用以“恫吓”其他食稻谷的害虫。之后，哈尼族同胞也不浪费这些蚂蚱，会将之带回家焯水、晾晒、拌上佐料，再腌制半个月左右当菜吃，据说味道很鲜美。离开田野时，人们还要大喊：“蚂蚱！三天内不捉你了，三个月内你不要吃稻谷！”——一向与自然和谐相处的哈尼族人们以此祈求丰收——这可是人与虫，人与天地的呼喊着的契约，充满着天真欢娱的仪式感。

我得承认我虽然现在不主张食虫，但我是吃过蜂儿、蜂蛹、蚂蚁蛋、酸蚂蚁、竹虫的，个人经验是食虫大凡食的是蛋白质及富含钙磷质的甲壳。很多虫子肉质鲜嫩，味美如虾，营养学家捧蚂蚱肉的营养丰富已达高不可攀之境，说它体内营养成分的结构比畜、禽类更合理。

蝗属直翅目，挂角亲有蟋蟀、螽斯、蝼蛄等，口器咀嚼力发达，触角丝状，复眼发达，多数有三个单眼。前翅狭长且硬革质化，为覆掩膜质后翅。有些种类短翅，甚至无翅，只能蹦跶。蝗有一昆虫之最——无它虫可比的空中长距离不落地超强飞行能力。蝗大规模集体飞迁便引起蝗灾。直翅目的虫虫后足皆强大发达，适于跳跃，属渐变态昆虫，若虫类似成虫，但体格小且嫩。全世界已知蝗类有 1 万种以上，我国约有 1000 种。

国人太恨蝗虫了，用蝗虫打比方骂人最绝的一句带着诅咒和怨气：你个秋后的蚂蚱，蹦不了几天了！——直接咒人好日子走到头了！

其实，蝗虫在云南这样的地方，一年四季都能见到，它从卵到若虫到成虫的一个世代一般是三个月，夏季、秋季正好可繁衍蝗的两个世代，秋后，天冷，它们的卵在地下十多厘米深的地方过冬。

唐代著名诗人白居易有一首诗叫《捕蝗——刺长吏也》，写蝗灾的：

捕蝗捕蝗谁家子，天热日长饥欲死。
兴元兵后伤阴阳，和气蛊蠹化为蝗。
始自两河及三辅，荐食如蚕飞似雨。
雨飞蚕食千里间，不见青苗空赤土。
河南长吏言忧农，课人昼夜捕蝗虫。
是时粟斗钱三百，蝗虫之价与粟同。
捕蝗捕蝗竟何利，徒使饥人重劳费。
一虫虽死百虫来，岂将人力定天灾。
我闻古之良吏有善政，以政驱蝗蝗出境。
又闻贞观之初道欲昌，文皇仰天吞一蝗。
一人有庆兆民赖，是岁虽蝗不为害。

虫命关天，除了前面提及的蜜蜂崩溃错乱症带来植物授粉减少成空前绝后的大灾变外，恐怕就是指这蝗灾。蝗灾发生，大量的蝗虫会吞食田禾，使农产品完全遭到破坏。民间有旱极而蝗灾至的说法。雨水多，植物含水量高会延迟蝗虫生长并降低蝗虫生殖力，阴湿的环境还会使蝗虫流行疾病。另外，潮湿的环境利于蝗虫的天敌蛙类生存，也会增加蝗虫的死亡率。

有趣的是，科学家发现，蝗虫本性胆小、喜欢独居。独居的蝗虫危害有限，但当它们后腿的某个部位受刺激之后，会突然变得喜欢群居生活。群居的蝗虫有可能集体迁飞，形成蝗灾。

在我国历史上，河北、河南、山东三省常发蝗灾，江苏、安徽、湖北等省亦有分布。秦汉时蝗灾平均每8.8年一次；明、清两代频繁起来，平均每2.8年一次，受灾范围、受灾程度堪称世界之最。

蚂蚱在北方也叫蚱蜢。学名既为蝗，引人想，古人造字是有讲究的，虫中之皇，虫中老大！中国古代对蝗虫认知不多，敬畏蝗虫，称其为“蝗神”，认为蝗是虾变的，古人云“旱涸则鱼、虾子化蝗，故多鱼兆丰年。”这个说法，恐怕是油炸蚂蚱在北方的叫法——“油炸飞虾”之由来吧？

目前，人类对付蝗灾最有效的灭杀办法是用飞机喷洒农药，该法杀虫率高、灭杀范围广，但成本高，而化学防治方式只能应一时之需，不能保证长治久安且可能得不偿失，环境的污染是另一更大祸害的缘起。靠天敌两栖类、爬行类等等动物防治一时半会儿救不了大蝗灾。

照片里的它们多么多么可爱，我想学天真的哈尼族同胞在捉蚂蚱节时，对着它们喊：“啾，蚂蚱！蚂蚱！无食我黍！你不食我黍，我保证不食你肉。”

问题是上周末，朋友请客吃饭，上了一盘油炸蚂蚱，我吃了几只，蛮香。这是不是我这个迷虫者的悖论？我认为不是，我是爱之恨之了解之。

人与虫，虫与人。虫命关天，人命也关天啊。

蝶去

蝶来风有致，人去月无聊。

袁枚《随园诗话》里独挑了清代诗人赵仁叔的两佚句，从此便让这个赵姓诗人留下了印迹。两句妙语在我多愁善感的某时录于笔记本上，刻在心里。

风是什么？流动的空气！——多么干巴的答案。赵仁叔比今人有情趣得多。

翩翩而至的蝴蝶带来了风的韵致，空气中会飞的花朵蝴蝶舞出永远的诗意。

“蝶恋花”是词牌名，词牌是给所写的词定个长短句的格律调子。“蝶恋花”这调子控制的情绪最能把人的心绪弄得伤感。信手拈得李清照《蝶恋花》——“暖雨晴风初破冻，柳眼梅腮，已觉春心动。酒意诗情谁与共？泪融残粉花钿重。”

李清照想念远方的爱人时是乍暖还寒的初春，蝴蝶那时刻羽化翩翩飞？寄望吧？

这几日是恋花的蝴蝶在昆明冬天的“风烛残日”。人的老境用风烛残年比拟；羽化后的蝴蝶不到三十天的寿命，用风烛残日来形容或许差不离。

那个下午有冬天的暖阳照着，在一处“管理不善”、不定时喷洒

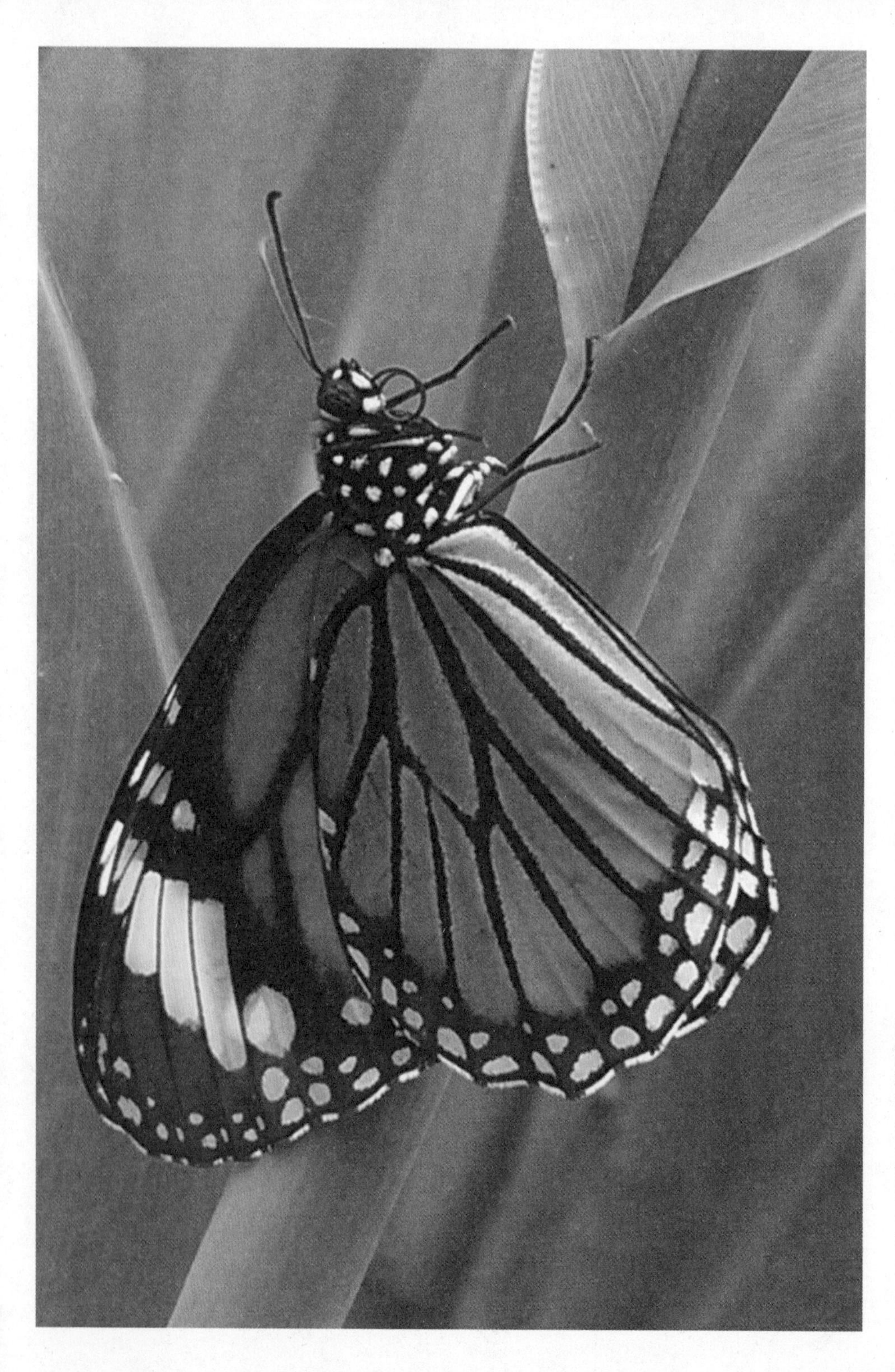

杀虫剂的野园子里，我追着蝴蝶拍。黛玉葬花，我葬蝴蝶。那个下午我把一只在公路上垂死挣扎的大绢斑蝶，移到野园子一处隐蔽的杂草里安放。大绢斑蝶天生丽质，若任它扑腾到公路中间，被车轮碾死，有点不忍，美物死得难瞧总是件伤心事，不能让它那么死。也是那天，我还在一片水塘边用半个来小时记录了一只黑脉金斑蝶的死。

《殇》是杰奎琳·杜普蕾演奏的，匈牙利大提琴家史塔克有次听见广播里正播放这首大提琴曲，史塔克说：“像这样演奏，她肯定活不长久。”结果一语成谶。《殇》里有一句词“你的声音如蝶落一般寂寞”，在我的图片库里，蝴蝶拍得最好的几张都是在它们归西时分。这很好理解，它们的生命将油尽灯枯，它没力气飞了，会乖乖地趴伏在一处，基本不动，然后终此一生。

蝴蝶生命活跃时都去恋花了，蜜蜂也有这特性，所谓“狂蜂浪蝶”也，那时候你撵不上它们见异思迁的“花心”速度，等你调好焦距，它们就忽地飞走了。

蝴蝶是鳞翅目昆虫，翼翅上密布很多鳞片。鳞片本身的色泽、反射太阳光的角度及空气温度，都会造成同一相机镜头拍出的图片呈现的蝴蝶姿色不同，这是蝴蝶的天赋，它的魔幻术。这种魔幻术很重要，它产生一种光信号，助其发情时向异性发约会邀请。无论雄蝶还是雌蝶，它们的性器官区域，都有一个非常敏感的光感受器，接受赴约信号。有意思的是，并不是所有的雌蝶都会响应雄蝶爱的召唤。一旦这些光信号遭到隔离，就意味着恋爱中断。雌蝶要点小性子，雄蝶会一气之下再也不发第二次信号。这一点蝴蝶就很干脆，绝不像人类那样死缠烂打没完没了。在遭到雌蝶拒绝后，雄蝶分分钟秒秒钟见异思迁，另寻新欢。哼，天下何处无芳草？

我曾花半天时间仔细观察蝴蝶交友时的情形，蝴蝶一定是在有阳光照射到的林间翩翩起舞，光照射在它那细小的鳞片上时，不同的角度反射的光线刺激了别一地方的蝶，哪怕它们不是同种，它们也会飞近，当飞近时或许便靠彼此身上的化学物质的气味来辨认对方了。一只环带蛱蝶与一只白裙翠蛱蝶飞近了，几乎同时它们认出对方不是可交配的同类，立马飞离，白裙翠蛱蝶找它的同类去了，环带蛱蝶也找它的同类去了。我也观察到，一只白裙翠蛱蝶发出信号，不同方向的两只几乎同时飞近它，三蝶一聚，只两三秒钟，立马有一只识趣地飞离，绝不拖泥带水。简捷，干脆利落，虫界的爱情直来直去。

昆虫的独异本领甚或其身体构造常常是仿生科学的重要灵感来源。蝴蝶身上的鳞片给航天飞行器的设计师以启示。航天飞行器在宇宙空间里飞，太阳光直接照射飞行器。被照射的一面，温度很高，背光面又很冷，温度剧变对飞行器非常不利。因此，工程师从蝶翅的鳞片上获得启发，在飞行器的外面覆盖一层能活动的“鳞片”，通过调节鳞片的倾斜角度，使飞行器保持恒定的温度。

昆明的冬天，花儿四时常有，花不败，飞着的蝴蝶却日见少了，就连最常见的菜粉蝶都无精打采的。

此时只待明年暖雨晴风破冻后，柳絮飞，桃腮红，春心动，花间再见蝴蝶翩翩飞。

如是，似可说：蝶来风有致，蝶去人无聊……

蜂情万种

求知欲牵着我的神魂。

——法布尔

不论平地与山尖，
无限风光尽被占。
采得百花成蜜后，
为谁辛苦为谁甜。

上面这首七言诗《蜂》是晚唐诗人罗隐创作的一首咏物诗。一首今人读来也是大白话的诗，我认为写得不好，读起来疙疙瘩瘩的，别扭。诗人的情绪怪，先两句说蜂风光占尽，带有几分妒忌的情绪，后两句急转直下，怜它辛苦酿蜜后被剥夺蜜的拥有权。

诗人写蜂隐喻人生的复杂和无奈，这里不论。蜂的生物属性，诗人抓到了一点，讲它的生境，述它采百花酿甜蜜的行为。

“百度百科”里描述蜂：“会飞的昆虫，多有毒刺，能蜇人。有蜜蜂、熊蜂、胡蜂、细腰蜂等多种，多成群住在一起。”

哪有那么简单？蜂的类群其实很复杂。人类从蜜蜂那儿获得蜂蜡、蜂蜜、蜂王浆。人学会了利用蜂的好，也晓得了尽量不惹它们，躲着蜂的毒螯。小小一只蜂也可把地球霸主大活人用一根小毒刺放倒。

20天前在我一直观察的那块渔村菜地里，一上午我便遇见好几只胡蜂个体。很怪，那天它们都对人很友好，我那么近距离地观察它们，它们竟然生出微笑的表情待我。

自然的日历一页页撕去，冬天来了。万木萧疏百花凋零的日子，蜂儿们自秋天开始的冬眠食粮的储备或许已经告一段落，它们忽然进入了最闲散的时候，也要猫猫冬？——从人的角度我不由得这样想。浪蝶翩然而逝，飞舞的狂野之蜂忽然以笨拙的姿态坠落在菜叶上。

在一片蚕豆地里，蚕豆叶间，我与一只我平时叫它大黄蜂或大马蜂的胡蜂对视好一阵。这家伙倒悬在蚕豆叶下，也不知搞啥子名堂，不怎么动，而我拍它时，另一只胡蜂在附近飞起又落下。它们在玩捉迷藏？是一对？一场大约在冬季的约会即将开始？没理那只飞来飞去的胡蜂，我只盯着蚕豆叶间这一只拍。它似乎是倒吊累了，转了个身，从叶下往上往外爬将出来。镜头里的它讥诮地用大眼睛乜我，那样子仿佛在问：有什么可偷看的？它那脸上的小表情却又有着一点羞涩，让我忍俊不禁。后来它让我拍够了，也不耐烦我了，忽地飞走了。这一天，我胆子大，知道不论我怎么挨近它，它都不会蜇我刺我，也许它有谈恋爱的闲散心情，根本不在乎我这个人？不由得我就拿人的心思惴忖它。

胡蜂体色鲜明，通常黄黑相间，腹部末端的螯针和毒腺相连，平时我可不敢这般趋近它。蜂毒的成分很复杂，会使人中毒。如被它不惜牺牲小命地蜇到，轻一点是引起红肿、奇痒、刺痛的过敏反应，严重点会引起神经中枢麻痹，甚至导致休克死亡。这天我与它相安无事。

然而我还是要给你提个醒，人于野外，遇到蜜蜂千万莫驱赶、扑打它。蜜蜂出于自卫本能，你侵犯它，它就要蜇人，那是被迫无奈。众所周知，蜜蜂蜇人后，自己也会死去。原因是蜜蜂蜇人后，刺针的倒钩挂住人的肌肤，很难拔出，飞离时一用力，被钩住的刺针就把内脏也拉扯出来了。因此蜜蜂蜇人后便是自身不保地呜呼哀哉，蜜蜂它愿意这样吗？

特别要提醒的是，在野外你若慌乱中打死了一只马蜂，它临死前散发的独有气味会传递给同伴，它的同伴便会立马驰援，这就是所谓你捅了马蜂窝，那些勇于牺牲的捍卫蜂巢安全、族群安全的蜂们便会不顾一切撵着你狂蜇，那是你做坏事了，活该被蜇，人家蜂本也无心为蜇你而牺牲自己的一条小命。

说到蜂，可能有个认识误区，认为蜂都是营社会性群居生活。其实除了胡蜂与蜜蜂两大类（这其中包含的种类很多）营社会性生活，其他体态更加漂亮的姬蜂和叶蜂一般是独居生活。姬蜂把卵产在别的昆虫体内，以其为宿主，吸取宿主的营养。叶蜂一般不做这损人利己的事，但它食植物叶茎，危害植物生长，在人类看来它们有美丽的外表，心灵却不美，与此同时，独居的它们也不进贡给人类霸主任何利益好处。

胡蜂和蜜蜂的大家庭生活状态，其实是类似于人类原始时期的母系氏族生活。家庭成员包括一只产卵的雌蜂——蜂后、近千个有生育能力的雄蜂、四五千只只会做事不会生育的工蜂。雄蜂的唯一职责是与蜂后交配。在交配季，蜂群有“婚飞”的行为（蚂蚁也有此习性）——蜂后从巢中飞出，后面跟着全群中的雄蜂。与蜂后交配后，雄蜂就完成了它一生的使命，走向死亡。那些没能与蜂后交配的雄蜂在蜂群中只知吃喝，无所事事，游手好闲，是蜂群中的“懒汉”。勤劳的工蜂会将无价值的雄蜂驱逐出境，有经验的养蜂人也会对它们进行人工淘汰。

胡蜂每年在四五月间开始产卵，六七月间形成成蜂，10月以后为了准备冬眠所需要的食物向外觅食。胡蜂成群出动时，人类最好莫招惹它。胡蜂本身不会主动攻击人类。但胡蜂是捕食性蜂类，习性凶猛，喜捕食蜘蛛、蛾类等。今年夏末的某个夜幕降临时分，我正拍摄一只张网捕蚊的蜘蛛时，亲眼见识过胡蜂的生猛。一个黑影“嗡”地飞来，捉了网中间的蜘蛛便走，迅雷不及掩耳，我没反应过来，错过了抓拍它忽然飞至的猎捕。

食物缺乏时，胡蜂会以大欺小、以强凌弱，抢夺同类的口粮，甚至还会抢食蜜蜂巢内的蜜。

过去的这个周末，天寒，我试图再去菜地里遇胡蜂，却没有再见它们的影儿了。

姬蜂为何以“姬”冠名呢，看多了，悟出一点道道来。蜂皆有细腰，无此特征，那它可能就是蝇了！但是，谁的腰有姬蜂的细呢？腹部与胸部就那么一个点的连接。姬，舞姬也，有细腰，那舞姿才会优美。瞧它，体形苗条，一对细长触角，两对泛着金属幻彩的透明翅膀，飞起来，自是飘飘欲仙，煞是好看！冲着这小细腰封它个“美姬”的名也是应该。雌姬蜂尾后除了尾部中间有一个长长的产卵器，两旁还有两条丝带似的东西，这在其他昆虫里不多见。想象一下那多么像舞姬们舞蹈时的水袖飘带，人家天生仙灵美仪，怪不得有美名。我在黑夜里的灯杆上拍到过一只姬蜂，它透明的翅在镜头的闪光里，蓝荧荧地闪着魅惑之色。它纤细弓起的细腰令我惊诧，它的腹与胸难道只连着一根神经？这根神经牵一发而动全身？这小东西显然有趋光性，因此我得以在不同时间看见它漂亮的身影好几次，它的身体构造是一个传奇。姬蜂是典型的寄生性蜂，它的雌虫有难以想象的很长的产卵管，能刺破另一些虫类的身体，将卵产入其中。老熟后的幼虫爬出吐丝，在叶背上悬一蛋形茧，优哉游哉地等到长出翅膀破茧而出。没有拍到它的茧，资料图片显示，它的茧独独地一个一个悬挂在叶背。我相信我会看见它那神奇的茧，在来年的春夏，在草叶间。

蜂与蚁属膜翅目昆虫，蜂类里的绝大多数种类是对人类和植物有益的传粉昆虫。就是寄生性的姬蜂类也会帮人和植物制服危害更大的虫子，只有少数植食性的叶蜂是农林作物的害虫。蜂类里捕食性者主要包括胡蜂、泥蜂、土蜂等科的成虫。以花粉和花蜜为主食的蜜蜂对作物间的授粉劳苦功高，提高了作物的结实率，当然，最后最大利益的获得者是人类。

营社会性群居生活的一般蜜蜂在食量不足情况下，会弃巢去别处另筑新巢。蜜蜂体型虽小但能长距离飞行，采蜜或在巢中做事时动作灵活。有科学研究发现，以拍翅的次数来说，蚊子拍翅每秒高达 500 次，蜜蜂可达 200 次，蝇类与蜜蜂差不多，蜻蜓 40 次，蝶 10 次。这个数据显示，体型越小拍翅越快，动作越灵活。鞘翅目的甲虫体重大，飞起来就不如轻小的虫虫，蝴蝶每秒扇 10 次的翅膀倒是让它在飞翔时有一种款款之美，而小蜜蜂扇起翅来，仿佛那翅变成了灰，变魔术般不见了。人类眼睛视网膜定格一帧清晰图像哪跟得上那速度?

迷恋虫虫以来，在专门认知蜂类时，掐指一算，竟然前前后后拍到 20 来种蜂。其中我一直难以判断归类的深宠的一种蓝色小精灵终于有了归属，它是泥蜂科的蓝色泥蜂，它那闪着高贵宝蓝色金属光泽的翅膀曾令我神魂颠倒，很长时间里我把它放在标明“存疑”的文件夹里，它太神秘，令我百思不得其解。此番终于把它的真实身份搞清楚了，欣悦感自不必说。它是特立独行者，独居，飞行快速，喜欢在地上掘洞筑巢。我在一片蜘蛛兰的长叶上首次拍到它耀眼迷人的蓝翼后，曾在别的时间和地点，拍到另一只蓝翅细腰泥蜂往地里钻的情形。在我这人类的眼睛看来，有着高贵蓝翼的它似乎又是很平贱甚至是可恶的，它把自己孩子的童年时光隐藏在泥土里，任其寄人篱下地长大。像其他土蜂和泥蜂类一样，它也是把卵产在地下活动的甲虫金龟子的幼虫身体里，靠其营养长大。

拍到过一只毛茸茸的趴伏在鬼针草花上贪婪地吸取花蜜的熊蜂。黄褐两色相间的它，采蜜采到如痴如醉，我凑到它眼前拍它，它不管不顾，一直转动着个肥胖的身子让我拍种种姿态的写真，我们相处和谐。现在想，是不是任何生物在沉醉于美食美色时都无暇顾及他事？哈哈，不一定哦。熊蜂相较蜜蜂，浑身毛乎乎的，在花蕊里打个滚便粘上许多花粉。熊蜂个体大、寿命长，飞行距离在 5 公里以上，其扇翅之声震动大，这会引得一些花朵散放花粉。另外天阴蜜蜂懒出巢时，熊蜂耐寒不怕冷，也照常外出，而熊蜂的“吻”可长达蜜蜂的两倍，它对筒状花花冠的茄科植物，比如番茄、土豆、辣椒、茄子等的花粉源的利用比其他蜂类更高效。温室大棚栽蔬果时，利用它授粉是一项低成本而高效的技术措施。

有一天，在一条河边散步，忽然脚前的石板地上，有一物坠落的动静。弯腰一看，竟然是一只蜂，当时我只从它的细腰及体色初判它为蜂类，现在知道它的大名是黄纹细腰蜂（台湾称蜾蠃，后面会专门讲它）。它在地上拖一截干枯的小树枝，似乎要抓起它来带走的样子，那截小枝比它身体还长，我怀疑它的企图根本无法实现，然而我正拍

得欢时它真的抓起那截小枝飞走了。那截小枝是它筑巢时的建材吧？这种蜂喜欢在崖壁或房屋的角落筑巢。

所有的蜂都恋花，不管它们是群居的还是独居的，就是产卵于地下金龟子巢室的泥蜂们，当它们成为成虫后都恋花爱花，频频访花问朵——恋花癖，这个才是所有蜂类唯一的共性！

在昆虫纲中，蜜蜂与蚂蚁同属于高级进化的类群，它们都属膜翅目。营社会性生活的方式，传递信息的“舞蹈语言”和化学物质，辨认蜂巢的方法及巢的不同结构，都让它们非凡无比。

蜂类群在世界上大约有15 000种，我与它们的相遇只是七百五十分之一。

“蜂”情万种，我心只一颗，这心皈依自然，遇见谁待见谁。

法布尔说：“求知欲牵着我的神魂。”

我也是啊。

蜜蜂就是酿蜜的行社会群居的那种蜂，看见它的花粉足了吗？蜜蜂飞行时，翅扇动每秒可达200次，人眼定格能力差，这镜头的定格也不行，我们看不见它们高速扇动的翅膀。小时候用鞭抽陀螺，抽得它飞转，你就看不清它了，它就是高速旋转着的一团模糊的灰。在此发岔遐思：物体只有静止时才是实在的具象的物体，在高速运动时是虚无的抽象的？可以这么说吗？有意思。

在蟑螂面前，人类太稚嫩

有人在看到我微信朋友圈发的毛毛虫九宫图片后，吓得扔开手机。这事已不是一次两次地发生。他们便问，你是什么虫都喜欢得要命？都敢拍？然后对我宣称，若我的虫图把他们吓得摔坏了手机，我得负责赔。

其实我也不是什么虫子都不怕。就从我最恨最怕的虫虫说起。拍虫子，我不怕拍任何毛毛虫，天生丑陋的虫，我最怕的是家里的“小强”——家蠊，也即傍人类家居生活的蟑螂，而山野里树上的蜚蠊目的虫一个赛一个漂亮。

近距离拍虫时，我不怕放大的毛毛虫的刺毛螯毛，也不怕苍蝇那一定有很多细菌的体毛，但我怕一种虫，它是我的克星，我一直回避它。它就是蟑螂，死蟑螂！我非得用个“死”字做前缀形容它才解我的恨。曾有朋友千里迢迢送了我一个仿“猪油滴”釉的价格几百元的专用茶盏，我爱不释手。有一天我回家，突然看见那茶盏里竟然伏着一只大蟑螂，从此再也不敢用它喝茶，只好束之高阁弃之不用。

某日外出拍虫一整天，回家后儿子揶揄我：“老妈，你若哪天敢对着蟑螂拍，我就服你了！”话说当晚我就在卧室发现了一只蟑螂，吓得我尖声惊叫。Z老师勇猛来助，欲用拖鞋底拍死它，那家伙竟然也吓蒙了，原处呆着一动不动。想起先前儿子的话，我说等我拍两张图片做资料，你再处死它吧。拍了两张图后（拍得很模糊），我闪开了。我要求Z老师务必斩杀之。听见两声响动后，我大声问Z老师可置它于死地了？Z老师说，跑掉了。我一听当即头大，怨怪起Z老师。为那只不知去向令我惴惴不安的蟑螂，我竟然连带Z老师也一起怀恨，叫他一声Z大螂，一旁比我更怕蟑螂的儿子也被称为Z小螂，唉……

想一想，离人类生活最近的昆虫是蚊子和苍蝇，往深里想想还有蟑螂、虱子、跳蚤和臭虫。后面的虱子、跳蚤和臭虫，在人们的居住条件好起来、洗澡方便后，自然绝迹了。可那夜间神出鬼没，又以厨房和卫生间为主要入侵地，偶尔也会从书桌抽屉缝里钻出的蟑螂似乎永不会灭绝，它们跟人类斗争得实在厉害。只要湿度温度适合生存，它们便四处爬。人类研制的专门针对蟑螂的毒剂越来越猛烈，它们却愈战愈勇，那抗性历练得更强。如是，再战下去，一点希望都没有，我感觉人类恨得咬牙切齿的蟑螂仍是最后的胜利者。

蟑螂是这个星球上最古老的昆虫之一，原始蟑螂在约4亿年前的志留纪出现于地球上，曾与恐龙生活在同一时代，比人还早来到地球上。人类最早的化石迄今还没有超过两百万年的吧？

化石里的蟑螂与当今的蟑螂并没有多大的差别。在蟑螂面前，人类稚嫩得很，人是从存在了几千万年的煤炭和琥珀中发现蟑螂标本的。人家生生不已地繁衍到今天，广泛分布在世界各个角落，其生命力和适应力多么顽强！据专家说，若地球上发生一场大规模的核武战争，人没了、草木没了，蟑螂这家伙都不会灭绝。

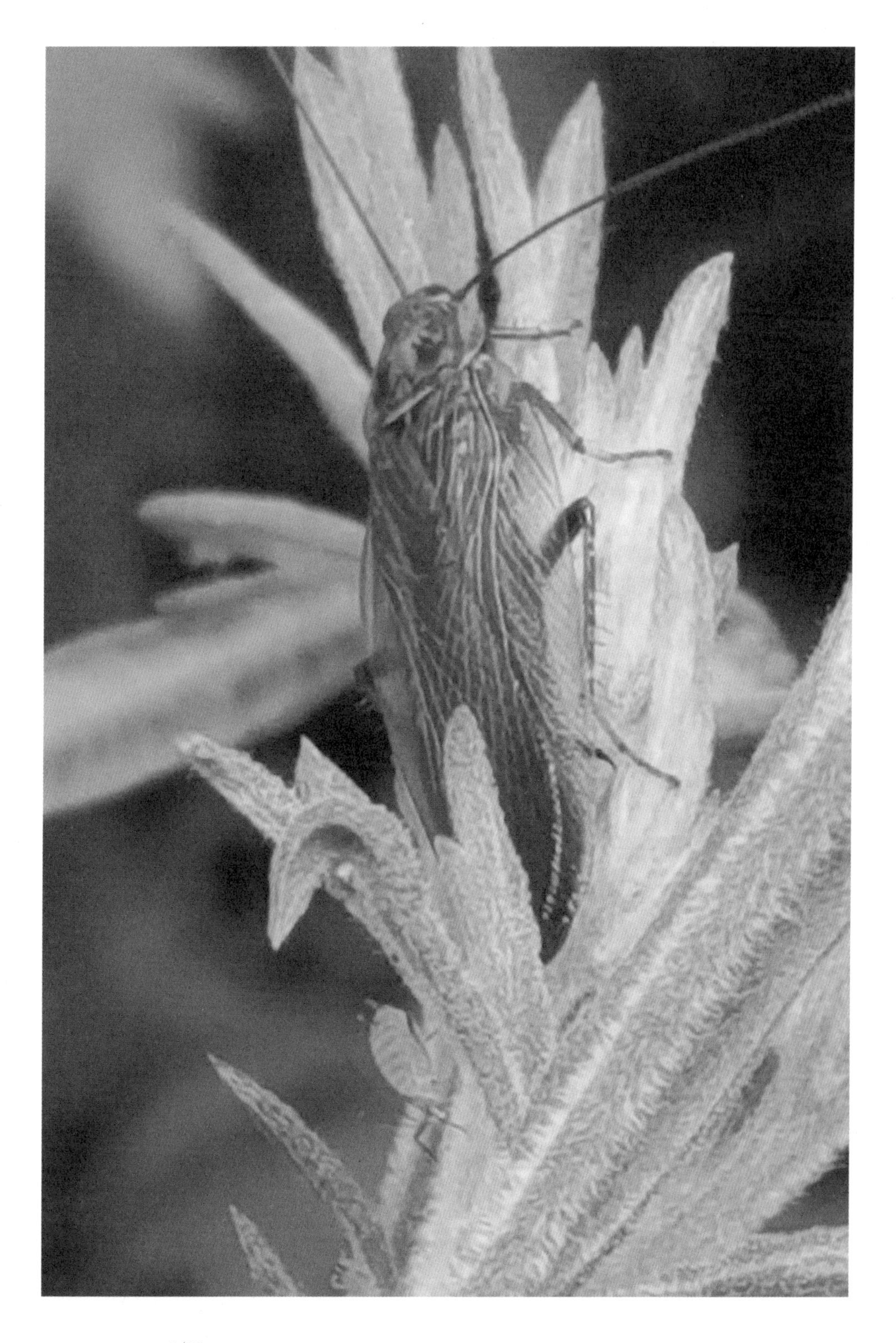

最恨最怕的就是这鬼蟑螂了！我都不敢踩死它们。蚊子、苍蝇我也恨，但封死门窗加上电击蚊蝇拍，它们进不了家，进来了有充足电的蚊蝇拍等着，它们必然“啪”一声，闪出最后一点蓝色的强光来！野外遇上蚊叮，我至少敢用手拍死它！

蟑螂其实有个很好听的官名——蜚蠊，仿佛是叫英国王子“威廉”什么的。

云南大理医学院有一项了不起的配方专利药品——康复新，用于涂抹难以愈合的伤口，很神奇很管用，其中有一味主药是蟑螂粉，这个专利配方据说来自大理白族同胞的民间方子。值得一提的是，有科学家做过实验，一只被摘头的蟑螂可以存活 9 天，9 天后死亡的原因是过度饥饿，死前人家还可排卵，说是它身体里除了头还有另外一套神经系统。这些日子翻到书上有关蜚蠊那几页，我都直接跳过去不读，一副唯恐避之不及的样子。

有资料说美国政府每年用来消灭蟑螂的费用达 15 亿美元，大约是防治艾滋病预算的两倍。

我是过敏者，现在说到“蟑螂”二字，眼前脑子里一出现它，我就会浑身一激灵，立马不舒服，严重时全身皮肤痒起来。

传说作家张爱玲一生搬家两百多次，尤其是她晚年居住在美国时，更是随时在搬家，她曾在给文学史家夏志清的一封亲笔信里说：“我这几年是上午忙着搬家，下午忙着看病，晚上回来常常误了公车……”可见，张爱玲即使不是每天都搬家，其搬家频率之高也大大超乎一般人的想象。

至于张爱玲如此频繁搬家的原因，主要是为了“躲虫子”，一种她认为来自南美、小得肉眼几乎看不见、生命力特别顽强的跳蚤，让她觉得浑身瘙痒。她一直携带着简易的行李，也不买家具，只要在栖身处发现跳蚤就马上离开。1991 年，她在给朋友的信中说“每月要花两百美元买杀虫剂”“橱柜一格一罐”，难以想象。

我猜，张爱玲对虫的过敏可能与虫无关，也许是对杀虫剂过敏，也许是一种心因性的病，比如是强迫症吧，类似于洁癖——永远都认为世界很脏，不愿与人同桌吃饭，永远在水龙头那儿洗手。她的病已是源自内心的一种“痒”。蟑螂于我也是一种致命的过敏原，但我更怕那些超市里昂然的杀虫剂，那些所谓的“正义的来福灵”们。

瓢虫的前世今生

说完我最怕的虫，来说我最喜爱的瓢虫。

说我最喜爱的瓢虫，还得再说说其他可爱漂亮的虫虫们。除了瓢虫，似乎还有蜜蜂、蝴蝶、蜻蜓是我喜欢的。蜜蜂多好哇，勤奋工作，给植物传花粉，利人利己，追求共赢，符合主流价值观！酿的蜜，人类还可拿来食用，有营养，可是你敢惹它吗？不敢，它会蜇你，蜇了你，它牺牲区区小命一条，但绝不利人，弄不好，一个大活人也能死于小小一根毒刺。蝴蝶美丽又漂亮也给花儿传粉，是翩翩飞舞的花朵儿，我敢用手指轻轻地拈起它的翅膀观察它，但把它放飞后手指上留下的那缤纷迷人闪着一点金属光泽的鳞粉会让我起疑过敏，等再联想到蝴蝶们长相狰狞的小时候，那毛毛虫蠕来蠕去的样子又会让我吓得跺脚甩手，像个神经病。蜻蜓有什么好？给花朵传粉似不大可能，人家常常停歇在枝叶间，也会停留在花朵上，很会给自己美丽轻盈的身姿找个人类最喜欢的构图背景，却不见它们爬来爬去地给盛开的花朵传粉传情。蜻蜓的成虫期只是其幼虫期时间的十分之一，在这一阶段，吃不是他们的主要生活内容（虽然也捕食一些飞行的小虫），它们的精力更多地用在为其一生寻觅伴侣，为爱的高潮而舞，为自己隶属的生命种群延续下去尽最后一番力。我没有见过它们吃什么，只看到它在一心一意地寻觅相好，谈情说爱，交尾产卵生宝宝。它飞翔的力气和交尾的力气从哪儿来？生命圆满后它们便悄然离世？在羽化前的两三年里，蜻蜓们不在空中飞翔，也不在小荷尖上停歇，它们生活在水里。说不出蜻蜓有更多的可爱处，但我敢捉它，敢轻轻地把它夹在手指间看它精致美丽的翅脉，欣赏一只虫虫恋爱时节最美丽的瞬间。

这样一比较，瓢虫可爱得多，单从人类给它的小名就知道这宠爱带着情感，北方人叫它“胖小儿”“花大姐”“红娘”，冲它圆满的体态、艳丽的姿色，拿它们当家人亲戚似的，叫得多甜多亲啊。这种亲切感不会无中生有，它们帮人类大忙了——它们是蚜虫的天敌，蚜虫对蔬菜粮食的残害有目共睹，瓢虫吃蚜除害。

按人类的习惯，从人类的好坏标准、于己有益无益角度出发，小瓢是大益虫。它对密集繁殖、以巨大数量搏生存延续的蚜虫来说，是魔鬼，是带来灭顶之灾的死神，它对蚜虫的席卷，有如推土机。如果没有瓢虫，蚜虫这种大量生殖以维持繁衍的昆虫没有了数量控制，不管是对人还是对整个环境，都会是大灾难。

小瓢分类在鞘翅目瓢虫科，体色鲜艳，算小型甲虫，常具红、黑或黄色斑点。喜欢它是全人类的共同癖好。它的英文名是“ladybug”，“lady”一般被认为是暗指在天主教信仰中的圣母玛利亚，至少在英语里，小瓢因此有个最神圣高贵的前缀。全世界有 5 000 种以上的瓢虫，中国有 500 种左右。

瓢虫的成虫体大如一颗黄豆，体型呈半圆球状，脚与触角短小。我至少拍到 30 种不同体色、斑点数不同的瓢虫。用“七星”概述它实在是太过于简单了。

小瓢颜值高，又可爱、又能干，我还成天想要买个小瓢的胸针佩饰玩呢！每次拍摄它总会忍不住让它在我手上爬一下，有时它受了刺激会喷射一丝黄色警告液体，我也不怕。直到它们张开折叠在鲜艳鞘翅下的膜翅从我的指尖飞走。在高端杂志上见过贵金属上嵌宝石的瓢虫形象饰品广告，喜欢，但那是冰冷的奢侈品。点看小瓢在我手上的图片，我会想对它说：“你这小样，挨着我玩得这般乐活，可知道这是你给我的‘奢侈’？”

然而这种让小瓢在手上爬来爬去的奢侈，在我对它熟悉起来后似乎变得不太可能了。

春节假期里，我在滇池边家的那个院子里，在一户人家荒芜的篱栅外观察到了一个瓢虫的种群，它们从幼虫到蛹到成虫的变态全过程被我进行了半个月的近距离跟踪观察拍摄。

起初，身体灰色背上带橙色斑点的活跃异常的小虫，在一株十样锦的枝叶花卉间快速地爬来爬去，我当它们是某种叶蜂的幼虫，正过着无忧无虑的童年时光，瞧它们忙忙碌碌的，就跟过年的人们一样只顾吃吃吃。

冬月腊月间，众虫大都销声匿迹，偏蚜虫繁荣昌盛。周围的扶桑花被蚜虫们入侵，惨不忍睹。小瓢幼虫们每天行动迅捷地游弋在花草之间，疯狂地捕食消灭着蚜虫。

待我拍了图回家查资料，方知那是小瓢的儿童时代，自此我饶有兴致地隔三岔五地去观察它们。无疑，小瓢的童年幸福而快乐，吃饱喝足，长得胖嘟嘟的，生活单调乏味一点，却见它们仍有只想长大的狂躁之心。

紧接着我看见行动敏捷的小瓢幼虫行动迟缓下来，一只一只地呆住不动了。这呆住的地方，要不在墙上，要不在枝叶上、在石头缝里，锈蚀的铁栅上也有。接着便看见，呆停一两天不动的幼虫收缩了身材

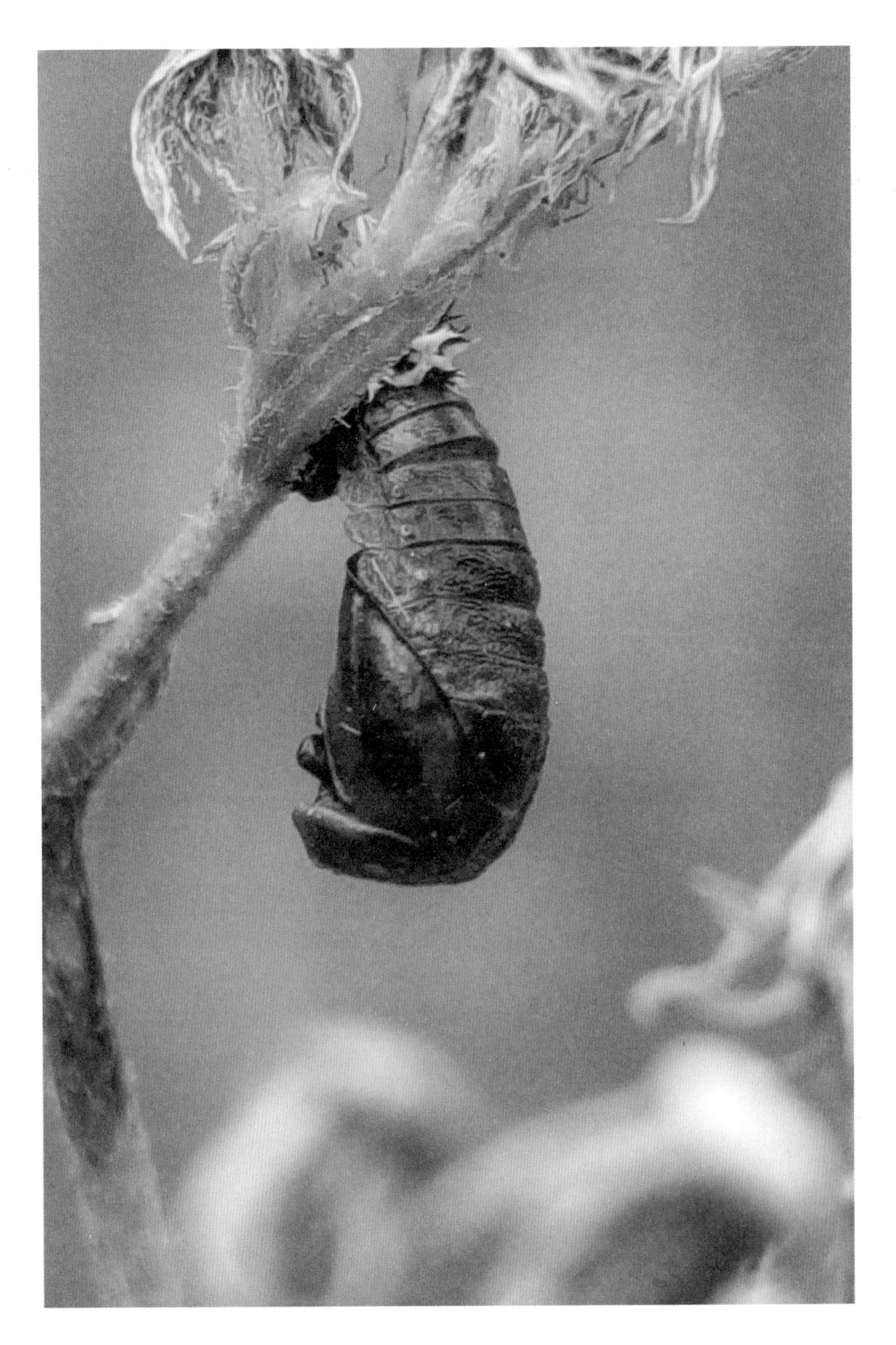

变粗缩短。

一天，便见从蓝灰色的躯壳里露出一小点润如鸡油色的肉芽来，这东西在蠕动，一伸一缩地在蜕那皮壳，蛮拼地挣扎，要把那皮壳完全蜕到身体贴着墙面的地方去，然后这点纯洁的鸡油黄肉体，在我回家吃饭做事耽搁了两小时的时间里，又魔术般地变了。它纯色的肉肉上已披上了些渐变的褐色条纹。仔细一看，这个蜕了皮的幼虫已化成蛹。

蛹是真的一动不动了。观察蛹实在是熬人，让我有点耐不住性子。年假完了，回城上班，偶尔挂念起它们来，从城里跑去看那些蛹，它们依然在原处，一动不动的，几无变化，只是那蛹壳的色泽深了一点。周末再回家，这次，终于看见了两只蛹里钻出的崭新小瓢。

一石缝处刚刚从蛹壳里钻出的小瓢成虫，在阳光下打开鞘翅下的膜翅晾晒。这过程中，它身体娇嫩，体色如蜜，小心翼翼地不敢离开蜕下的蛹壳半步，只在活动半径不超出一厘米的范围内转转身子。阳光下、风中，它一点一点地开始舒展它那半透明的翼，纯洁又清新，它这样子惹人怜爱，我不敢用手去触碰它，捉它放在手上的勇气一下子就涣散掉了，像是一捉便是玷污了它。

成虫从那蛹壳里完全变态钻出来，在我看来简直就是它们的重生和涅槃，幼年时的丑陋彻底消失。从叶面上那只蛹里钻出来的小瓢耐不住正午阳光的直晒，躲到叶后去了，在暗处，它几乎不移动，它身上的鞘翅斑点色在变深，这个过程中，它似乎还有对“胞衣”的依恋。

新入世的小瓢太干净了，它的嬗变它的成长它的努力我全看见了，接下来它们将开始一生一世最重要的第四个世代，也是最后一段“虫生之旅”。这个旅程不长，恐怕只有一周左右的时间。

天光渐渐暗下来，我的观察停止，我回城里了。

几个小时后，它会变得和园子里其他成年瓢虫一模一样，然后就是飞走，开始它最浪漫的后半生。

补记：关于瓢虫有两点似乎值得研究，这出于我个人的观察。其一，植食性的瓢虫体表鞘翅上都有短短的纤毛，比如马铃薯瓢虫。而肉食性瓢虫的鞘翅却很光亮，比如常见的七星瓢虫。其二，曾有朋友拍得冬天瓢虫聚在一起集体扎堆过冬的样子，看着那图，我发现鞘翅色泽或斑形完全不同的也拥挤在一起，因此我猜它们外表不同却有可能是可婚配的同类。带着这个问题问过一些专家，都说它们不可婚配，是不同种，但那张扎堆过冬的瓢虫图仍然令我疑惑：人不是总说“人以群分，物以类聚”吗？

垃圾虫，才华横溢的隐身术士！

我盯着这些个丑家伙看了又看，想几个问题：

它用这些残叶枯枝、某些虫的死壳、食物残渣、尘土等给自己连缀出一件隐身衣藏起来，它究竟是想搞什么名堂？

人搞伪装术的第一目的当然是不想暴露自己，不想出风头，只隐蔽自己，不被他人发现。于是便理解垃圾虫一点，它这样是为了自己的安全，不让它的天敌发现它。

那它用这隐身术，是不是也是为了自己能神不知鬼不觉地主动出击？

它大大地狡猾，用障眼法布下个迷魂阵，以便接近食物时让对方无法察觉，没机会逃脱，然后它可以出其不意地捕食。

它这样不顾累赘地拖上一具有“迷彩”功效的战袍，隐避自己不费事吗？人类爱揣忖别人评价别人，因为人类不把事情从简单弄复杂就不是人！人类一向自以为是。

也是的，想一想它们在地球上生存下来，就靠这身绝技这撒手锏啊，不是谁都有此智慧的！世间有几种虫子有这本事？

这丑家伙的隐身衣是先做好再披上，还是边生存边加载？那些残片的堆砌用了什么黏合剂？

细察，它简直是缝纫大师，收集那么多材料给自己编织个有安全保障的隐身衣！

我不知道，我是否有权给这类有隐身本事的蓑蛾和蚜狮笼统地取个名，叫它们垃圾虫，因为它确实是把一些植物的残片垃圾等形成一个皮囊背负在自己身上，然后开始它的生命旅程的。

我任性一回，对着它们说："我偏就叫你垃圾虫！垃圾虫！你这个 rubbish，garbage，trash，litter！你这个粪草（云南方言，意思是垃圾），你让我盯着你的丑样子费尽思量，你让我困惑之余，就是非要'骂'你两声才解我一腔小'恨'。"

如是，你知道的，我其实流露出了人类这个地球之霸的狭隘心思：你个小屁虫虫，干吗把自己搞得这么不可思议？我在不同环境里遇见你，然后猜测你。

我知道，在这天地间，有许多昆虫，能长期生存繁衍下来，除了它们有着几近完美的成熟的应对生存恶境的战斗力外，它们的伪装本领和隐身技能都无比绝妙。

有的昆虫与周围的环境混为一体，以假乱真，让敌人分辨不出。比如竹节虫，它们的身体很像竹枝，如果停息在竹枝上，二者几乎是一模一样。但今天我不想深入地谈竹节虫、枯叶蝶之类的生物拟态，我只想说说我感受到的小虫们的其他障眼术。蚂蚱的体色虽然不会像变色龙一样随时因栖息环境而变化，但它会隐于与其体色相近的草木里，置身枯草丛中的蚂蚱通常就披着枯草色外套。而反其道，瓢虫是另辟蹊径走另一个极端，它的鞘翅有显眼的色斑和光泽，它偏要吸引你的眼光，给敌人一种警诫，使鸟类和其他食虫动物对它不敢轻举妄动。人类喜食鲜美蘑菇，但都有一个常识，颜色越鲜艳的蘑菇越不能轻易品尝，因为它常有"剧毒"。一些昆虫鲜艳的颜色足以吓走天敌，它只是想要告诉你："别碰我，别惹我，小心我的报复！"这是昆虫保护自己的两个方向，要么隐身，要么现身。

有些昆虫在碰到天敌时，采取装死法迷惑对方——鞘翅目的昆虫常有此种蒙混过关的本事，比如瓢虫、拟步甲、金龟子等——等四周没动静再翻过身来快速逃跑。这些伪装本事，是生物对外界环境的反应和适应，是“天择”筛选下来的生存大法和避险秘诀，这种“秘诀”经过亿万年，最终在基因里固定下来。

世间生命被人类霸主强行分成了高等低等，但低等到一只小虫，也能在亿万年的演化史中存留下来。一方面尽管昆虫会伪装，但是吃虫的鸟却不会饿死，鸟儿的眼力因此也锻炼得越来越尖锐，这是自然界的相互成就和最终的适者生存。

一段时间以来，在不同的环境里拍到些垃圾虫的个体。上周末，观察到一只垃圾虫在小树叶片及枝条上的移动过程，拍下了一系列的图，隐约见到其真身的一部分，看见它倒挂于枝叶上却抓握力强大的尖利小爪，也见头见尾。它的学名是蓑蛾。

有此伪装隐身术的常见昆虫，还有鞘翅目叶甲总科的负泥虫类的幼虫和脉翅目草蛉的幼虫。负泥虫类的幼虫会把自个儿的粪便背在身上，不惜弄脏弄臭自己，让来犯之敌感到恶心。我就拍到过几只小龟甲把自己的粪便涂抹到全身。草蛉的幼虫叫蚜狮，名如此，其食蚜虫的凶猛状由此可见，它也喜欢往身上弄些垃圾，但谁又会想得到它长成后是那么清丽的模样，有漂亮的透明脉翅。

在宁洱拍得一蚜狮，那真是食蚜的狮子！食蚜的饕餮客，一天可吸食蚜虫百只，不以漂亮为荣，扮丑是其天分。现在有人人工饲养蚜狮，用于生物防虫害。

我好奇蓑蛾和蚜狮的垃圾屋是怎么盖的，是看中一建材就打个滚用体液粘牢它？我甚至想它们是“你帮我，我帮你”的！台湾虫友告诉我：蚜狮用其大颚将细楔叶推顶到头上，没有用黏液也没有用丝粘贴捆扎，只靠其身体两侧的刺突固定平衡，像是搭积木一样，它背负起来的垃圾堆保护着它四处寻觅捕食。每一只蚜狮的个体都有独一无二的模样，但这垃圾屋的主体结构是一样的，都有一根主梁柱式的“旗杆”，其头部上方有一个“遮雨棚”，不让天敌看见它的头。称蚜狮为建筑大师不为过，它都就地取材，枯枝、枯叶、残花、虫尸、砂子等是它爱用的建材。更有甚者，有的蚜狮不背杂物，只往背上背负它吸食后的蚜虫的体壳，像背着它的战利品，这飞扬跋扈之举不知要吓晕多少蚜虫！

在云南，冬天冷不到哪里去。立冬后的日子，我晚间散步还不时见路边灯杆上有趋光的草蛉成虫，一直想不通众虫隐匿的日子里怎么还有草蛉活动，后来知道了它年轻时代主食蚜虫，便茅塞顿开了，冷不到哪里去的昆明，蚜虫一直有啊。

周作人先生的一篇随笔里专门提及蓑蛾，这篇短随笔提及北方、南方人给虫取名的不同，造成认知的不同，他说：

> 江南云蓑衣虫，北方称钱串子，或曰钱龙，以前者为更普遍……谓蓑衣虫，系蛾类的幼虫，织碎叶小枝为囊以自裹，负之而行，《尔雅》称之蚬缢女，因为它附枝下垂，古人观察粗率，便以为缢，郝氏断之曰，此虫吐丝自裹，望如披蓑，形似自悬而非真死，旧说殊未了也。我们乡间称之袋皮虫，《尔雅翼》云俗呼避债虫。披蓑有渔人或农人的印象，袋皮已沦为瘪三，避债的联想更为滑稽，缢女则太悲惨了……

蓑蛾幼虫吐丝后就地取材，粘裹断枝、残叶、土粒等形成藏匿自己的蓑囊，行动时伸出头、胸，拖着蓑囊移动。因其形，它还有结草虫、蓑衣丈人、避债虫、背包虫等俗称。其幼虫在以护囊作掩护的情况下，神不知鬼不觉地开始取食。

不久前见有外国艺术家饲养蓑蛾幼虫玩，把它们置于只有金粒、绿松石粒等物的环境里，它们便随心所欲地给自己披挂上一件奇特的宝石镶嵌的“垃圾”衣，这样的“垃圾”衣天然成趣，成就了艺术家们想要的艺术效果。

蓑蛾是林木、农作物的重要害虫，它食性独特，幼虫取食植物的嫩芽叶、嫩枝梢、树皮、果实以及捕食宿主植物上的蚜虫。由于蓑蛾外有隐身效果甚好的蓑囊保护，所以不易区分其种类，难以观察其生物学特性，造成了对其防治效果不理想。然而，一物降一物，它也有天敌——几种姬蜂、大腿蜂、小蜂等。

某日下午，我在阴凉处的一片龟背竹叶片上看见了一只负重前行的垃圾虫，它的外形，它整个身体前倾的形态令我大脑里忽地跳出“筚路蓝缕”这成语。筚路：以荆竹编制的柴车。蓝缕：破衣烂衫。意思是驾着简陋的车，穿着破烂的衣服去开辟山林，形容创业的艰苦。我看着它想，它是一个有如水浒英雄林冲的勇士，前方征程漫漫，它上下求索。或者就是一个舞台上的戏子，乔装打扮粉墨登场！而再一发岔还又联想到古希腊特洛伊战争里的木马计，用木马伪装遮掩士兵的阴谋，令整个特洛伊城被屠。

有非凡隐身术的垃圾虫们，尽管你为害不浅，但从另一个角度，你有天赋才华，还是服你：了不起的垃圾虫！

不久前读张卜天先生翻译的法国哲学家皮埃尔·阿多的自然的观

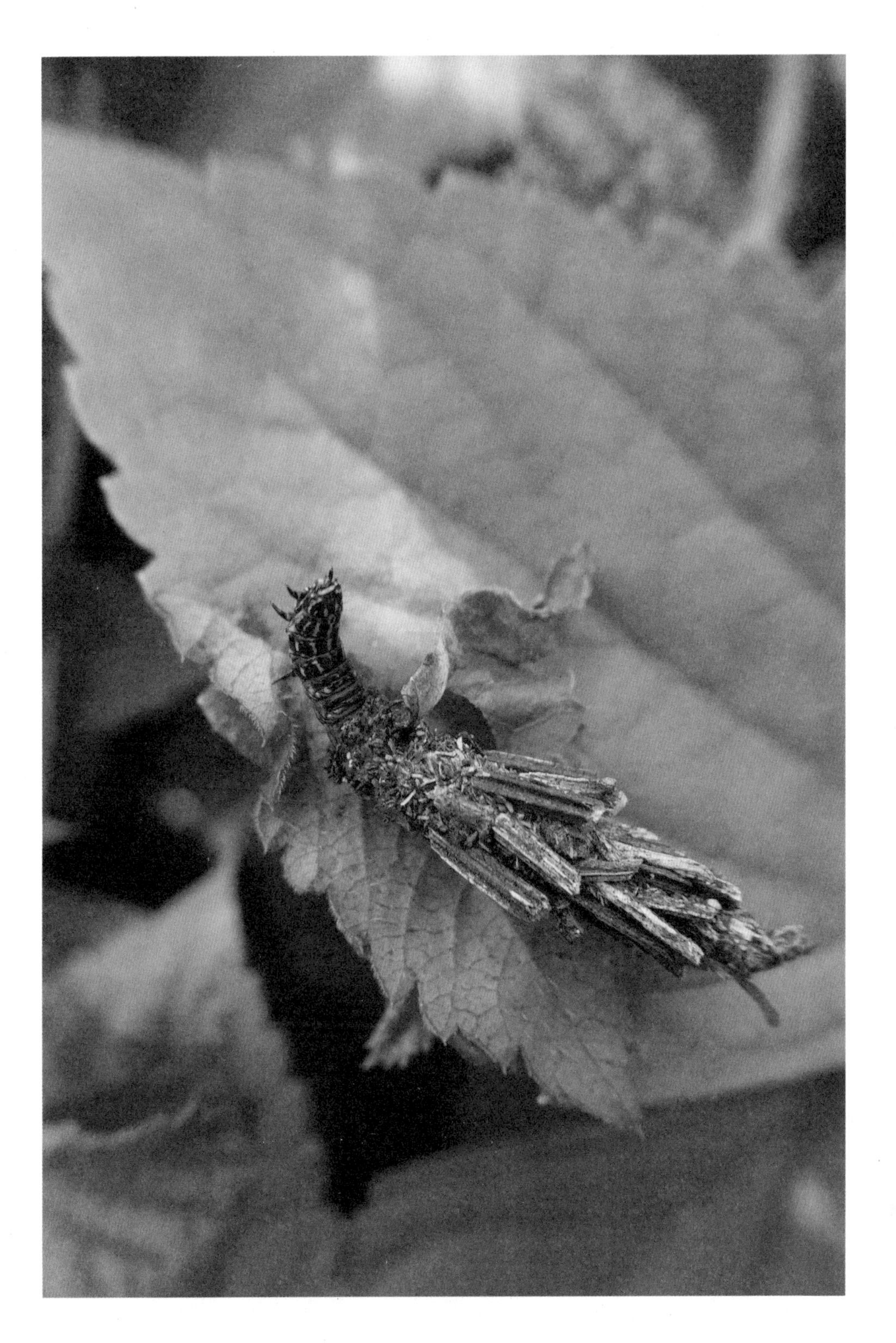

093

在野阅微

念史随笔《伊西斯的面纱》，其中“自然的格言”这个词条下，有两句话值得借用——“一切活的东西都是有智能的。”“神和自然不做任何徒劳的事。”自然的行为宛如聪明的工匠和艺术家的做法——蓑蛾和蚜狮这类精通伪装术的虫子正是“聪明的工匠和艺术家”啊。

唐代的散文大家柳宗元写过一篇《蝜蝂传》，蝜蝂说的正是这种蓑蛾小虫——一种好负重物的小虫子，爬行时遇到东西，总要捡起来，抬起头来使劲地背上它，背的东西越来越重，即使疲劳到了极点，还是不停地往背上加东西。古时文字说物论，终要赋之人格化提炼升华一番，《蝜蝂传》客观描述了它一番后，立马告诉我们——人生既要有所取又要有所放弃的道理。于是此文便成了借虫寓言人生的古今范文名篇。微言大义，哈哈。附录此文，奇文共赏之！

蝜蝂传

柳宗元

蝜蝂者，善负小虫也。行遇物，辄持取，卬其首负之。背愈重，虽困剧不止也。其背甚涩，物积因不散，卒踬仆不能起。人或怜之，为去其负。苟能行，又持取如故。又好上高，极其力不已，至坠地死。

今世之嗜取者，遇货不避，以厚其室，不知为己累也，唯恐其不积。及其怠而踬也，黜弃之，迁徙之，亦以病矣。苟能起，又不艾。日思高其位，大其禄，而贪取滋甚，以近于危坠，观前之死亡，不知戒。虽其形魁然大者也，其名人也，而智则小虫也。亦足哀夫！

吊诡之蛾以及复活的蝉

路过那株柳树时，我忽地看见它的一根枝丫。

走过去两步，我觉得那“枝丫”有点突兀，折回身细究，心大惊，它有足有翅，我当即认为那个春天终于遇见了一只大蝉！一只冬眠后爬上树来的蝉，一只从土里爬出来上了树正向高处爬行的蝉！

它全身灰黑色，姿态是下身从树干上“长出”，上半身与树干有个夹角，上下左右各角度拍了它一通，它一直纹丝不动，便想它是个蝉蜕。拍够，从包里抽出一张纸巾拿这“蝉蜕”。我的天，它的身子动了，它竟然是活的！心下有点怕，却坚持拿纸包着它一路快步走回家。

回到家立马找一透明塑料瓶装了它，仔细研究。

忽见其有羽状触角，于是失望地认出它是一老蛾子……

什么蛾呢？想它立于树干上的样子，仔细瞧它的鳞翅端，像是在园艺工人给树干喷涂石灰水时，它也就在那树干上了。

它是一只经过了冬眠的蛾子？在以往的观察经验和常识里，蛾子交配后，雄蛾很快死去，雌蛾产卵后也会死去。这只仰头脸朝天，在树上一动不动的蛾子，它是何方神圣？

看见它的日子是 2015 年春天，3 月 15 日，一个周日，早晨 9 时左右。我大约 8 时出门。我卧床在家的老父亲正经历他人生最艰难的

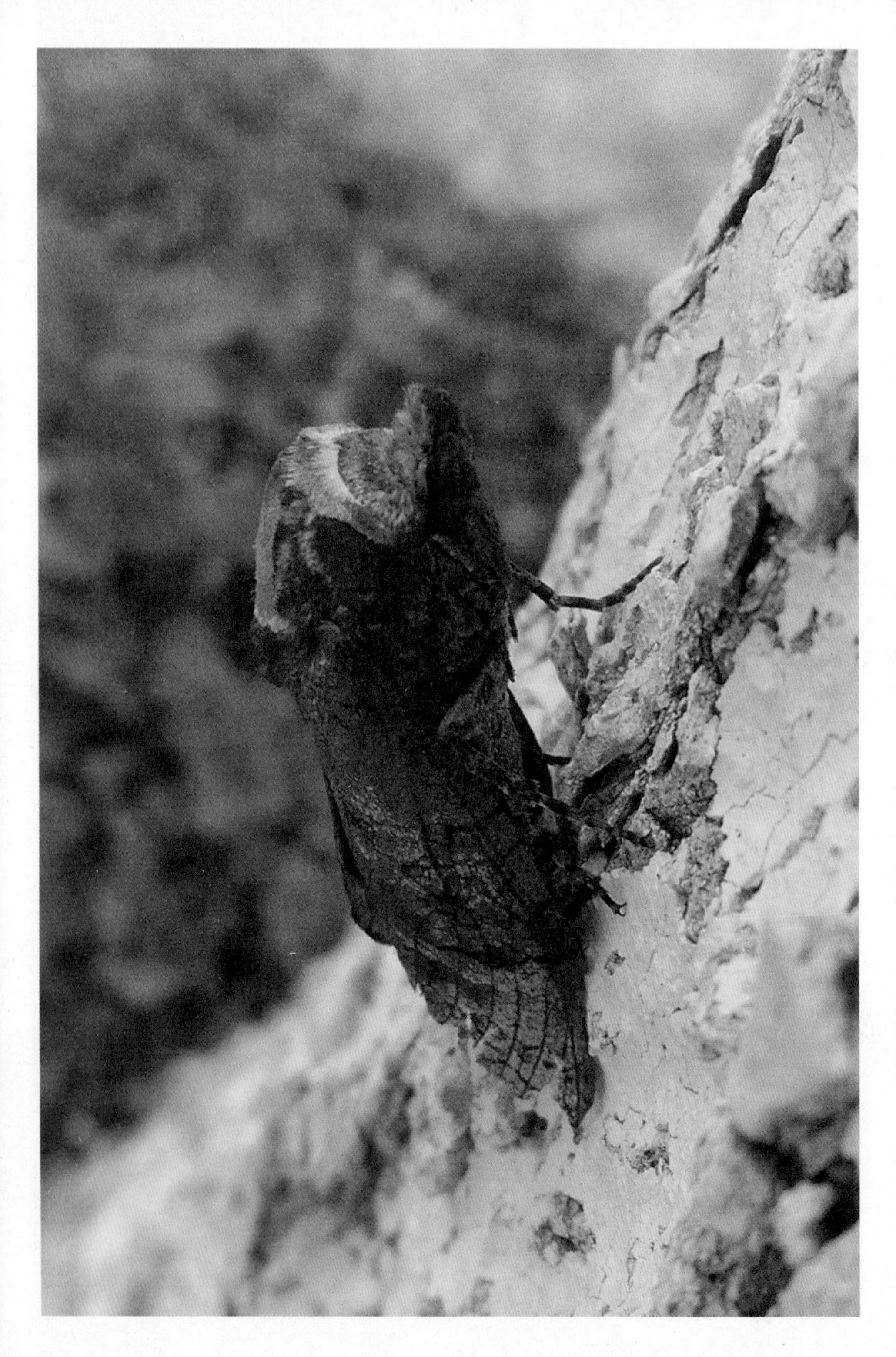

A

时刻，在他弥留之际，我彻夜未眠。家里除了两个在外地读书的孩子，都在他身边守着，那天一大早我对母亲说，我想外出走走，屋子里那静穆沉郁之气让我呼吸困难。

我心上压了块大石头，我一时无法面对躺在床上正大张着嘴喘气的父亲，他的痛苦令我万分不忍。此前我和家人商量了决定不再把父亲送往医院，送去的结果就是进 ICU 上呼吸机，在他全身插上各种管子……我害怕那个最后时刻的来临，就在这外出解压时我看见了那只蛾子。在我认出它是一只蛾后，它在那个透明的塑料瓶里奓开翅膀扑腾了一会儿，再也不动了。我给那瓶子开了好多通气孔的。

下午两点整，父亲在我怀里安详地走了，享年 85 岁。

父亲去后，那只蛾一直萦绕在我心里挥之不去，我发呆地想，它是老天给我的一个喻示吗？它怎么偏偏在那天上午，在几百株沿途柳树中的一株上让我看见它？

父亲走后的日子里，我不时会想起那株柳树干上的那只吊诡之蛾，显然，它从冬天活到了春天。

我后来又幻想它不是蛾，而是一只蝉，一只真的蝉，一只十七年蝉，它可以在地下冬眠十七年后，从土里钻出来爬上树，鸣叫，“复活”。

从前，很久很久以前，人们认为人死是可再复活的，所以人逝去后，家人要给其嘴里含个玉蝉，古人认为蝉这种虫一年年在秋天故去，到第二年的春夏又活转过来……

后来，我知道了它是掌舟蛾，一种停歇在树干上时，以其色其态模拟一截小树枝的蛾子，它的头脸部的颜色多么像树枝被掰断的创口，它的身子的颜色正如一般树干的色彩，甚至纹路也像树皮的皴裂纹。

掌舟蛾，我再一次被一种虫子隐于栖息环境的非凡造化镇住。

岁月里参禅，它的容色令我见佛

小满节气，凌晨我在雨声中醒来，后又聆听着雨声睡去。

白天上班忙忙碌碌，中午有点空想约朋友去新博物馆看古滇青铜器，他们都说没空，我闷闷不乐。

傍晚，微雨中打的去了大观公园。我不去拜谒什么著名的天下第一长联，我是脑子里突然出现了个幻象：这阵雨天气，雨后初霁，成百上千上万只蜻蜓会漫天飞舞……

进入公园往左边拐，那边到头是滇池入湖河道，沿河道往前走，越走水面越宽阔。

雨，时小时大，从河面看出去，是水天接在一起的滇池烟雨。

我站在河岸边一株老柳下看水看天，看撑伞垂钓者，看雨点落在水面的涟漪一波一波地漾开去，也默念起孙髯翁的《大观楼长联》：

> 五百里滇池奔来眼底，披襟岸帻，喜茫茫空阔无边。看东骧神骏，西翥灵仪，北走蜿蜒，南翔缟素。高人韵士何妨选胜登临。趁蟹屿螺洲，梳裹就风鬟雾鬓；更苹天苇地，点缀些翠羽丹霞，莫辜负四围香稻，万顷晴沙，九夏芙蓉，三春杨柳。
>
> 数千年往事注到心头，把酒凌虚，叹滚滚英雄谁在？想汉习楼船，唐标铁柱，宋挥玉斧，元跨革囊。伟烈丰功费尽移山心力。

尽珠帘画栋，卷不及暮雨朝云；便断碣残碑，都付与苍烟落照。

只赢得几杵疏钟，半江渔火，两行秋雁，一枕清霜。

水天皆灰，西山不见，我断无喜茫茫空阔无边之感。雨脚却又更加密集起来。漫天飞舞的蜻蜓只是催我来此地前的一个主观幻象，没戏。

有两年没来大观公园了，入湖河道沿岸种了大片大片的薰衣草和柳叶马鞭草，它们开得正盛。花香湿答答地进入我的呼吸。

先前雨小时还见蜜蜂蝴蝶飞，雨大起来它们便都散了藏起来了。

雨中花草浸道，撑伞花间行，得闻这湿漉漉的花香，得看这满眼的葱绿，觉到被老天恩宠了，可我心绪仍灰扑扑的一片。

走着走着，忽见一茎薰衣草上停着只黄蜻蜓！

雨湿了它的翅，它飞不动了，它不停地调整姿态，调整翼翅角度。雨水大时，它只好不断用前肢快速地拂去大复眼上的雨水，像个悲伤的人老在拭泪，这又令我想起前几日那只一头撞进大牵牛花的蜜蜂，花粉糊眼，晕头晕脑出了花蕊，不得不停下来打整梳洗，前肢忙乱个不停……心智忽地从灰到亮，进入专注的童话时间。

尽管不见漫天飞舞的蜻蜓，但是今天，5 月 21 日，老天还是待我不薄，遣它在此，等着我，安慰我。

左手打伞右手拍它，无法聚焦，放下伞，拍了一分钟后我全身差不多湿透。

进公园时揣着满怀心事，想着要把它全部抖落丢弃到滇池里去，清空。

出公园门时自觉内心无悲亦无喜。为了让风吹干衣服，我一路走回城里。

踽踽独行时，想到，脸上的容色一定不好瞧，心是轻了，却无比疲惫，面容上可能还留有忧伤的痕迹……我的一对单眼盯着那只蜻蜓的复眼看时，它有否看见无数的我复杂的我？我倒是看清楚了它的容色，干干净净。

这之后，我有一个小癖好。散步时会走进小姑娘们喜欢的衣饰店，我发现设计师喜欢蜻蜓的形象，有一次我一口气买了三个大小款式不一的亮晶晶的蜻蜓胸针。原来一只蜻蜓便是我某次心病的“治愈系”。我把那几个胸针一起别在了我外出时须臾不离的围巾上，它们修饰着我的内心。

农谚有语云“小满不下，犁耙高挂”，这里的满不是指种实的饱满，而是指雨水的丰沛。

我所在的城，在云贵高原，海拔高，空气干燥。这个小满节气雨水丰沛，秋后应有好收成。

还想再说说另一只蜻蜓。去山里农家乐耍，遇过一只失联了 40 年的大蜻蜓。此户人家搭建覆有塑料膜的温室，给游客 DIY 肉肉植物小盆景用。参观时发现温室塑料膜上停歇了一只凤蛾，继而发现草蛉、食虫虻、马蜂及这只大蜻蜓。

这只大蜻蜓的学名是无霸勾蜓，蜻蜓中的巨无霸，体长在 10 厘米左右，足足有我的中指长，其飞行速度更是虫界老大，时速最高可达 100 千米……

不想放过，捉了它在手，它反抗，狠狠地咬了我食指一口！我疼得叫起来，捏手机拍它的右手赶快伸出两手指，去夹住它另侧的两翼。它咬疼我，我是活该。这种蜻蜓我们小时候叫“大马螂”。滥用杀虫剂的世界，蜻蜓少而又少，更难见这种大型蜻蜓。

我无忧无虑的童年里，只夏天捉蜻蜓就能玩半天……我们找一根长长的竹竿，用铁丝弯个大圈拿橡皮筋绑紧在竿头，然后到房檐下粘上厚厚的蜘蛛网，再去水塘边粘蜻蜓。小蜻蜓我们看不上，专门粘这种大蜻蜓，嘴里还念念有词：“马螂，马螂，过来……”马螂就真的飞过来了，然后捉它回家用一根长长的棉线拴系上，拉着它飞，像玩风筝，玩腻了便放开它，看它在屋里东奔西突。它找不到出路就飞到蚊帐上停下来，有时它会选择在天花板上停下来，好看极了。玩够它，就跑出去玩别的，回家来想起它，又扯下那系着它的线又玩会儿。有一次，不小心，拴着线的大马螂竟从窗口飞出去，飞走了……

遇见 40 年没见过的它，禁不住捉它于手上，拍它——它真是美，两只翡翠色的大复眼在头上转来转去。也许它眼睛所视范围太广了，它的另一种感觉器官触角明显退化成纤毛状。它拼命挣扎，用很厉害的口器咬我，担心它用劲太猛会挣断了翅……我走出大温室，匆忙放飞了它。放手时，它从我高举向天空的手间自由滑落，但在即将坠落地面时，它调整成飞翔的姿态，向高处迅速飞去。在心里谢了它，希望它繁殖很多很多后代。

恍惚中，我又看见它们清楚的容色：一只雨水淋湿翼翅、停在薰衣草花穗上的蜻蜓；一只农家乐温室里的大勾蜓，停在塑料薄膜上。

岁月里观虫参禅，我仿若看见佛。

A

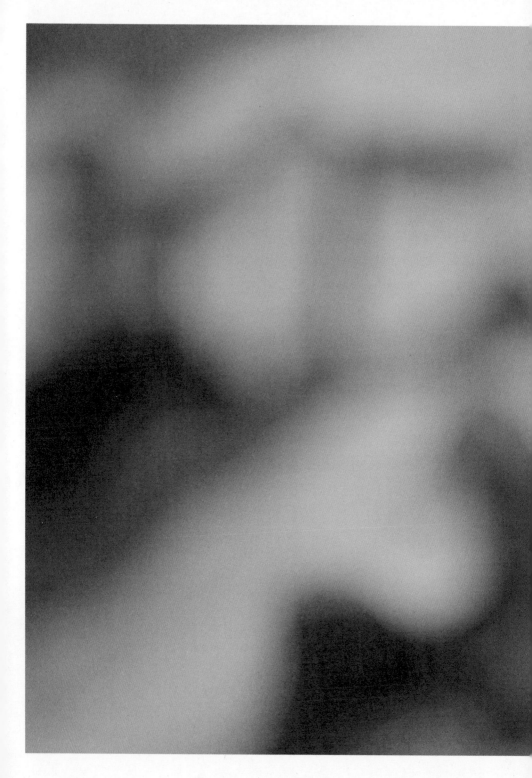

苏武牧羊，蚂蚁牧蚜

苏武牧羊，蚂蚁牧蚜——哪跟哪啊？东扯西拉！拿古时节烈之士苏武与蚂蚁画等号？

不是不是，我只是最近大脑在换制式，这轨接那轨的，有点跨界，又没彻底切换掉从前的模式。

苏武奉命出使匈奴，被匈奴人扣留，苏武誓死不降，匈奴单于为了逼迫苏武投降，让他做羊倌，苏武不为所动，牧羊十九年，方被释回。

蚂蚁牧蚜，怎么回事？

蚁族越来越令我敬佩了。

牧羊人放羊，是种生产关系。人的目的是喝羊奶吃羊肉，取皮毛保暖；人的责任呢，是护卫羊群，赶走狼的侵扰。羊儿温顺，并不晓得人给予它们牧养的最终目的是利己。蚂蚁放牧蚜虫其实与人牧羊多少有些相似。蚜虫是虫虫里的弱小种族，群居生活，以集体的力量抵抗外敌。蚜虫吸食植物的汁液养活自己，吃饱后它会分泌一种含糖的蜜露。蚂蚁爱糖，几只工蚁便结伙共同放牧聚居的一大群蚜虫。蚂蚁们爬上爬下忙碌着收集蜜露搬运回巢。为此，蚂蚁补偿蚜虫，它们负责为蚜虫驱赶天敌，比如瓢虫。蚂蚁力大无比，它可以拖走几倍于它体重的瓢虫。瓢虫在蚂蚁的以守为攻的抵挡下自以为聪明地装死，本来瓢虫有翅可飞，可轻意躲开，傻瓢却吓得只会支出装死那招，这时区区一只小蚁就能拖了它往巢穴跑。我曾经从蚁口里救下过一只黄缘巧瓢虫。

蚂蚁与蚜形成了共生关系，双赢。三四天的观察后，我拍到几张传说中蚂蚁牧蚜故事的现实版图片。

与人放羊不同的是，蚂蚁并不圈养蚜虫，不会将蚜虫请到巢穴里细心照顾，准确地说应该是蚂蚁跟随蚜虫，将蚜虫分泌的蜜露搬回巢穴。那么蚂蚁最终会像人杀了羊取皮食肉那样，把蚜虫扛回蚁巢与众蚁分食吗？我认为不会，因为蚜虫的繁殖太快，老蚜没蜜露产出了，一代代小蚜们又长大了，新的蚜虫蜜露源源不断，蚂蚁不食蚜之肉，不好那一口，蚂蚁爱的是甜蜜！

蚁营社群集体性生活，同种个体合作共事，有明确的劳动分工。蚁群内至少两世代同堂，且子代也能照顾上一代。

蚂蚁是虫界的建筑大师，蚁巢内有许多各有用处的功能区。蚁巢内道路四通八达，牢固、安全、舒服，还有专门储备食物的仓库。那些牧蚜工蚁运回的蜜露就点点滴滴存储在食物仓库里。

蚁族伟大，其集体主义精神可以跟苏武在异国他乡孤独守节相提并论吗？似乎不能，但它们与他都了不起！

一个在城市里有块菜园子的老婆婆闲不下来，她看见她种的菜上又长蚜虫了，还看见蚂蚁随时在蚜虫的旁边忙忙碌碌，又从来不见蚂蚁吃蚜虫的样子，便坚持认为，她小时候从老人们那里听来的蚜虫是蚂蚁生下的儿女这事，是千真万确的。老婆婆的儿媳非要纠正老人家的谬识，争论起来。老婆婆认为这怎么会错呢？老婆婆的儿子在一旁轻言慢语地说：“妈妈，你圈养了一窝鸡，鸡与你天天在一起，你能说鸡是你生的吗？”老婆婆哑了，不再坚持蚜虫是蚂蚁生的。

蚂蚁的了不起，又何止表现在建筑了有各种功能区的蚁巢、会放牧蚜虫获取蜜源。蚂蚁还会种植蘑菇还会耕种，你知道吗？

1911年获得诺贝尔文学奖的比利时象征主义诗人、剧作家、散文作家莫里斯·梅特林克（1862—1949）写过大量的自然随笔。他的自然随笔书系有《花的智慧》《蚂蚁的生活》《白蚁的生活》《蜜蜂的生活》等，他是首位给三类营社会生活的昆虫——蚂蚁、白蚁、蜜蜂立传的作家。他积极吸取当时昆虫学家们对这类昆虫的研究成果，混以自己的观察及对自然史的梳理，并拿这些昆虫对比人类自身状况的哲思，杂糅在一起写出他的以上作品来，读来奇趣盎然。梅特林克告诉我们，发现蚂蚁牧蚜的人是自然学家兼哲学家查尔斯·本尼特，而写出《蚂蚁的历史》的蚂蚁学之父雷奥米尔是第一位理解了蚂蚁交配飞行（婚飞现象见本书《虫虫的夜生活》一文）的重要意义的人，他最先解释了雌性蚂蚁为什么有翅膀，为什么它的翅膀在交配完成后就会突然脱落。

从伊索寓言时代起，蚂蚁的艺术形象便被赋予器小易盈、吝啬抠门、狭隘粗鄙的意义，蚂蚁代表着粗俗的布尔乔亚、渺小的投资者、底层的小职员和小商人等小人物，甚至我们这个时代还在拿蚂蚁打比方，如“蚁族”。而在蚂蚁学家那里，蚂蚁不容置疑地是一种极具贵族气质的自然创造物，它们极其勇敢，极其慈善，极具献身精神，极有才能，极其利他，比我们这个星球上最智慧的人类更智慧。一只工蚁的坚持不懈的劳作只为了寻找糖蜜，为了家族里的蚂蚁卵，为了蚂蚁的幼虫，为了蚂蚁蛹，为了它的同伴。它是一个苦行的、高尚的、贞洁的、中性的（无性的）生灵。它的乐趣就是奉献，族群里的每一员都能分享它的全部成果，它把外面劳碌工作带回的蜜回吐给族群时

是愉悦的。

蚂蚁之后，于地球上生存的远古人类成功地吸引、驯服、圈养、照看、繁育了某些性情温和的动物，它们给人提供了奶乳、皮毛、肉食以及助人的劳力。放牧时代成功地取代了苦恼的、饥饿不断的渔猎时代。细心勤奋的蚂蚁牧童来来回回地往返于家巢与牧场，就像人来来回回于田间小屋和牧场草地之间。

至于白蚁栽培蘑菇，那也是出于白蚁自身对清洁、卫生、安全、新鲜的食物的需要，这多么像人类呀，我们人类不正在追求安全的食品吗？白蚁对真菌（蘑菇）孢子的挑选是精心的。在云南的夏天雨水季，有一种蘑菇叫鸡枞，在拾菌人的经验里，只要见到某种白蚁出没的地方，就知道那里可能有味道极鲜美的鸡枞出现，且那鸡枞都是一窝一窝地出现，哪怕它们还没冒出土来，拾菌人都可以凭经验标记守护它们最终长成。蚂蚁有足够的智慧造福自己，人何尝不是。而蚂蚁的“农耕”，是为了巩固蚂蚁家巢周围的土壤，因为它们挑选的植物根系发达，盘根错节，能牢牢地固定住蚂蚁巢穴的泥土，也方便蚂蚁因地制宜，把巢穴弄得牢固而且错综复杂。同时，蚂蚁们也为它们种植的植物准备了它们需要的土壤质地，否则那些植物拒绝开花，不开花就没果，没果，蚂蚁种植它们的意义就丧失了。因此蚂蚁与这些植物形成了共生共荣的关系，蚂蚁从它们喜爱的植物那里收获浆果，在吸取浆果的甜蜜汁液后，又小心翼翼地在它们家巢的周围种植果核。

蚁族的智慧和力量，领教了。作为另一种生命，其品性和德行也给予我们人类启示。

对蚁族，断不可小觑，唯有尊重。

虻·牛虻·《牛虻》

虻（音 méng），与蝇、蚊是挂角亲，同属双翅目。食虫虻，又叫马蝇。有一个感觉，在汉语里凡种名前加一“马”字定义，那虫便“马大”了，比如加了个“马”字做前缀的马蜂也给人凶恶生猛之感。

虻类中的水虻天生丽质，腰身美、水色好，其性情也柔和很多，断无食虫虻体被毛刺的凶神恶煞样，深得吾心爱。

关于虻，我是从父亲买给我的一本小人书《牛虻》开始有印象的。《牛虻》是爱尔兰女作家艾捷尔·丽莲·伏尼契写的小说，歌颂意大利革命党人亚瑟为革命牺牲生命在所不辞，亚瑟自称牛虻。小说涉及革命、宗教、牺牲等人生重大主题。苏联的好几本著名文学作品《钢铁是怎样炼成的》《青年近卫军》《卓亚和舒拉的故事》等，都提到过这部小说中的主人公亚瑟，也即“牛虻”。

《牛虻》中文版于20世纪50年代出版，受苏联文学影响的中国读者对此书无比热诚，它感染了当时无数如我父亲一样的年轻读者。革命者亚瑟是那个时代在中国最有影响力的文学形象之一。我看的是小人书，只记得亚瑟最后被处死了，他的亲生父亲大主教蒙太尼里，最后一刻还梦想让儿子亚瑟放弃革命信仰，亚瑟不答应，他最后被处死，为革命牺牲了。

我看了小人书后去问父亲，亚瑟为何要自称“流氓”？我读牛虻

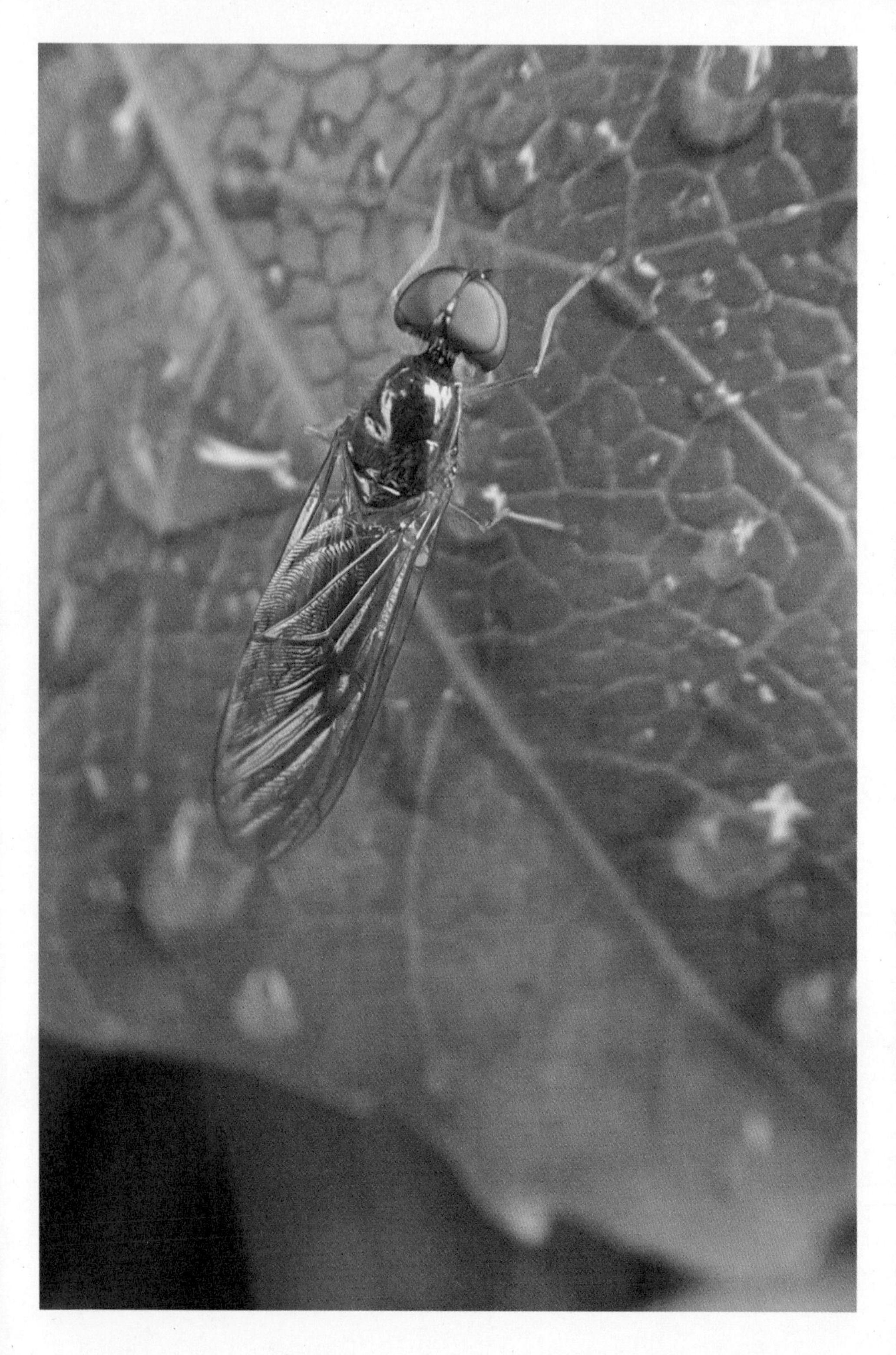

为流氓，父亲说此牛虻不是彼流氓，它是一种专门吸食牛马血液的虫子，会叮得牛马遍体鳞伤，流血不止。

真正的牛虻恐怕在牧区才有，它们难道比生猛的食虫虻还凶？我还没拍到过牛虻，但关于牛虻倒知道些传说：从前有一个国家为了嫁祸邻国，使了个阴招——把大批患有传染性贫血病的马匹集中赶到两国的界河边。马的传染性贫血病严重暴发时可造成马匹大量死亡。这种病的传播，主要是由牛虻通过吮吸马血将病马的血带到健康马身上造成的……

食虫虻长相粗野，体被刚毛，特别是在它的头脸部，在它那双视力很好的大复眼周围更是毛戗戗的，这是为了防止猎物挣扎而损伤它的眼睛。捕捉到猎物后，它们把强腐蚀性的消化液注入猎物体内，把猎物消化成液体后再吸食。食虫虻的野蛮特性，使它们成为虫界中的幽灵和真正的流氓。在一些恐怖片、电子游戏中，也常用食虫虻的形象作为原型来塑造角色。

与蚊子一样，吸血的是雌虻，它们要保证营养，负责产卵繁殖下一代。然而据观察研究食虫虻的专家说，雄虻会积极捕猎食物然后当“彩礼”奉献给它心仪的雌虻。

雄性食虫虻的这点铁血柔情，倒令我想起《诗经》国风里的《野有死麇》：

> 野有死麇，白茅包之；有女怀春，吉士诱之。林有朴樕，野有死鹿；白茅纯束，有女如玉……

古时男人猎捕到了獐子鹿子之类美味猎物后，会割下一块好肉示好美人，用白茅草包裹了，送给心爱的女人食。古时男人示好女人这本性倒与食虫虻有一拼，简单直接。

不问人间世情，去到虫界，我发现虫性堪比人性，区区小虫与诗经时代的单纯人类真是惊异地相似，那点心机一看可破，却朴素可爱。

蜾蠃，被《诗经》夸错了的细腰蜂

最近，在野外常见蜾蠃。蜾蠃一般很活跃，飞来飞去的没一刻消停，它又太过敏感，很难拍好它。它们活跃的这一季，我只拍得一只较满意的，这全因为它正专注而沉醉于享受一份大餐——它刚刚捕猎到某种昆虫之幼虫。仔细瞧，那小虫刚刚遭受了灭顶之灾，头部被弃之一旁，而丰满多汁的肉身正被捕猎者津津有味地品尝。

若我对虫界之杀戮事件不忍看，便有东郭先生之嫌了。看它进食处——那只夭折的小虫也许当时正在啃食叶片呢！一物降一物，自然界有自我平衡的机制和法则。

夜晚是我拿着放大镜在灯下探究昆虫的业余时间，节假日所拍的虫虫在这时被分门别类。昆虫的分类实在太难了，有时体格外观看起来一样的虫虫，某处有个小斑点不同，触角的节数多少不同，颜色不同，它们就是完全不同的种。有些种，翻遍身边所有资料都查不到，只能粗略判断其属什么目。专家说昆虫分类到目到科已是相当了不起了。只讲一个数字，你就知道虫虫分类有多难！单是一个鞘翅目的甲壳虫，目前有名有姓的就有 35 万种以上。

大陆与台湾虫界专家的分类在目与科的类属上不矛盾，但叫法却不大同。曾拍过一只体色红、黑、褐色相间的蜂一看便知其属胡蜂科，这于我没问题，但我有时死钻牛角尖，追究起来，非要对它们做终极分类定到种名，这时我就常常是头大了！这次运气还好，费时不多，我便从台湾专家处得知它是蜾蠃亚科的“丽胸蜾蠃”，内地的图鉴里就叫胡蜂科细腰蜂。

真得感谢台湾专家提供了“蜾蠃”这个称呼，由此线索顺藤摸瓜得知《诗经·小雅·小宛》有诗句“螟蛉有子，蜾蠃负之”一说。啥意思呢？诗经时代的人对自然物象有天然的敏感，严格说《诗经》里这两句话是客观的，没有错，但后代文人由此充分想象衍生出了蜾蠃收螟蛉（鳞翅目的螟蛾类）幼子为义子的说法。真实情况是蜾蠃的确是把螟蛉幼虫衔回其巢内了，但并非发慈悲心抚养之。

好在，南北朝时有个姓陶名弘景的大医家，此人有科学求证之精神，他不相信蜾蠃大公无私到自个儿不养子而专替他人后代负责。陶老前辈或许是历史记载有名有姓之首位“中国法布尔”，他决心亲自观察以辨真伪。他找到一窝蜾蠃，发现雌雄俱全。这些蜾蠃把螟蛉衔回巢中，是为自家宝贝备存食物！螟蛉绝非蜾蠃义子，它是人家孩子的营养大餐。《诗经》之“螟蛉有子，蜾蠃负之”原来一点儿都不靠谱！后人就凭据诗经里的两句话，把人收养的义子称为“螟蛉之子”，这就谬以千里了。

《尔雅注证》的作者郭郛老先生写过蜾蠃与螟蛉的关系，说它们是“物物相寄，自然竞争”。

“物物相寄，自然竞争”——我欣赏这句话，郭老深谙自然之法则也！自然界的生命命运相关，我们能说人与蝴蝶没有关系吗？在我看来就是不能，蝴蝶为花传粉，使植株间得以杂交，品质优良者生存下来，提供给高高在上的人类以粮食，草木的旺盛繁茂离不开蝴蝶的花间传粉，草木的旺盛供给人畜粮食。

有研究说蜾蠃成虫平时无巢，过自由散漫生活，雌蜂产卵前，才衔泥建巢。蜾蠃利用空竹管、墙缝等处做巢，巢里产卵，然后外出捕捉鳞翅目蛾蝶类幼虫，将其蜇刺麻醉后贮于巢室内。蜾蠃卵孵化后食父母备好的食物长大。一巢常贮 20 ~ 30 条幼虫，足够小蜾蠃变蛹羽化。

聪明的农人得此启发，便于田间悬挂竹管，诱蜾蠃集中产卵，蜾蠃外出采集大量螟蛾类幼虫喂养之，于是起到消灭农田螟蛾类害虫的作用，这开了中国生物防治之先河！

我曾经拍过另一只蜾蠃，那一只体色不太漂亮，分类应该叫其黄纹姬蜾蠃的。那天，我正好看见它搬动筑巢建材的一幕，前文《蜂情万种》里描写过它。

蒲松龄笔下状极俊健的帅虫儿

端午夏至后，虫虫频频亮相出没，不断有朋友发虫讯给我，于是天天盼着周末出城上山。

一日晚饭后，天气太热，屋里待不住，便外出快走。路过一家常去的小店，顺便进去，老板娘知我是“虫拜者”，见我便嚷嚷说试衣间里有只大蜘蛛，刚刚吓走了一个试衣的客户。我撩帘一看，试衣间那狭窄的空间里果有一只大虫趴伏于墙上。定睛一看，什么蜘蛛呀，分明是直翅目蟋蟀那一类的！

它伏在墙上，身子不动，但见细长的触须扫来描去感知着这个世界的动静，后肢尤其长，腿节肌肉健美有劲。

我高兴坏了，掏出手机狂拍，老板娘央我：“你不怕虫，快给我弄走它，以免又吓着人，我还要做生意呢！”

我笑言：“不弄，有什么好怕的，瞧清望准，它可是一只帅得都想毁容的虫虫！天降神物于你的店，你的生意会好起来的，赶走它不妥，它就该待在它喜欢的地方！”

城头散步，捡个帅虫儿拍，大悦，后来在店里买了条布裙匆匆离去，走时千叮万嘱老板娘：“你可不能捕捉它弄死它！否则生意不好哟！它是老天爷赐给你的仙气之物！”

回家路上，步子走得很快，想立即把这只帅蟋蟀分类归宗。蟋蟀又名蛐蛐、促织。一路想着要重读《聊斋志异》的《促织》篇，那个凄凉的故事对它的描绘异常生动，只记得故事，不记得蒲松龄用了些什么字句形容之。

一查，今儿遇见的这只大虫学名穴居蟋蟀，直翅目驼螽科。《尔雅》释虫篇里，它叫“蜻蛚”。《尔雅注证》里说到它，录三国时期吴国的陆玑在《毛诗草木鸟兽虫鱼疏》中所言：“幽州人谓之趋织，督促之言也。里语曰：‘趋织鸣，懒妇惊’是也。”“促织”之名由此来的吧？它的鸣声是催促古代妇女起床纺织的闹钟？

抽出《聊斋志异》读《促织》，蒲松龄在其文里前后用“巨身修尾，青项金翅”“状极俊健”“蟹壳青”“视之，形若土狗，梅花翅，方首长胫……”等字句形容了四只蛐蛐儿。

“促织”是《聊斋志异》的名篇，讲了如下一个故事：

宫中皇帝喜欢斗蛐蛐，地方官吏借机媚上，对百姓追缴极品好斗蛐蛐。老实忠厚的男子成名根据巫婆的指点，终于抓到了一只上等好蛐蛐。没想到，他不懂事的儿子因为好奇不小心弄死了这只关系到全家人性命的蛐蛐。儿子害怕得投井自杀，昏迷中魂魄化作一只善斗的蟋蟀，挽救了全家人的性命。这只蛐蛐被献给了皇帝，各层官员因此而获得了丰厚的奖赏……

雄蟋蟀鸣声好听，人养它为听声，雄蟋蟀健斗，自宋代便大行斗蟋蟀之风，宋代宰臣贾似道竟然有闲情逸致，写过一本《促织经》。这本书堪称中国昆虫学研究意义上的首选书，书中提到蟋蟀赢者鸣而输者不鸣的特性，还发现指出了其“过蜑有力”，“过蜑”专指直翅目的昆虫类（比如蟋蟀）行体外传递精包的特异性，这简直就是中国昆虫学在 13 世纪的一项了不起的成就。

《促织》原文故事凄凉，描写生动，令我对蒲松龄钦佩不已。附录于此，共赏之。

促织

蒲松龄

宣德间，宫中尚促织之戏，岁征民间。此物故非西产；有华阴令欲媚上官，以一头进，试使斗而才，因责常供。令以责之里正。市中游侠儿得佳者笼养之，昂其直，居为奇货。里胥猾黠，假此科敛丁口，每责一头，辄倾数家之产。

邑有成名者，操童子业，久不售。为人迂讷，遂为猾胥报充里正役，百计营谋不能脱。不终岁，薄产累尽。会征促织，成不敢敛户口，而又无所赔偿，忧闷欲死。妻曰:“死何裨益？不如自行搜觅，冀有万一之得。”成然之。早出暮归，提竹筒铜丝笼，于败堵丛草处，探石发穴，靡计不施，迄无济。即捕得三两头，又劣弱不中于款。宰严限追比，旬余，杖至百，两股间脓血流离，并虫亦不能行捉矣。转侧床头，惟思自尽。

时村中来一驼背巫，能以神卜。成妻具资诣问。见红女白婆，填塞门户。入其舍，则密室垂帘，帘外设香几。问者爇香于鼎，再拜。巫从旁望空代祝，唇吻翕辟，不知何词。各各竦立以听。少间，帘内掷一纸出，即道人意中事，无毫发爽。成妻纳钱案上，焚拜如前人。食顷，帘动，片纸抛落。拾视之，非字而画：中绘殿阁，类兰若；后小山下，怪石乱卧，针针丛棘，青麻头伏焉；旁一蟆，若将跃舞。展玩不可晓。然睹促织，隐中胸怀。

折藏之，归以示成。

成反复自念，得无教我猎虫所耶？细瞻景状，与村东大佛阁逼似。乃强起扶杖，执图诣寺后，有古陵蔚起。循陵而走，见蹲石鳞鳞，俨然类画。遂于蒿莱中侧听徐行，似寻针芥。而心目耳力俱穷，绝无踪响。冥搜未已，一癞头蟆猝然跃去。成益愕，急逐趁之，蟆入草间。蹑迹披求，见有虫伏棘根。遽扑之，入石穴中。掭以尖草，不出；以筒水灌之，始出，状极俊健。逐而得之。审视，巨身修尾，青项金翅。大喜，笼归，举家庆贺，虽连城拱璧不啻也。土于盆而养之，蟹白栗黄，备极护爱，留待限期，以塞官责。

成有子九岁，窥父不在，窃发盆。虫跃掷径出，迅不可捉。及扑入手，已股落腹裂，斯须就毙。儿惧，啼告母。母闻之，面色灰死，大骂曰："业根，死期至矣！而翁归，自与汝复算耳！"儿涕而去。

未几，成归，闻妻言，如被冰雪。怒索儿，儿渺然不知所往。既而得其尸于井，因而化怒为悲，抢呼欲绝。夫妻向隅，茅舍无烟，相对默然，不复聊赖。日将暮，取儿藁葬。近抚之，气息惙然。喜置榻上，半夜复苏。夫妻心稍慰，但见神气痴木，奄奄思睡。成顾蟋蟀笼虚，则气断声吞，亦不复以儿为念，自昏达曙，目不交睫。东曦既驾，僵卧长愁。忽闻门外虫鸣，惊起觇视，虫宛然尚在。喜而捕之，一鸣辄跃去，行且速。覆之以掌，虚若无物；手裁举，则又超忽而跃。急趋之，折过墙隅，迷其所径。徘徊四顾，见虫伏壁上。审谛之，短小，黑赤色，顿非前物。成以其小，劣之。惟彷徨瞻顾，寻所逐者。壁上小虫忽跃落襟袖间，视之，形若土狗，梅花翅，方首，长胫，意似良。喜而收之。将献公堂，惴惴恐不当意，思试之斗以觇之。

村中少年好事者，驯养一虫，自名“蟹壳青”，日与子弟角，无不胜。欲居之以为利，而高其直，亦无售者。径造庐访成，视成所蓄，掩口胡卢而笑。因出己虫，纳比笼中。成视之，庞然修伟，自增惭怍，不敢与较。少年固强之。顾念蓄劣物终无所用，不如拼博一笑，因合纳斗盆。小虫伏不动，蠢若木鸡。少年又大笑。试以猪鬣毛撩拨虫须，仍不动。少年又笑。屡撩之，虫暴怒，直奔，遂相腾击，振奋作声。俄见小虫跃起，张尾伸须，直龁敌领。少年大骇，急解令休止。虫翘然矜鸣，似报主知。成大喜。方共瞻玩，一鸡瞥来，径进以啄。成骇立愕呼，幸啄不中，虫跃去尺有咫。鸡健进，逐逼之，虫已在爪下矣。成仓猝莫知所救，顿足失色。旋见鸡伸颈摆扑，临视，则虫集冠上，力叮不释。成益惊喜，掇置笼中。

翼日进宰，宰见其小，怒呵成。成述其异，宰不信。试与他虫斗，虫尽靡。又试之鸡，果如成言。乃赏成，献诸抚军。抚军大悦，以金笼进上，细疏其能。既入宫中，举天下所贡蝴蝶、螳螂、油利挞、青丝额……一切异状遍试之，无出其右者。每闻琴瑟之声，则应节而舞。益奇之。上大嘉悦，诏赐抚臣名马衣缎。抚军不忘所自，无何，宰以卓异闻。宰悦，免成役。又嘱学使俾入邑庠。由此，以善养虫名，屡得抚军殊宠。后岁余，成子精神复旧，自言身化促织，轻捷善斗，今始苏耳。抚军亦厚赉成。不数岁，田百顷，楼阁万椽，牛羊蹄躈各千计；一出门，裘马过世家焉。

异史氏曰：“天子偶用一物，未必不过此已忘；而奉行者即为定例。加之官贪吏虐，民日贴妇卖儿，更无休止。故天子一跬步，皆关民命，不可忽也。独是成氏子以蠹贫，以促织富，裘马扬扬。当其为里正，受扑责时，岂意其至此哉！天将以酬长厚者，遂使抚臣、令尹，并受促织恩荫。闻之：一人飞升，仙及鸡犬。信夫！”

与我纠缠的那些蝴蝶

2013年6月9日那天，我第三次到宜良的九乡溶洞景区。那时我还没有拍虫子，但也遇到了传奇，我在九乡溶洞口被一只蝴蝶缠上了。这只蝴蝶的色彩并不斑斓。

那只蝴蝶在地下溶洞洞口前的空地那儿缠上我了，一个劲儿地绕着我飞。我想用手指捉它，它却敏感地适时飞起，但似乎我也并不想真的用手指夹住它的鳞翅，蝶翅上有粉，或许有毒。它逗我，我惹它。

它停在我的身上，停在帽檐上，停在肩上，停在前衣襟上。像一枚胸针别在我的胸前一会儿，然后又飞起来。它绕着我翩翩飞舞时，从我的角度不好拍它，我请同行的朋友给我照了几张我与它的合影。这只蝴蝶只跟我玩，同行的朋友们就往前去了，进了洞。

这只蝴蝶后来停在了我的左手腕上，停在我那小叶紫檀及青金石的两串珠链上，我右手拿着相机开始一个劲儿地拍它。它不跟我捉迷藏了，静静地立叠着它的翅，头顶的触须机警地扫描着，它的足紧紧粘着我的肌肤，后来，它在我的手上信步起来，玩起来。

有朋友在洞里喊我，我瞟了那幽深黑暗的崖洞一眼，第三次钻它，它依然吸引着我。洞里阴冷潮湿，脱离了朋友们，在那地下的阴暗里我能找到方向吗？我犹豫着，不忍弃那只蝴蝶而去。因为我若走进这阴暗潮湿的溶洞深峡，它是不会再尾随着我粘着我了，它是一只蝴蝶，不是一只白天里喜欢在暗处待着的蛾子，它是这溶洞口特立独行的一只蝴蝶，不是群蝶中的一只，也非神话传说里款款双飞蝶中的一只。

孑然茕立于我手腕上的它，我瞧了个一清二楚，它全身的色彩这般晦暗，不外乎玄色赭色褐色，它这长相贴在崖壁上就会隐然不再显现。它不惹眼不迷人，它断无同类“月光女神”蓝闪蝶的霸气和典雅，更无珍稀凤蝶轻盈的韵姿。但它就是粘上我了。

世间所有的相遇都是久别重逢！就因为它只缠绵我的这丝情分，我也要跟它再嬉玩一会儿。蝴蝶天性应恋花，而我非花，花更非我。我停了下来，静静地跟它相处了约五分钟的光景。

人类时间的五分钟，于蝴蝶的一生来说，是它生命的几分之几？

作为人类，我不能迷失在这地质构造发育于六亿多年前震旦纪的险峻崖洞口，回到天地洪荒的远古，与一只不起眼的蝴蝶“你侬我侬，忒煞情多”，与它无休无止地缠绵悱恻，我非化蝶的梁山伯或祝英台。

洞前，心一硬，手一拂，再一看，手腕上的那只蝴蝶没了踪影，环顾四周，它杳然无迹。走进洞，刹那间，扑面而来的凉意吸摄了我。一路上，人工彩灯装饰布置的神秘洞穴景观，只是速速地朝我的身后闪去，我的心竟然还牵系着那只蝴蝶。这洞内风景，我已欣赏过两次，我的耳朵听不见导游的讲解，我的眼睛也没东张西望，我看见同伴们在雄狮大厅那儿观看人类生活的遗迹，在一个鱼缸前认真观赏稀罕的当地人叫它们“独眼龙”的洞穴盲鱼。长期暗无天日的洞穴生活，它们的视觉退化不用了。我如一条盲鱼，什么也没看，只一心一意地想着那只蝴蝶。

后来调出相机里拍的那只蝴蝶看了又看，也回放给朋友们看。写小说的朋友发表“洞”见：“你早上用了有香味的化妆品，你便相当

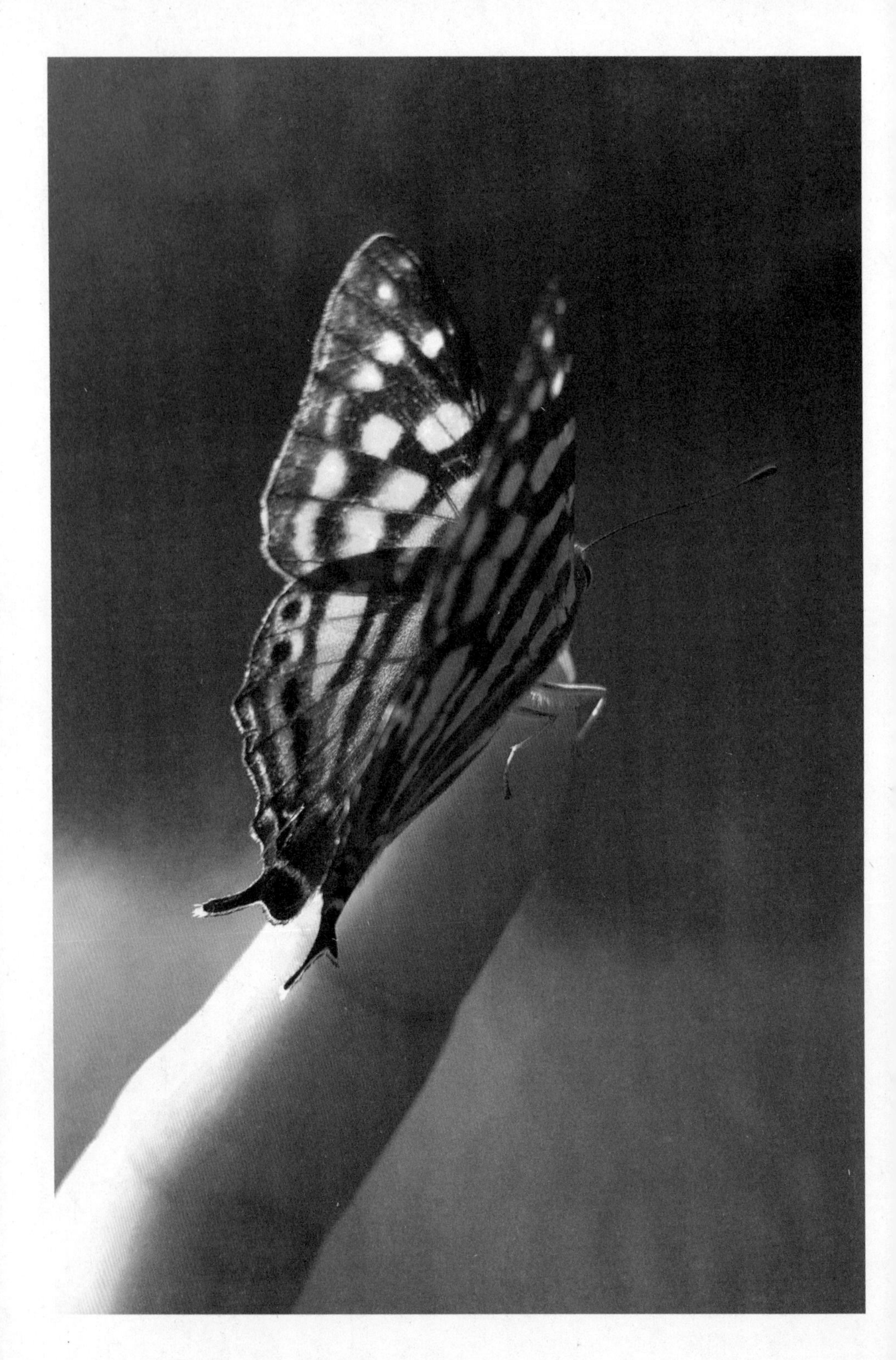

于一朵香花，惹得那只蝴蝶围着你转。”我立马申辩：只要外出，我最怕最怕的就是招惹虫虫们青睐，因为血液里糖分多，常常成为小咬们的“野味”，被叮上一口，长时间好不了，痛苦不已，在城里我偶尔用香水，户外游玩是从来不用的，就怕招虫虫们热恋。听我这么说的一朋友大笑：“那就是你天生招蜂引蝶！”

我一路喋喋不休：我今天就是遇上传奇了，你们知道吗？前天高考，网上晒出了各地的作文题，江苏的作文题讲的就是洞穴里几只蝴蝶的故事。说的是一群人来到光线暗淡、人迹罕至的洞穴里探险，洞穴里很神秘，他们为看洞穴氧气量足不足，便关了电筒，点了几只蜡烛，烛光里，这些探险者们突然发现洞里竟然有一群色彩斑斓的蝴蝶，他们欣赏了一会儿，不想惊动蝴蝶就离开了。几天后，他们回到原地，想看看蝴蝶在不在，却发现蝴蝶已经栖居到更深更黑的地方去了。他们自责，是不是烛光影响了蝴蝶的生活习惯呢？

江苏省的这篇材料作文“探险者、蝴蝶、蜡烛”被网友高票投选为 2013 年高考“最奇葩”作文题。（特注：后经网友追根溯源，被引用的材料文字原作者说的洞穴蝴蝶其实是蛾子。）

我说，这个作文题出得非常好啊，考察的是现代中学生的生态环保意识，探讨的是人与自然的关系，从人类探险者侵犯蝴蝶的生存生态空间这个方向去写就能得高分，没有一点生态文明素养的人理解不了。说它奇葩，是无知呢。

在九乡溶洞内部，在暗河汹涌澎湃、洞穴瀑布飞泻的巨大响动中，在一路的景观路途中，我的心跟着那只蝴蝶飞远了——各种奇幻想象像崖壁上的燕子忽上忽下，差池颉颃。我想到李商隐《锦瑟》诗中抒发悲欢离合之情的“庄生晓梦迷蝴蝶，望帝春心托杜鹃”。前一句“迷蝴蝶”隐喻合，后一句“托杜鹃”隐喻离。想来，遇蝴蝶缠绵总是好事吧？又想到杜甫写蝴蝶神姿的“穿花蛱蝶深深见，点水蜻蜓款款飞”。我自多情，又跟李白吟“尘萦游子面，蝶弄美人钗”。我非花非美人，头上无钗，只手腕子上有两串珠链，竟引得一只蝴蝶在我身上停留了人类时间的五分钟。

因为遇见了那只蝴蝶，我再次流连于这极具震撼力的洞穴峡谷，它的错综复杂、深邃黑暗、地面潜入的伏流及暗河瀑布的轰鸣、钟乳石迷宫便成了一场迷梦的背景。

洞口缠绵我的那只蝴蝶，它是神话、是传奇。

李健《传奇》那首歌里的情绪像梦一样再次笼罩我，在我心里低回：

只因为在人群中多看了你一眼
再也没能忘掉你的容颜
梦想着偶然能有一天再相见
从此我开始孤单地思念
想你时你在天边
想你时你在眼前
想你时你在脑海
想你时你在心田
宁愿相信我们前世有约
今生的爱情故事不会再改变
宁愿用这一生等你发现
我一直在你身边
从未走远

补记：因为在九乡遇见一只跟我缠绵的蝴蝶，我回到城里做了有关蝴蝶的大量功课。宋代胸怀未酬壮志、报国无门的张孝祥满怀忧国忧民激情，写过一首慷慨佳词《六洲歌头》，没想到他也传后世两句关于蝴蝶的诗句，它柔软得给我清欢无限：“蝉蜕尘埃外，蝶梦水云乡。”这两句诗穿越时空，给我缘结九乡的传奇做了一个巧妙的注脚。

2013 年夏初，我在宜良九乡与蝴蝶结下的良缘，后来又经历过数次。去野外，我不涂脂抹粉洒香水，省得招惹蜂蝶。2015 年 4 月的一天，不知何故，有只彩灰蝶爱上我了！先停在裤腿上，然后飞离，飞了一会后又飞到我裤脚鞋上。当时背包上插了一枝有暗香的南烛花，是这原因吗？诗人李小洛说我是“蝴蝶迷”，她说的“蝴蝶迷”可不是啥好东西，那是从前一本叫《林海雪原》的长篇小说（注：样板戏《智取威虎山》改编自它）里的一女匪首的诨名。

2017 年 10 月的某一天，在普洱的梅子湖畔我又经历过两次，一只蛱蝶一只蚬蝶对我的手指做了亲切造访。到了 11 月，一只扬眉线蛱蝶在昆明城头车水马龙的大街上，忽然来看我——车堵路上，心堵起来，忽然，它飞临，它停贴在出租车的车窗壁上，给已拍虫四年的我一个从没拍过的角度——它赤裸裸地直面我，一对深情的大眼直盯着我的眼睛。

2017 年，有一热词流行，即所谓的“量子纠缠”。人与虫非亲非故非同类，但或许我与蝴蝶在意识上有物质微粒之间的纠缠瓜葛，说不清啊。

执念回天域的蛾子

那天独自去袁晓岑艺术园看了林善文先生策划的“纸面景观”画展出来，我跟园里的几棵大树玩了一会儿，然后原路折返回家。

在路边一长排蓝色建筑挡板处，我被一丛粉色细碎的小月见草迷住，便躬下腰去拍粉与蓝的交相辉映。于是顺便跟小雀麦、小野菊、小艾叶们的小姿小色玩上了。等拍够了直起身子欲离开时，忽然看见这蓝色的鲜亮处高挂着一片枯叶。

怪，这滑溜的挡板上挂得住一片枯叶？因为一直跟小草们玩，我的眼睛是调成微距微观状态的，我凑近定睛一看，心惊！

它不是枯叶，它是我见过的最完美最独特最神奇的一只超级拟态的蛾子！

我眼睛看见的枯叶那干枯翻卷状，竟然是这只蛾子平铺的鳞翅形成的幻觉，它的色彩浓淡深浅，妖异地构成了一个逼真的枯叶拟态。

我几乎像个疯子一样，拿着手机对着一动不动的它正面、上下、左右狂拍！

上午十一点来钟光景，旅游度假区这一时段没路人经过，只有车不断地开过。有个小朋友在车上注意到了我的奇怪，好奇地说:“妈妈，你看，那个阿姨在拍塑料板板玩！”我听见了那声音，但我都不及回头看那发出声音的孩子一眼。

世界浑然不觉，“我的眼里只有你没有他！”——我现在是这样在唱。

学了几年生物，讲到生物拟态，就见过竹节虫一次。在自然界里，我是又一次碰见如此不可思议的神奇。

拟态是遗传演化树上处于低端位置的一些动物，比如变色蜥蜴、昆虫等弱小生物，适应生存环境、隐匿自身、保护自己不受伤害的一种本领。在亿万年的遗传基因突变里，一个特定物种的DNA片段，要完成怎样的演化才最终达成这样完美的对自然界的模拟？

就拿这只蛾子来说，它身上的色彩浓淡，它那形成“翻卷”质感的过渡色带为何就偏偏那么精准、如此绝妙？

不解，便惊讶，惊叹。

到过世界著名的澄江帽天山生命大爆炸的化石产地参观科考，我想，或许只能拿生命种群亿万年前的集体“爆炸性”出现来解密地球上种种生命的传奇了。

盯着这只“妖蛾子”看，我疑惑着猜测它——它这拟态是要拟它的生态环境的，它为何不在同色系的树干上或者枯索的叶丛里待着，偏偏这么大胆而突兀地停在这片鲜亮的蓝色背景里？它太自信自己模拟一枚枯叶的本领了？

在我对着它拍来拍去的十多分钟里，它纹丝不动，令我觉到它有生命的执念——哪怕死去也要回天域的执念。

它是葡萄天蛾，宿主是葡萄。不奇怪，那一带是滇池旅游度假区的别墅区，很多人家种葡萄，另外也种葡萄科的爬山虎什么的，种了当篱笆墙。

虫拜者基本都是好色之徒

赤橙黄绿青蓝紫，谁持彩练当空舞？——那是天空斑斓的彩虹，虫虫的缤纷色彩何止七种，它们对我绝对有“色诱”的本领——于虫，我确实是一个不打折扣的好色之徒。

小时候，一到夜晚，天上星繁，地上四野虫鸣叽叽，萤火虫点点飞，蓝的绿的金色的金龟子四处能见着。现在令人目迷五色的只有城里的灯红酒绿，看不见星星听不见虫鸣，只有尖利的喧嚣刺钻耳蜗。我要抬眼见星见银河，我要听寂静衬出的虫虫合奏交响曲。

从古代的青色起头吧，青和靛不同，有波长可以区分。青色是在可见光谱中介于绿色和蓝色之间的颜色，有点类似于天空的颜色。在老一辈人看来，蓝色和绿色统称“青色”。

青色是中国特有的一种颜色，青色象征古朴和庄重，传统的器物和服饰常常采用青色。青这种颜色颜值很高，比如青凤蝶的主色调就是青色，可是这个秀丽的小清新、这个被我当作戏曲里唱青衣的青凤蝶，就一个劲儿喜欢脏臭稀烂的地方。

再来说蓝色。一种叫帝王紫蛱蝶的美蝶，就是伏在一泡狗屎上舔吸粪液时被我拍到的。我生气：你样子美丽高贵，但为何香臭不分？拈花就得了，为何也逐臭？那只帝王紫蛱蝶终被我轻拈其翅放到高处的花草上。当然，另类生命需要尊重，为何非要以你人的意志为转移?

我热爱倾心蓝色，以至在我拍的虫虫图库里按拍摄时间回溯，找出它们来时很容易，它们摇身一变成为我的珠宝首饰——幻想中的戒指、项坠、领针，熠熠生辉、高贵典雅，哪怕是那只最早诱引我拍虫的宝蓝色的丽蝇在我眼里也是蓝精灵，也可给法国卡地亚珠宝设计师以启发的。

姹紫嫣红的虫虫色诱我，黑白的虫也迷惑我。白色是包含光谱中所有颜色光的颜色，被视为无色，互补的黑色也无色，明亮无色相的白与暗淡无色相的黑成为色相的两极。太极图是白与黑两条阴阳鱼，代表中国古代哲学思想，是派生万物的本源，它们相反相成阴阳轮转。朴素的黑与白更接近事物本质。

人类有两个词爱连在一起——是非不明、黑白不分。黑与白这么分明，如何不辨？白反对黑，黑诋毁白。两极之间是如何演变的呢？正反、阴阳、爱恨、恩仇、对错、生死……两极之间有一个过渡带，有一个渐变期。有时人就是不能做到中庸、包容、原谅、妥协，如是，有了是与非，有了偏激，黑色白色成了极端之美。

红加黑，这些角儿演的不是司汤达的《红与黑》，唱的非红脸黑衣的包公，这里是红黑混搭的红萤、芫菁、黑红斑异色瓢虫等的色诱。红加黑体色的虫虫很多，而集一身五彩斑斓色的虫也有的是，自然界的精彩以色夺人眼。为何这芫菁头部红，而胸、角、腹、翅、肢皆黑？为何那凤蝶的腹节红黑参差?

我一直在琢磨昆虫的体色控制原理，你也许会说，这有什么可琢磨的？ DNA 片段决定一切！对，但我想知道的是，它的鞘翅为何是这样闪着金光的绿而非闪着金光的蓝？非洲黑色人种皮肤里的色素细胞，比欧洲白色人种皮肤里的色素细胞多得多，我要的是这类确定的解释。我就高中学物理光学的素养，我猜可能跟其体内物质晶体的排列方式有关，不同的排列方式会让不同波长的光线反射出来。昆虫、鸟类都很了不起，一只小小昆虫，有时腿节、胫节、跗节颜色都区别很大、各不相同，那么小个虫整出那么多花样实在是了不起！有时则是观看角度不同，就不一样。不同拍摄角度的色彩呈现不同。博物学牵扯很多学问，“十万个为什么”远远不够。

控色机制是怎样的？这样的问题我觉得无解可能更好。我想保持神秘感的世界因为有太多无解，才美得不可方物，从而值得我们敬畏以及对它始终兴趣盎然。

然而，科普工作者们非要穷究其原理，努力地告诉我们昆虫体色的来源。颜色的成因分为两类：一类是色素色（化学色），是由色素化合物形成的颜色，这些物质可以吸收某种光波，而反射其他光波，从而形成各种颜色。它们多半是代谢的产物或副产物，如黑色素、类胡萝卜素、蝶啶类等。当色素存在于表皮内部时，我们把它称为表皮色。表皮色在昆虫死亡后还能保持很长时间的稳定性，如翅上的花斑。若色素位于表皮下的细胞内，那色会随着昆虫的死亡而逐渐消失。有些昆虫活着时呈嫩绿色，可制成标本后不久，体色渐渐变成了黄褐色，就是这个缘故。另一类颜色是结构色（物理色），是光照射在虫体表面上产生折射、反射及干扰而形成的。昆虫身体的金属光泽属于结构色，结构色不会因昆虫死亡而发生改变或消失。而昆虫的体色一般不会是单一的成分，而是混合色素色及结构色而成，称为混合色。

昆虫最出色的遗传机制有两种恰好相反的发展类型：保护色和警戒色。保护色是隐自己于生境，不被发现，捕食时不易被对方察觉。

警戒色是偏要张扬高调地吓唬敌人，有如夜间街头闪闪烁烁的警灯，有威慑作用。

那些有膜翅的昆虫，比如蝇类蜂类，其翅面上有虹彩似的光泽，是因为翅的上下两层透明而稍分离的薄层将光分散，膜间距离不同，色彩就随着起变化。鼓翅蝇，在叶片上振翅舞动，闪出肥皂泡被光照射时的那种虹彩，那是为吸引异性同伴的。

别以为虫虫会给你颜色看！虫虫们的种种美色只给它的同类或者敌人看。

但人类虫拜者基本都是好色之徒。

A

蜘蛛：网络暴力者

金秋，收获的季节，在即将收获的稻田里发生了一桩小小的谋杀案，没有惊动世界，只惊动了我——一只三带金蛛网捕了一只稻蝗。网破还可再织，稻蝗的拼命挣扎引来的是“凶手”愈发地凶猛，所有的丝网都调来缠绞蝗，直让蝗动弹不得。秋天，虫间的厮杀多，大家都在为过冬储备能量。

同样的案子就看过多起，被害者同样是蚂蚱，活生生在我眼前发生，整个过程迅雷不及掩耳，不超过五秒。某天，我还在一片秋天的玉米地里目睹另一起凶残的绞杀。我有史以来第一次拍到的一只茎甲竟是那般惨样，一只横纹金蛛对它进行了斩首行动。横纹金蛛绞断它的头，利索地吸干它的体液，它的空壳皮囊还被用丝高悬于玉米秆上，浑身闪耀着幻紫色金属光辉的它殒命之状甚惨。这是物种间的残忍杀戮，亲眼看到，我这人类的小心脏也受不了，一声叹息：物竞天择，适者生存！横纹金蛛，昆明近郊灌木丛中常见，战斗力非常强，后腿强劲的蟋蟀和蝗虫都能被它搞定。

蜘蛛是有故事的虫虫，人家比昆虫多一对脚——八只脚，多数肚子里会分泌出丝来，罗织一个网，等昆虫们来投奔。有时它们会发“密电码”，写一串“字符”让人费解……拍过几十种蜘蛛，大多鬼头鬼脑一副狰狞样，头上大小眼睛通常有八只，有如探照灯般高低错落、纵横罗列，视野自是开阔。人类给其取的名字，都是鬼蛛狼蛛豹蛛猫蛛什么的，听名字就吓人。

我喜欢看蜘蛛织网，看得入迷，便佩服起它们来，它们凭借自制工具获得食物，所以我基本不会去挑断蛛网以拯救落网的虫虫，我同情怜悯落网者，但也支持蜘蛛凭本事自食其力。

蜘蛛在织的大网上发出了一封字母构成的密电码吗？不，人家此举只为加强网络的牢固度！蜘蛛的天敌是性凶的胡蜂，蜘蛛也招架不住，这虫界也一物降一物的，维持着生态的平衡。我曾观察到一只胡蜂不慎掉落蛛网，蜘蛛出来后欲靠近，但又吓得缩回去的情景，那只强悍的胡蜂挣扎了一下，飞走了事，没个输赢。

最常见的蜘蛛叫棒络新妇，一个匪夷所思的名！平时所见几乎全是雌蛛。四对足皆很长，抓握猎物之态是疏离般的拥抱，猎物难脱其爪爪。棒络新妇的雄蛛只有雌蛛个体的四分之一大，雄蛛求爱时用其足有节奏地拨弄蛛网，雌蛛愿意便来跟它交配。令人感动的是，专家说雄蛛交配后不忙着离开而是在网边守望雌蛛三天，见其安然方离开。

我把棒络新妇的九宫图发个人媒体上，有一北方的乡村知识分子发来以下文字：

> 棒络新妇——什么时间，什么人起的名字？如与我的猜测相对应，我则可以解释这个名字，前提是这非洋人起的学名，而是本土流传俗名。“棒”是说它的肚子不同于其他种园蛛的形状。“络”（lào），指络车，把线拐子套在轮子上抽头儿绕到籰（yuè）子上的工具。样子像纺车，轮子棂只有4根，就像这虫子的前4个大爪子。“新妇”则是您讲的意象，很妙，个见。

我回复他：您说得很有道理，它是很会织网的一种蜘蛛，结合北方的您这些有关纺线民俗的阐释，很有意思，感谢您的推理！我告诉他所有生物的命名都是拉丁文学名，棒络新妇是中国人的命名，取这名的一定是你们北方人！这说明了它的分布很广，常见。棒络新妇常于网心待着，专等盲目飞来的猎物触网。

前面是天罗地网是构陷是艰难险阻，看清了，来得及转身绕行，看不清避之不及那是宿命。

人啊，可别说这轻飘飘的话，如何避开这网络的世界？答案在风中飘。总之，要在这世界上深情地活着并微笑。

关于蜘蛛，最神奇的是地球上那只最大的蜘蛛，它存在于南美洲西部的秘鲁南部的纳斯卡荒原上。这只巨型“蜘蛛”得从天上俯瞰，方能看见，那是一个存在了两千年的谜局——著名的纳斯卡线条，巨型的地上线条绘画！描绘的大多是动植物：一只46米长的细腰蜘蛛，一只大约300米的蜂鸟，一只108米的卷尾猴，一只188米的蜥蜴，一只122米的兀鹫，还有一个巨大的蜡烛台。谁创造了它们？为了什么而创造，至今仍无人能完满解释，因此被列入地球十大谜题。研究人员发现：这些图案是将地面褐色岩层的表面刮去数厘米，从而露出下面的浅色岩层，而形成的坑道线条，每条的平均宽度为10 ~ 20厘米，当中最长的则达约10米。这个发现，震惊了全世界的考古学界，考古学家们陆续来到纳斯卡高原，他们不仅发现了更多的直线条和弧线组成的图案，在沙漠地面上和相邻的山坡上，还发现了令人惊奇的巨大的动物形体，这使得那些图案变得更加扑朔迷离，有些图案描绘得十分精致，如蜘蛛图案中竟然画出了其生殖器官。

纳斯卡线条的巨幅绘制源出何种目的，比较公认的说法，那是古

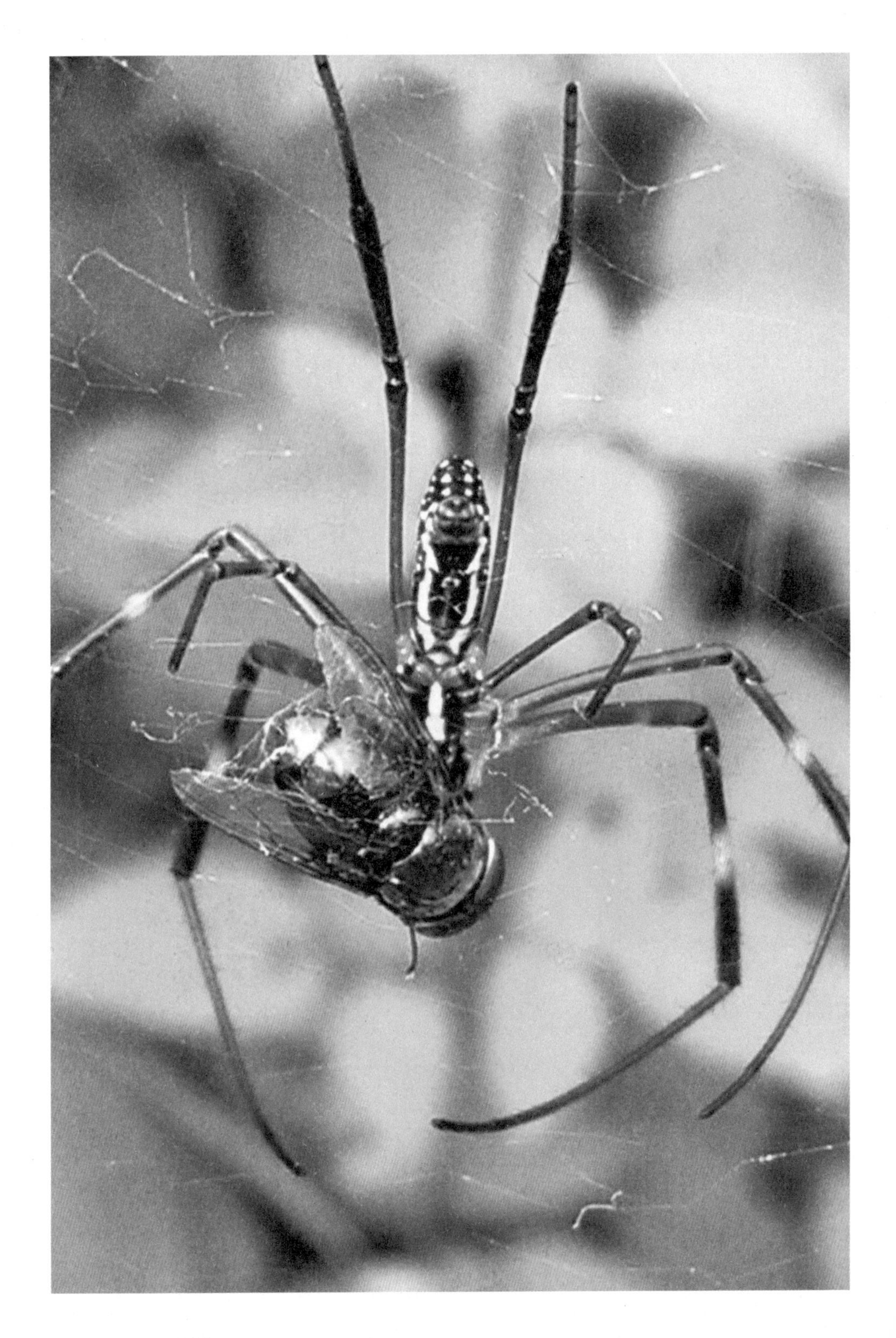

纳斯卡人分配水源的标识，不同图案是不同家族的族徽。人们发现，在那些图案覆盖的地下，分布着大量的水渠。这一说法较易为人接受，因为纳斯卡平原是一片很荒凉的平原，几乎是没有降雨的。

网络暴力者蜘蛛在2000年前便被美洲智慧生命膜拜，那些线条是如何被绘制到地上的，俯瞰时竟然那么生动？线条一点不稚拙，而是精准，情态可掬。不信的话，去瞅瞅纳斯卡那只卷尾猴那只蜂鸟吧，你会惊成傻瓜的。不是地球人干的吧？

虫的解析以及倮虫类的人

虫，本字为虺。

老祖宗把能动的通通叫作“虫”，老虎叫大虫，蛇叫长虫，其来龙去脉很有意思。在中国古代的“四方神”——青龙、白虎、朱雀、玄武的概念中，虎是威猛的象征，镇守西方，同时也具有吉祥、正义、辟邪等作用。老虎被称为“大虫”，在中国历史上最早见于东晋时期的一部志怪小说集《搜神记》。其中有文字讲到“扶南王范寻养虎于山，有犯罪者，投于虎，不噬，乃宥之；故山名大虫，亦名大灵。”但是，这段文字用以解释虎被叫作大虫的原因还是没有说服力。

在中国古代，虫泛指一切动物，分成五类：禽类为羽虫，兽类为毛虫，龟贝为甲虫，鱼蛇为鳞虫，人和青蛙、蚯蚓之类为倮虫。这一关于“五虫”分类的描述见于《大戴礼记》。依此划分，羽虫里的尊者为凤凰，毛虫里的尊者为虎，甲虫里的尊者为龟，鳞虫里的尊者为龙，倮虫里的尊者为人。但在很多古代著作中，“虫”是有特定指向的（而非像“五虫”那样，泛指一切动物），含义与现代的昆虫含义更接近，例如用“山川草木，鸟兽虫鱼”来描绘自然界的万物，这也是昆虫一词的来源。在羽虫、毛虫、甲虫、鳞虫、倮虫的“五虫”分类中，兽类属毛虫。老虎是万兽之王，“大虫”成为其代称，“大”字本来就有长（zhǎng）的意思。

汉初学者编辑的《尔雅》特别设了《释虫》一篇，与《释鸟》《释鱼》《释兽》相并列，这就和今天人们把动物分为鸟兽虫鱼四大类完全相同。《尔雅·释虫》中说道："有足谓之虫，无足谓之豸。""豸"是指无脚的虫，虫豸并称，泛指昆虫和类似昆虫的小动物。考据癖们再翻书，最后发现将老虎称为"大虫"，最早形成于唐朝，原因并不复杂。唐朝的开国皇帝李渊的祖先名叫李虎。李家当了皇帝后，要避讳"虎"字。因此，在唐朝的官方文字记录中，几乎见不到"虎"字。还有，李世民的名字里有"民"字，朝廷的一个重要部门，以前叫"民部"，后来也改叫"户部"了。唐朝以前将老虎称为"大虫"的并不多，也并不流行。回过头去看，《搜神记》中将老虎称为"大虫"，或许是后人修改的结果。唐朝如果是一个短命的朝代，老虎改名为"大虫"可能不会在唐朝灭亡后还延续了很长时间。偏偏唐朝寿数很长，老虎改名"大虫"终于被叫习惯，约定俗成了。

明朝施耐庵写《水浒》说的是宋代的故事，武松景阳冈打吊睛白额大虫之事为后人一直传扬到现代。另外一种被称为"虫"的，并且比较流行的，除了老虎之外，还有蛇，中国古人经常将蛇称为"长虫"，云南昆明城的北面有一座蜿蜒的山叫"长虫山"（此处是我拍昆虫的重要基地）。但是，对蛇的这个称呼并非来自《大戴礼记》的"五虫"分类，而是来自"虫"的甲骨文。在甲骨文中，"虫"字的本义就是蛇。

唉，也许还是得学学欧美科学家的分类学专科研究，分门别类，界、门、纲、目、科、属、种，说个清清楚楚明明白白真真切切。

像个睁开双眼看世界的儿童，我沉醉于看虫，不乏天真，心中涌现美好情感。老歌德笃定地说：人与大自然友好相处时，会把最美好的东西从心中掏出来捧出来。怎么不是呢？每次外出拍虫有收获回来，都要向家人炫耀半天。这个兴趣爱好得到了家里老少的一致认可。正好，我的身体总是间歇性状况不好，特别容易疲累，于是我开始新一轮的锻炼养生计划，除了上班，停下手上的一切工作，书也不读字也不写，一脚踏入虫虫世界。然而，如是“虚度”光阴，我的内心有点空落落的，此时罗素的一句话安抚了我，他说：你能在浪费时间中获得乐趣，就不是浪费时间。

大学学的植物学，大一时学的专业通识课“普通动物学”大概有一章是讲到虫虫的。我显然没学好，或者原来学时也就得过且过了，或者学了后早还回给老师了。所以我是现在才明明白白晓得了蜘蛛、蜈蚣等不是昆虫，昆虫是六只脚的，蜘蛛是八只脚的，蜈蚣的脚更多。但蜘蛛、蜈蚣与昆虫是在一个大门类里，都属节肢动物门。

美虫丑虫皆是自然造化，何况这美丑只是人类单方面的视觉评判，每一种生命皆是地球上的公民，它们存世必然有着独门绝技。地球上昆虫是种类最多的动物，我却直觉这个虫界的生命在凋敝，在人类的不察中，有些虫虫已永别地球……当然还有许多虫人类没发现，没发现的、已发现的都正在生态的恶化下一种一种离去……

世上的虫虫千千万，虫虫世界一再发现新种，平均每年有近千种新虫被冠以拉丁文的名字。我不希冀拍到什么独特的前所未闻的新品种，但我拍的虫虫是这一只，是这一个环境，是这一种姿态，是这一种我看见的故事。

迷恋上拍虫虫后，一到周末，什么事我都不在乎了，只一门心思地忙着“打野”。云南话说“打野”，就是指到野外去玩。

这打野我只做一样事，做虫虫特工队的女特工，一个50岁的女特工——并不迟，007 系列里的 M 夫人指令大特工邦德先生时，怕是超过这个年纪了？拍虫虫观察虫虫研究虫虫，这得有点小胆量，看见个毛虫毛乎乎的样子，看见密集在一起的蚜虫，都吓得鬼吼呐喊浑身打冷噤或者全身过敏发痒的朋友，有多么遗憾，一个美妙的虫虫世界便将错过。

我打野的地方，不是一处山林就是一块菜地或是一片时有野花开着的荒野。写作《2666》的波拉尼奥有一本写诗人艺术家的书叫《荒野侦探》，我一下子就被这书名吸引了，波拉尼奥写诗人寻找失踪的诗人，穿越超现实的精神荒野流放地找寻自我，我想成为真正的“荒野侦探”，破解旷野细微之处的蛛丝马迹索引的秘密！在野阅微，另辟蹊径“捕风捉影”，抵达自然的真相，给人一些别具只眼的看见。我热爱上了自然，我会是一个好的荒野侦探。

我们日常生活的场域周边，公园里虫虫已经难觅，多半被毒死了，菜地的菜还是不敢喷太多杀虫剂，但菜地离我们越来越远，蔬菜大棚里虫是基本被隔离了，而一座大山的林子里，高低错落长满乔木灌丛的林子若被看成林木海洋的话，中间的空地是岛屿，林子边缘是海岸。林子的海洋里，杀虫剂只会对付特殊群落的虫灾，比如松树林被毛虫肆虐时，人们才会喷杀虫剂。

但是，虫虫们在最大的天敌——人类的迫害下还是越来越难见到了，哪怕在林子里，它们也是越来越稀见，尽管每年有一千个新种被发现。可这些新种并非新生儿，它早就存在了，它不是突然从地里冒出来的，而这也让我们可推断，还有很多物种在我们还没认识它们之前，它们便如水消失在水中一样，寂灭无迹了。

有很多朋友问我说：“我咋只看得见周遭的蚊子苍蝇，看不见你拍的这些虫虫，你怕是自己也快成虫了！”我应：也许吧，有虫缘虫心，便有看虫之趣。

有一天，吃过晚饭，阳台上看看天光看看时辰，心里便想去湿地公园那边走走，那边有一条用柳树做行道树的路，我心里想那里一定有只大天牛在等着我呢。一去，才观察到第四棵柳树，一只大天牛就撞进我眼睛里，它在那树皮上爬着，长触须扫来扫去，捕捉着它要的信息。一见它我就傻乐了半天。边拍边想，我恐怕也有天线一样的一对触须长在心里，这天它跟天牛发出信号了。我们像老朋友一样久别重逢！

开始拍虫仅仅两个月后，我单方面组织了首届虫虫选美大赛，评委是人类，以人类的眼光选虫美人。我对上百种虫虫分类后遴选出初赛选手，又从虫形、虫姿、虫色等几个方面着手，选出了我心目中的“十美”，然后我写了一篇博客，把候选之虫发布，让博友们投票，结果是各有各的审美观。

英国动物学家德斯蒙德·莫利斯（Desmond Morris）写过一本在全球畅销一千万册的书《裸猿》（*The Naked Ape*）。他把人类当作一种物种亦即“裸猿”来看待，对人类基本行为的起源、模式和功能加以考察，从而揭示出人类动物性一面。人类的大多数独特行为都是因为生存所需而演化出来的，那另类生命，比如昆虫，何不亦如此呢？

《裸猿》毫不留情地扯下了人类神圣的面具，人类就是没毛的猿——是动物。莫利斯在序言里写道：“现存的灵长类共有193种。其中的192种身上遍布体毛。唯一例外的物种是一种全身裸露的猿类，其自诩为人类。这个物种无与伦比、成就卓绝，不惜花费大量的时间去考察其高雅的动机，与此同时却故意对自己的基本动机弃之不顾，或者不惜花费同样多的时间来掩饰这一点。”

这部惊世骇俗的书说人是无毛的裸体猿，其实我们的老祖宗在很久很久以前的动物“五虫”分类说里也指出——人与蚯蚓、青蛙同属“倮虫”类。

在野阅虫后，跟虫玩上，天天虫言虫语的，一个过了五十岁知天命年纪的妇女，返老还童后已蜕化变质回倮虫类——人虫一枚。

风被雨洗过的声音，你听见过吗？

这世上，除了那种居高鸣唱，有着漂亮网纹脉翅，夏天的午后聒噪得人更热更烦的鸣蝉外，还有一种蝉叫叶蝉。姓叶，名蝉，这名字听起来多么雅致悦耳。

叶蝉以米粒大的身长潜伏隐藏在叶片上，一动不动的，这姿态不用于悄悄冥冥地入侵与猎捕，叶蝉与它们那些巨型的同类一样只是餐风饮露，吸取树叶的汁液为生。

乍看，它们像一粒虫屎或鸟粪，或者其他大型虫子嚼食叶子吐出的渣渣。

手机拍虫以来，我的视力在荧屏前越来越弱，眼睛还会疼痛，却在野外训练得更加敏锐了，1毫米不到的细小粉虱或虫卵我都能迅速甄别。

每遇叶蝉，凑近了看，它们总让我惊艳！不知为何，我对它们有个固执的比喻形容——游在绿叶间的小鱼儿。

它们是否会鸣唱？我猜，也许会呢，只是它们太小太小了，以至我们人类的耳朵接收不到它们发出的声音。人类习惯性地爱以我们的感官我们的意志界定判断这世间的一切。

人类这个地球霸主一向感觉良好，以为可以驾驭世间一切，却不察自然野生的万千蝼蚁世界，你肆无忌惮地用雾化杀虫剂毒戕它们，剥夺它们的生境，它们可能以集体的灭绝，牵一发而动全身地还你以长堤溃于蚁穴般的灭顶之灾。

喧嚣的世界中，沉默或许是最大的声音。你听见过蛙声虫鸣鸟叫，或许该知道，自然更多时候是缄默的，正是大道希夷。

我们听不见叶上的小鱼儿叶蝉们的声音，但你此刻看见了它们的美。自然的美是立体的，有各种层次，鸣唱以寂静为底色而和谐，非以城市的喧嚣噪音为背景。

在野外，你的耳朵还灵敏吗？在远古，在无噪音只有自然天籁的环境，好的听觉是万物生存角逐的依仗——你察觉危险接近了吗？你分辨出猎物所在的位置了吗？

我被生活在19世纪的一位印第安酋长的话长久震撼过。他面对拓荒者们说了以下的话："如果在夜里听不到三声夜莺优美的叫声和蛙们在池畔的争吵，人生还有什么意义？印第安人喜欢风拂过湖面的声音，喜欢风被雨洗过又从松林里吹过的声音……"

人类的触觉已麻木，感觉变得粗糙敷衍，有的已彻底钝化退化，他们听而不闻的天籁唤不醒他们沉睡的心灵，多么可惜。

荒野即自然，它正在退去。人类与自然的疏离就是与荒野的隔绝。到荒野里去，去触觉感知生命的生生不已。大自然的故事，梭罗的一本《瓦尔登湖》无法穷尽，野地里的故事俯拾皆是。霍桑说过梭罗是被自然收养的特殊孩子，我也想被自然收养。

其实，印第安酋长的话里那被雨洗过的风吹过松林的声音，中国古时的智者也认真听过。"风入松"是一个词牌名，古琴曲有《风入松》，传为晋嵇康所作，唐代释皎然有《风入松歌》，又名《风入松慢》《松风吟》等。释皎然是唐代著名的诗僧，自言"禅心不废诗"。

他的《风入松歌》生动地体现了诗人对现实与艺术，以及自然美与艺术美关系的深刻理解。君不见，北京曾有一个学人开办专卖学术著作的书店叫“风入松”？尽管如今它已消隐不知去处，却也旁证过松风的纯正清雅的味道。

风被雨洗过的声音，你听过吗?

人类接近和体悟自然的感官会像那位印第安酋长的一样永远不死吗?

听，竖起你的双耳——倾听这世界的合声!

B　人虫对眼录

引言　　悬崖处，只有飞是生命的诗意！

似乎无一例外，每种昆虫皆有向草木叶尖、边缘趋近的习性，以我们人的理解，这不是把自己逼到绝境吗？叶的尖端边缘在我看来就是它们的悬崖！在悬崖边它们好像在磨蹭、在犹豫，触角在扫描，眼睛在探视，腿节前后搓动。最终它们勇敢地没有退路似的，借高处的势，展翅，起飞！

接受阳光、寻找配偶——飞，都比较方便。没有什么能够阻挡，它要飞得更高！飞是它们的舞蹈，是它们的行为生活方式！虫子碰到边缘，它就要决定往哪里去。有的直接起飞；体型小的（通常是体型小的）就往叶背面去；其他的，就会在叶的边缘转动，最终找到起飞点。

有人不相信达尔文的进化论。因为达尔文的理论受到一些现代研究成果的质疑，比如云南澄江帽天山“生命大爆炸”生物化石群的发现和研究，对物种进化有了别样的补充和诠释，但我个人认为他的贡献不可磨灭，进化论并没有被推翻。

有人固执地认为植物比动物更智慧，动物比人类更智慧。这也许偏颇，但起码，能飞是很多虫子的能力，人类并不具备。单凭这一点，我对所有的生命包括虫子在内，都敬畏。人类的智慧是可以创造出各种飞行器，借助外力飞。梦想有一对隐形翅膀飞，那是灵魂生活的诗意飞升。于虫，远方值得它起飞，中途会有补给和停歇，补给是纯为生存的吃喝拉撒和学习，停歇是诗意的歌舞娱乐和繁衍。别给我说植物那类生命不会飞，它的种子会飞，会借助动物对它的利用而飞，飞不只是生命的一小点意义……

起飞及飞翔着的昆虫姿态有异乎寻常的美，描写昆虫的飞，恐怕还是老杜那两句诗最有情致：穿花蛱蝶深深见，点水蜻蜓款款飞。

拍虫以来，有些瞬间被定格再难忘，拍时的地点环境气候时辰，甚至当时当地的气息全记得，我与虫正所谓“传语风光共流转，暂时相赏莫相违”。

人类的单眼真的需要与虫子的复眼深情对望一下，然后，我们再来审视我们自己的生活。“人虫对眼录”是感性的，正如梭罗在其《瓦尔登湖》中写到的：完全客观、纯粹的科学探讨并不存在，因为其中总是交缠着主观认识和感官感受。在这部分有具体日子序号的观察记录里，我没有冷却我的情感情绪，字里行间随处可见我的惊讶、想象和岔远的联想。

感同身受，我身上有了虫味儿，我的眼睛变成了一对虫眼。虫眼——虫之眼睛，被虫吃的植物洞眼，看虫的人之眼——再往深里去，从虫虫的角度看世界之眼！

2015年拍拍拍拍拍虫拍拍拍拍虫拍拍拍拍拍拍拍拍拍虫拍拍拍拍拍拍拍拍拍拍拍拍拍拍
拍拍拍拍拍拍拍虫拍拍拍拍拍拍拍拍拍拍拍拍拍拍拍拍拍拍拍拍拍拍拍拍拍拍拍拍拍虫
虫拍拍拍拍拍拍拍拍虫拍拍拍拍拍拍拍拍拍拍拍拍拍拍拍拍拍虫虫拍拍拍拍拍拍拍拍拍
拍虫虫拍拍拍拍拍拍拍拍拍拍拍拍拍拍拍拍拍拍拍拍拍拍拍拍拍拍拍拍拍拍拍拍拍拍拍
拍虫拍拍拍虫拍拍拍虫拍拍拍拍拍拍拍拍拍拍拍拍拍拍虫拍拍拍拍拍拍拍拍拍拍拍拍拍
拍拍拍拍拍拍拍拍拍拍拍拍拍拍拍拍拍拍拍拍拍拍拍拍拍拍拍拍拍虫拍拍拍拍拍拍拍拍
拍拍拍虫拍拍拍拍拍拍拍拍拍虫拍虫拍拍拍拍拍拍拍拍拍拍拍拍拍拍拍拍拍拍拍拍拍虫
拍拍拍拍拍拍拍拍拍拍拍拍拍拍拍拍拍拍拍拍拍拍拍拍拍拍拍拍拍拍拍拍拍拍拍拍拍拍
拍拍拍拍拍拍拍拍拍拍拍拍拍拍拍拍拍拍拍拍拍拍拍拍拍拍拍拍拍拍拍拍拍拍拍拍拍拍
拍拍拍拍拍拍拍拍拍拍拍拍拍拍拍拍拍拍拍拍拍拍拍拍拍拍拍拍虫拍拍拍拍拍拍拍拍拍
拍拍拍拍拍虫拍拍拍拍拍拍拍拍拍拍拍拍拍拍拍拍拍拍拍拍拍拍拍拍拍拍拍拍虫虫虫拍
拍拍拍拍拍拍拍拍拍拍拍拍拍拍拍拍拍拍拍拍拍拍拍拍拍拍拍拍虫拍拍拍拍拍拍拍拍拍
虫拍拍虫拍拍拍拍拍拍拍拍拍拍拍拍拍拍拍拍拍虫虫拍拍拍拍拍拍拍拍拍拍拍拍拍拍拍
拍拍拍拍拍拍拍拍拍拍拍虫拍拍拍拍拍拍拍拍拍拍拍拍拍拍拍拍拍拍拍拍拍拍拍拍拍虫
拍拍拍拍拍拍虫拍拍拍拍拍拍拍拍拍拍拍拍拍拍拍拍拍拍拍拍虫拍拍拍拍拍拍拍拍拍拍
拍拍拍拍拍拍拍拍拍拍拍拍拍拍拍拍拍拍拍拍虫拍拍拍拍拍拍拍拍拍拍拍拍拍拍拍拍虫
拍拍拍拍拍拍拍拍拍拍拍拍拍拍拍拍拍拍拍拍拍拍拍拍拍拍拍拍拍拍拍拍拍拍拍拍拍拍
虫拍拍拍拍拍拍拍拍拍拍拍拍拍拍拍拍拍拍拍拍拍拍拍拍拍拍拍拍拍拍拍拍拍拍拍拍拍
虫拍拍拍拍拍拍拍拍拍拍拍拍拍拍拍拍拍拍拍拍拍拍拍拍拍拍拍拍虫拍拍拍拍拍拍拍拍
拍拍虫拍拍拍拍拍拍虫拍拍拍拍拍拍拍拍拍拍拍拍拍拍拍拍拍拍拍拍拍拍拍拍拍拍拍拍
拍拍拍拍拍拍拍拍拍拍拍拍拍拍拍拍拍拍拍拍拍拍拍拍拍拍拍拍拍拍拍拍拍拍拍拍拍拍
拍拍拍拍拍拍拍拍拍拍拍拍拍拍拍拍拍拍拍拍拍拍拍拍拍拍拍拍拍拍拍拍拍拍拍拍拍拍
拍拍拍拍拍拍拍拍拍拍拍拍拍拍拍拍拍拍拍拍拍拍拍拍拍拍拍拍拍拍拍拍拍拍拍拍拍拍
拍拍拍拍拍拍拍拍拍拍拍拍拍拍拍拍拍拍拍拍拍虫拍拍拍拍拍拍拍拍拍拍拍拍拍拍拍拍
拍拍拍虫拍拍拍拍虫拍拍拍拍拍拍拍拍拍拍拍拍拍拍拍虫拍拍拍拍拍拍拍拍拍拍拍拍虫
拍拍拍拍拍拍拍拍拍拍拍拍拍拍拍拍拍拍拍拍拍虫拍拍拍拍拍拍拍拍拍拍拍拍拍拍拍拍
虫虫拍拍拍拍拍拍拍拍拍拍拍拍拍拍拍拍拍拍拍拍拍拍拍拍拍拍拍拍拍拍拍拍拍拍拍拍
拍拍拍拍拍拍拍拍拍拍拍拍拍拍拍拍拍拍拍拍拍拍拍拍拍拍拍拍虫拍拍拍拍拍拍拍拍拍
拍拍拍拍拍拍虫拍拍拍拍拍拍拍拍拍拍拍拍拍拍拍拍拍拍拍拍拍拍拍拍拍拍拍虫虫虫拍拍
拍拍拍拍拍拍拍拍虫拍拍拍拍拍拍拍拍拍拍拍拍拍拍拍拍拍虫拍拍拍拍拍拍拍拍拍拍拍
拍拍拍拍拍拍拍拍拍拍拍拍拍拍拍拍拍拍拍拍拍拍拍拍拍拍拍拍拍拍拍拍拍拍拍拍拍拍
拍虫拍拍拍拍拍拍拍拍拍拍拍拍拍拍拍拍拍拍拍拍拍拍拍拍拍拍拍拍拍拍拍拍拍拍拍拍
拍拍拍拍拍拍拍拍拍虫拍拍拍拍拍拍拍拍拍拍拍拍拍拍拍拍拍拍拍拍拍拍拍拍拍拍拍拍
拍拍拍拍拍拍拍拍拍拍拍拍拍拍拍拍拍拍拍拍拍拍拍拍拍拍拍拍拍拍拍拍拍拍拍拍拍拍
拍拍拍拍拍拍拍拍拍拍拍拍拍拍拍拍拍拍拍拍拍拍拍拍拍拍拍拍拍拍拍拍拍拍拍拍拍拍
虫虫拍拍拍拍拍拍拍拍拍拍拍拍拍拍拍拍拍拍拍拍拍拍拍拍拍拍拍拍拍拍拍拍拍拍拍拍
拍拍拍拍拍拍拍拍拍拍拍拍拍拍拍拍拍拍拍拍拍拍拍拍拍拍拍拍拍拍拍拍拍拍拍拍拍拍
拍拍拍拍拍拍虫拍拍拍拍拍拍拍虫拍拍拍拍拍拍拍拍拍拍拍拍拍拍拍拍拍拍拍拍拍拍拍
拍拍拍拍拍拍拍拍拍拍虫拍拍拍拍虫拍拍拍拍拍拍拍拍拍拍拍拍拍拍拍拍拍拍拍拍拍拍
拍拍拍拍拍拍拍拍拍拍拍拍拍拍拍拍拍拍拍拍拍拍拍拍拍拍拍拍拍拍拍拍拍拍拍拍拍虫
拍拍拍拍拍拍拍拍拍拍拍拍拍拍拍拍拍拍拍拍拍拍拍拍拍拍拍拍拍拍拍拍拍拍拍拍拍拍
拍拍拍拍拍拍拍拍拍拍拍拍拍拍拍拍拍拍拍拍拍拍拍拍拍拍拍拍拍拍拍拍拍拍拍拍拍拍
虫拍拍拍拍拍拍拍拍拍拍拍拍拍拍拍拍拍拍拍虫拍拍拍拍拍拍拍拍拍拍拍拍拍拍拍拍拍
拍拍拍拍拍拍拍拍拍拍拍拍拍拍拍拍拍拍拍拍拍拍拍拍拍拍拍虫拍拍拍拍拍拍拍拍拍拍
拍拍拍拍拍拍拍拍拍拍拍虫虫拍拍拍拍拍拍拍拍拍拍拍拍拍拍拍拍拍拍虫虫拍拍拍拍虫
拍拍拍拍拍拍拍拍拍拍拍拍拍拍拍拍拍拍拍拍拍拍拍虫拍拍拍虫拍拍拍虫拍拍拍拍拍虫
拍拍虫拍拍拍拍拍拍拍拍拍拍拍拍拍拍拍拍拍拍拍拍拍拍拍拍拍拍拍拍拍拍拍拍拍拍拍
拍拍拍拍拍拍拍拍拍拍拍拍拍拍拍拍拍拍拍拍拍拍拍拍拍拍拍拍拍拍拍拍拍拍拍拍拍拍
拍拍拍拍拍拍拍拍拍拍拍拍拍拍拍拍拍拍拍拍拍拍拍拍拍拍拍拍拍拍拍拍拍拍拍拍拍拍
拍拍拍拍拍拍拍拍拍拍拍拍虫拍拍拍拍拍虫拍拍拍拍拍拍拍拍拍拍拍拍拍拍拍拍拍拍拍
拍拍拍拍拍拍拍拍拍拍拍拍拍拍拍拍虫拍拍拍拍拍拍拍拍拍拍拍拍拍拍拍拍拍拍拍拍拍
拍拍拍拍拍拍拍拍拍拍拍拍拍拍拍拍拍拍拍拍拍拍拍拍拍拍拍拍拍拍拍拍拍拍拍拍拍拍
拍拍拍拍拍拍拍虫拍拍拍拍拍拍拍拍拍虫拍拍拍拍拍拍拍虫拍拍拍拍拍拍拍拍拍拍拍拍
拍拍拍拍拍拍虫拍拍拍拍拍拍拍拍拍拍拍拍拍拍虫拍拍拍拍拍拍拍拍拍拍拍拍拍拍拍拍
拍虫拍拍拍拍拍拍拍拍拍拍拍拍拍拍拍虫拍拍拍拍拍拍拍拍拍拍拍拍拍拍拍拍拍虫拍虫
虫拍拍拍拍拍拍拍拍拍拍拍拍拍虫虫虫虫拍拍虫拍拍拍拍拍拍拍拍拍拍拍拍虫拍拍拍拍
拍拍拍拍拍虫拍拍拍拍拍拍拍拍拍拍拍拍拍拍拍拍拍拍拍拍虫拍拍拍拍拍拍拍拍拍拍拍
拍拍拍拍拍拍拍拍拍拍拍拍拍拍拍拍拍拍拍拍拍拍拍拍拍拍拍拍拍拍拍拍拍拍拍拍拍拍
拍拍拍拍拍拍拍拍拍拍拍拍拍拍拍拍拍虫拍拍拍拍拍拍拍虫拍拍拍拍拍拍拍拍拍拍拍拍
拍拍虫拍拍拍虫拍拍拍拍拍拍拍拍拍拍拍拍拍拍拍拍拍拍拍拍拍拍拍拍拍拍拍拍拍拍拍
拍拍拍拍拍拍拍拍拍拍拍拍拍拍拍拍拍拍拍拍拍拍拍拍拍拍拍拍虫虫拍拍拍虫拍拍拍拍
拍拍拍拍拍拍拍虫拍拍拍虫拍拍拍拍拍拍拍拍拍拍拍拍拍拍虫拍拍拍拍拍拍拍拍拍拍拍
虫拍拍拍拍拍拍拍拍拍拍拍拍拍拍拍拍拍拍拍虫拍拍拍拍虫拍拍拍拍拍拍拍拍拍拍虫季

2015_3_6

· 冬天没有让大地僵死。我看见春天从地缝里钻出来了，蛐蛐、瓢虫、姬蜂、蠼螋、蝽蝽都蠢蠢欲动着。今日惊蛰，万物生于震，震为雷，春雷响惊出虫虫，虫动心动……

2015_4_1

· 说苍蝇漂亮可爱的人一定是个愚人！愚人节快乐！

· 昨夜，滇池边，听见了虫鸣与蛙声，声音零落寂寥，不似夏日般聒噪。白天见到了一只小蜡蝉，一只特立独行的红蚜。而对一个瓢虫种群的持续观察令我唏嘘：出世带着婴孩般的稚气，途中荆棘令它张翅欲飞时折翼，乐活之欢难见。一只小黑蚁举全力拖着体量大它三倍的红蚁尸身艰难前行……众生不易，皆向死而生。

2015_4_5

· 要去爬西山的，却被一大早往金宝山、观音山扫墓的长龙车阵吓住了。上不了西山嘛，便只希望能在山脚滇池畔遇见小凤们……凤们与我通灵，翠凤儿青凤儿红凤儿如约而至。在那片湿地，它们仿佛是穿了戏服的青衣给我唱戏曲人生。翠凤儿青凤儿今天演罢便将等待其一生大幕的落下，很快逝去；那只红凤儿继续花丛中迷醉几日。

2015_4_18

· 盼到周末，昆明的天却灰蒙蒙的，霏霏细雨飘着。窗前眺望，那西山也在云雾缭绕中，硬入山不会有好虫拍。想起两公里外有片次生野地。去了，一上午只见两三只蝽和一只瓢。在倒提壶枝上杂耍的小瓢有兴致，它背着两滴小水珠来了……我们玩到它背上水珠都蒸发了。真的野生态只在深山老林有了。下雨好，一下雨，虫虫们像刚刚出浴的小东西，全都清新可爱“萌嗒嗒”的。

2015_5_5

· 明天立夏，今日还是春天。把近日拍得的蝽蝽们一并奉上，也留不

两只碧凤蝶，一只青凤蝶，那么齐整地沉醉。为拍它们，我一再掩鼻

感知到春天已来临的蠼螋若虫从草皮里钻出来

不只是蠼螋，这只刚刚长出翅芽的蛐蛐也知道外面已是春光明媚

一只七星瓢虫在紫草科倒提壶小枝上荡秋千

月肩奇缘蝽，后足胫节有异化

宝玉蚜蝇，起初我也认它为蜂，雨后初霁，它翅湿不飞，好拍

斑须蝽

横纹菜蝽，背面倒着看像一张包公脸

黄缘米萤叶甲

恋爱中的叶甲

失去了一边触角的萤叶甲不怎么活跃，翅色亮蓝，美极了

B

住春天的。我在A部里写过《蝽蝽的春天》，并非说它们只在春天出现，夏天秋天也都“蝽”意盎然，“蝽”光无限！我没具体统计过迄今为止我总共拍过几种蝽，估算，50种总是有的。全世界已知5 000余种蝽，中国有500余种，我也只识其十分之一。时间的度量里，你我虽不在同一空间，但公平拥有这同一时段，你我顺此往夏天去吧！

· 天气预报显示周边省份都在下雨，而云南太阳朗照。每年立夏前的这几天都是云南最热的时候，大街上年轻姑娘们穿着极短的热裤和短裙。白花花的阳光让我眼皮沉重得睁不开似的，全身都在冒热气。但我的心，却寂静得凉冷。一年了，没什么能令我抽离这种状态，只有野地里拍虫时我会忘记一切。博物学家刘华杰说：自然对人类心灵的重塑和修复具有首要的重要性……

2015_5_16

· 昆虫生活的地域性差异真的很大，拍虫者在云南是得生物多样性的好，得天独厚。在昆明城周边转转便有这些虫虫被我遇见，有幸！

· 昨天专门去寻甸县北大营草场（去此地拍虫时，见一影视剧拍罢后的“遗迹”，有“西南联大”校舍，有画着大鲨鱼牙齿的抗战时期陈纳德将军率领的飞虎队“战机”，后来才知道，2018年热映的电影《无问西东》是在此处拍的！）拍虫，收获真是大，现在回头检索，单是在一小片羊齿植物群落形成的生境里，便拍到十来种漂亮甲虫。有一只黄缘米萤叶甲，它宝蓝的鞘翅勾了杏黄边缘，这种绝妙搭配闪亮我的双眼。一些丽花萤颀长的身材看起来很像天牛。天气不错，拍时蓝天白云，现时正是它们生命繁盛的活跃期。弧丽金龟、豆芫菁、筒叶甲……

2015_6_6

· 夏天真是甲虫们的恋爱季！我并非偷窥癖，你猜怎么着，那天我看见蒿金叶甲的土豪金与贵妇紫卿卿我我、耳鬓厮磨的样子，还是小吃了一惊！它们是跨种别杂交还是本就同祖同宗？只是肤色不同性别不同？瞧它们相亲相爱的样子，我判定它俩是同种！果然，在离它俩很近的另一片叶子上，我看见了一只长相与它俩一模一样的蓝色甲虫，这旁证了我的猜测：它们本是同一生境的同种群甲虫的不同个体，ABC，A金B紫C蓝，只是A金与B紫遇见了相爱了，C蓝孤单着……

· 我脑子里咕嘟咕嘟冒出一堆新问题来了：甲虫的不同个体之色与什么有关？与性别有关？与年龄有关？还是这些不同色彩的表达与虫体内所含物分子结构甚至我拍照时光影不同有关？不得而知……相爱的两个与孤独着的那个，各有各的美色！现在我能确定的是它们是同种的叶甲。

· 草叶间的虫儿成双对，绿水青山带笑颜。虫虫情侣成双成对相亲相爱。人类啊，快趁无法律条规限制，围观不犯法，也算不得偷窥隐私，就看吧，看吧！这草叶间甜蜜蜜的爱……

2015_6_7

· 莫瞧了！有啥子可瞧的？你这人就是爱偷个窥？！我不就是一个猛子扎进这朵花，这朵才开开的大牵牛，陷得深了一点，不小心糊了一头一脸的花粉，视线模糊，行动有点不方便嘛！悄悄停在这叶子上梳洗梳洗，你也要拍来拍去不消停！人类很麻烦很讨厌！你没被眼屎糊过？

2015_6_12

· 看大自然的花草树木如何在寂静中生长；看日月星辰如何在寂静中移动……我们需要寂静，以碰触灵魂。（特蕾莎修女）

· 你我放下人的身段，蹲到草木的高度，调动眼睛凝视，竖直耳朵聆听，便会发现周遭生命的繁华，喜欢吗？燕麦草上这只叫二纹柱萤叶甲的斑斓小虫。

年度最辛勤的传粉蜜蜂劳模，哈，这小样儿

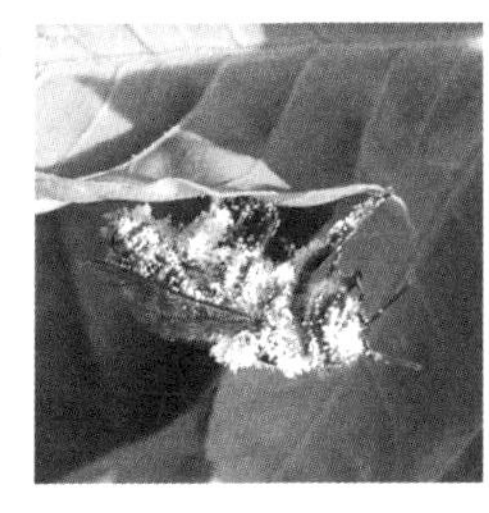

不小心糊了一头一脸的花粉

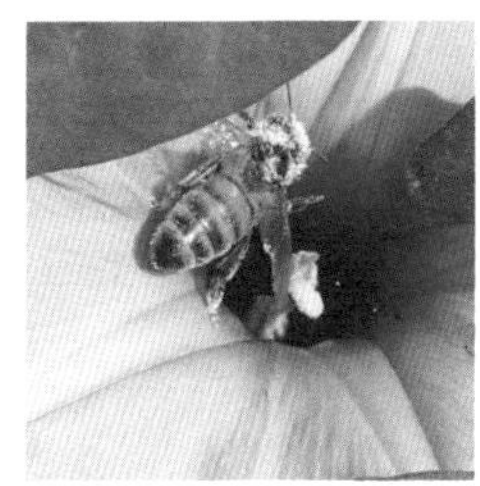

二纹柱萤叶甲

2015_6_13

· 瞧这只小蝗，我认为它是泥巴捏的。它让我想起赵孟頫夫人书画家管道昇的《我侬词》：你侬我侬，忒煞情多；情多处，热如火；把一块泥，捻一个你，塑一个我，将咱两个一齐打碎，用水调和；再捻一个你，再塑一个我。我泥中有你，你泥中有我；我与你生同一个衾，死同一个椁……

· 它身长约 10 毫米，它若没跳到这叶片上，我大概不会看见它，云南泥土多是这红色的酸性土壤，因而它的拟态隐身术也是了得。

2015_6_21

· 一个爱的故事。在一片草叶的两面，他与她相互感知彼此的存在，看见叶洞那边探出的触角了吗？从羞涩的试探开始，他与她接近，遇见，钟情，难舍……一对拟叩甲情人的爱在眼皮底下发生，耗时一刻钟……人类的一刻钟是这对拟叩甲的一生一世情？刚见到它们时还以为是吉丁。吉丁吉丁，何时见你？

2015_6_28

· 6 月总是由儿童节发端，那么就看看这只小弄蝶如何像个俏皮的穿蓬蓬裙的小姑娘在紫色的勿忘我（此花属紫草科，另有名字叫倒提壶）花间享受吮吸甜蜜的生活吧。请注意它那吸食花蜜的细长口器，收放自如。

2015_7_11

· 不知在蚜虫部落里，吸食嫩叶汁液痴长些时日的老蚜们会否训诫儿孙：娃儿们，这世间赭翅臀花金龟最最可恨最最残暴！它庞大的身体是瓢虫的十倍，瓢虫食我们的同胞一个一个来，余者还可逃命。它来，便是我们无路可逃的终结之时！这大怪物用它的大嘴铲食吞噬我们，我们的盟友蚂蚁驱撵它们，那也是白搭上卿卿性命啊……鞘翅目赭翅臀花金龟体长近 20 毫米，肉食性大虫，吃起蚜虫来像个效率极高的吸尘器，三下五除二，很快就把一枝干上的蚜虫扫荡光！

2015_7_18

· 周五下班回滇池边家，看时辰，下午六点半钟光景，天日晴好，当天凌晨昆明下过一场暴雨，这时刻我猜测，湿地公园那边的老柳树上定有天牛等着我。果然，我与它们约会般地见面了！天牛就是牛

拟态土色的小蝗

拟叩甲

穿蓬蓬裙的弄蝶小姑娘

蚂蚁蚜虫就在我眼前被这只赭翅臀花金龟迅猛扫荡得干干净净

赭翅臀花金龟

黄斑星天牛

夜间灯杆上的草蛉

闪着金属光泽的萝藦叶甲，宝蓝色鞘翅令它珠光宝气

小斑红蝽的脸正反看都是一张“人脸”，正看是一位长须老者，反看是个短胡子大叔

离斑棉红蝽在爱爱

一对爱爱完的萝藦叶甲

B

啊！瞧它那长长的触角！

· 世界上有名有姓的虫虫就有 100 多万种，未知的不知还有多少，此生能遇见两三千种就了不起了。《中国昆虫生态大图鉴》那本三公斤半重的大图册也只收了 2 000 多种，这还是那么多学者、生态摄影家及昆虫爱好者的集体贡献。虫虫无穷尽，咱虫心虫德后，下半生也虫缘难了……到今天我拍过白斑星天牛，白条天牛，虎天牛，黄斑星天牛……

2015_7_26

· 草蛉，去秋在灯杆上遇见你，惊艳于你的脉翅，脉翅笼罩你青碧如翠玉的纤细身姿，没想别的，就想到出嫁新娘的婚纱裙。人间所有新娘的婚纱裙，都没有你这蓬蓬又轻盈又朦胧的长裙漂亮，也许人缝制的蕾丝婚纱裙是受你的启发。昨天摘一颗李子时惊动了叶片背面的你——相见欢。

2015_7_28

· 这阵是甲虫们的欢乐季，是它们一年里的嘉年华。昨儿登长虫山，上山沿途遇见美丽的鞘翅目虫虫无数，大大小小各种颜色，但最惊艳的是这艾蒿叶上的一个萝藦叶甲种群。一片蓝光闪过，我听见我的尖叫。体长在 10 ~ 15 毫米的一群叶甲，它们像一粒粒蓝宝石闪进我眼帘。芝麻开门，阿里巴巴打开了宝石洞……萝藦叶甲！

2015_8_1

· “在所有的脸中，我只念想你的脸。”——这是英国诗人拉金的一句令我难忘的爱情诗。你看，你看！那些草叶间的脸孔！蝽蟓拍多了，发现几种长成人脸样的，乍见总会惊讶。咋回事呢？只可能是人自己把这巧合附会了传奇。它们像一个个化装舞会的面具，演出结束后遗失在这里。

· 生为人类，不由地便以自我为中心为老大，看见这有张“人脸”的蝽蝽便又禁不住拍了一组，事后想想，深层原因是人类的自我猎奇，是人类的自恋自大自我崇拜，人家长这模样是天注定，它可没主观克隆复制人脸的需要，是人类自己孔雀开屏自作多情了。然而，我想，以后再见别的虫容是人脸样，仍会追拍很多很多！本来今天要去海拔 3000 多米的会泽大海草山追寻关公虫（其脸孔长相似影星成龙脸或小布什脸，有个大鼻子）的，身体不适再次错过。

2015_8_2

· 雨后初霁，青色的她，一只雌性长尾天蚕蛾如一个仙女缀在枝头，等着爱。第二天去访她，天注定，她仍在，果然有了爱。更高处暗地里缱绻的他们在微风中像两只小风筝，轻盈而美好。守望他们两个时辰，然后离开。其间有人路过，便佯装在那树下小憩，我只仰视他们，但保不准好奇的别人会扰之，甚或毁灭了他们。

2015_8_3

· 于某古刹发现它时，我正饿得眼花，买门票进去就想吃个热乎乎的素餐再喝杯酽茶解乏。一眼瞧见它，甩开背包手杖，给它跪下。判定它属金龟科，这个酷家伙长相剽悍！山里转大半天，遇它值了！回来查大陆及台湾地区昆虫图鉴资料，只见类似的，身上的粉是黄色的，叫黄粉鹿角金龟，囿于眼界，我暂且叫它蓝粉鹿角金龟。昆明这两天蓝莓多，它的体色及那粉感很像蓝莓果上的粉哦，叫它个蓝莓鹿角金龟可否？

· 这两日网络上传一只阳彩金龟价值几十万元什么的，一大早见一朋友微信转发，我无名火起，去狂批了一通，众生平等，哪怕它是小虫，咱人类与它们打伙儿相安无事吧。如是灭绝了小虫，天会谴！人类的欲望真是可怕。

· 你真是帅啊，你是黄粉鹿角花金龟的蓝颜兄弟吗？盯着你看，忽然发现你装死时的腹部隐藏着一脸谱，一张戴礼帽的男人脸！卡夫卡写的那位先生一觉醒来变形为一只大甲虫，那张脸是“你”前世吧？

· 求教台湾虫友 Barnett_H，他给我一个拉丁文的名字：*Dicranocephalus dabryi* Auzoux（光斑鹿花金龟）。

2015_8_8

· 雨后，这只长毛天牛抱着草茎不动，它鞘翅披被的长毛全湿了。我猜它要晒干翅毛，它头朝下抱着草茎，六肢紧扣……这个小东西为何不正过身来？帮了它个忙，把那草茎扶正。它随遇而安的小萌样引我发笑！拍个背部标准像，咦，它模仿人披了蓑衣？那南方雨水天里外出劳作的披蓑戴笠的老翁！ 这只天牛真是个异数，新鲜哪。好个“孤舟蓑笠翁”！今日立秋，秋安！

2015_8_10

· 一只茧蜂正在做个人卫生清洁运动！我多次观察到，双翅目膜翅目的蝇、虻及蜂皆有讲究个人卫生的好习惯，吃饱喝足也不谈情说爱时，它们就找个安全隐秘的地方，伸胳臂伸腿地梳理自己，干洗脸或者顺手抹抹背毛呀捻捻翅呀，咋舒坦咋自在咋弄。后来发现螳螂等虫也有此好。拍到一只草蛉立于一朵醉蝶花上梳洗的图片，还拍了它捋长长的触角的一段视频，放到《博物》杂志的博物课堂上，令听课的全国虫友们爱煞了那只小精灵。

2015_8_11

· 对蜘蛛研究不够，但是这只白蜘蛛的小萌样引我认真研习了蛛形纲各科属的特征。它的正宗血统是蟹蛛科的三角蟹蛛！老觉得它腹部生得像刚出蒸笼的白面小馒头！像螃蟹背着个白馍。那八只脚如金秋膏蟹之足一样肥润透亮。你可别因此便想它是温柔的，它能迅猛

那只小蚁还有救吗？鹿角花金龟横竖是个虫虫江湖上的大角色啊

茧蜂的后足是灵巧的好洁具，一再伸到其头胸部清洁身体

装死不动的甲虫被我翻了个身，现出一张戴礼帽的男人脸

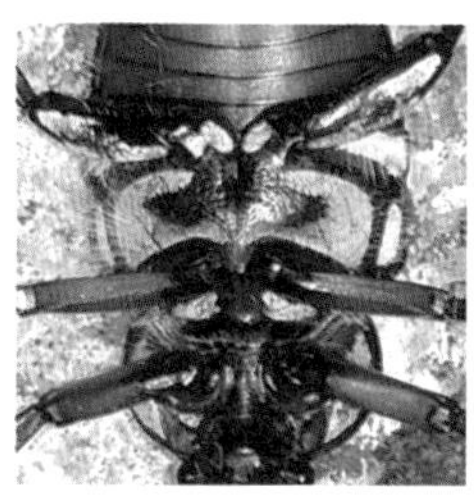

长毛天牛，仿佛披了件蓑衣

长尾天蚕蛾挂在高高的树枝上。我偷偷地看它们，有路人来我就装着看别处，我怕有人扰它们

猎捕大它好多倍的昆虫。雌蛛卷叶成粽形的巢，产卵于其中。

· 夏夜，此起彼伏的蛙声里，蜘蛛的夜生活开始了，有些蜘蛛是并不张网以待美食的，它们只动动那八只爪爪，便轻而易举地完成了一次暗夜里的猎捕。灯杆上全是美味的蚊子。这只蜘蛛掌控的蚊子刹那间已被吸空体液成为空壳，今夜这惊我心动蚊魄的一幕正好被我目睹。

2015_8_13

· 拟蜂蝇永远有春天！这伪装高手模拟蜂的外形和习性，目的只有一个，即对天敌虚晃暗示：我有针刺，小心蜇你！保护自己不受伤害。也许你不知，自然界里为花们传粉的至少有一小半工作是它们做的，

蟹蛛科的三角蟹蛛

那只蚊子刹那间已被吸空体液成为空壳

斑眼蚜蝇

食蚜蝇

看到它的大复眼你基本就可判它为食蚜蝇了

嗡嗡地扑向花朵舔食花粉吸取花蜜，是它长大后最勤于做的。它小时候食蚜，因此也称食蚜蝇。蜂属膜翅目，而这些双翅目的蝇拟蜂的外表和行为，细察，它们的触角呈钢毛状，有一对大复眼和一对翅，另一对翅退化为平衡棒。判定它们属双翅目不难，比如蜂虻拟蜂的性状是具有长吻，会于花朵深处吸食花蜜。食蚜蝇拟蜂到了混淆人视听的地步，它甚至会像蜂一样空中悬停，看得多了，看其头脸，它还是蝇。另外其腹部多扁细且有异色条纹，有斑纹大复眼的是斑眼蚜蝇。

2015_8_14

· 食蚜蝇恋花，我个人认为比蜂恋花好瞧，蜂恋花整个身子醉卧花心，沉迷得有点憨态，惹满身花粉把自个儿弄得花里胡哨的。食蚜蝇外表行为都模拟得很像蜂了，学会了蜂的空中悬停，恋花时却保持优雅的姿态，若即若离于花，避免了沉醉。谁说矜持不美？请看食蚜蝇恋鸭跖草蓝色小花及老鹳草花的样子。

· 看它，“个”字形身姿！细长腹部像姬蜂又像某种胡蜂，但看见它那对大复眼，一双翅膀外似有黄点状的平衡棒，嗯，非蜂类，只能是蝇或虻。凭直觉它是虻，拟姬蜂。生物分类是有路径可循的，果然有种虻就叫姬蜂虻，我拍的这只是弯斑姬蜂虻！资料标示北京、四川有，我补个白，云南也有！

2015_8_18

· 这只约4毫米长的沼蝇总科的鼓翅蝇（台湾称“艳细蝇”），我们土话叫它“飞蚂蚁”，尽管它与蚂蚁没关系，只是外形有点像。它在叶上鼓翅独舞，小翼翅换着角度反射阳光，艳彩炫目！看见它的有我也有它的同类。少时见邻居少年拿小圆镜偷偷反射太阳光来挑逗远处他暗恋的女孩，鼓翅蝇鼓动其翅理同此吧？

有一些双翅目的蝇或虻拟蜂的外表和行为，这是一只食蚜蝇

食蚜蝇的大复眼

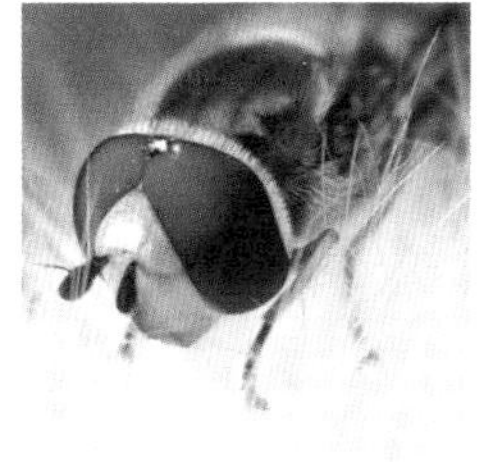

它不是蜂，而是拟姬蜂的姬蜂虻

螳螂正在享用一只苎麻珍蝶的肉身

这只鼓翅蝇在高处鼓翅舞蹈

2015_8_20

· 草叶窸窣，看见蝶翅，定睛看见螳。螳正饕餮，一场刚开始享用的盛宴，螳倾情沉醉……蝶被啃食得只剩了翅，螳长长的刀臂一直搂着它，那种搂抱像极情人间的亲密行为。螳不时抬起头，一双温情的大眼睛像是万般不舍地凝睇蝶。螳抱着蝶的脉脉温情就要打动我

时，我忽然想到人类的一个词“捧杀”。自然界食物链，蝶的牺牲也是自然，我不会赋其人格来考量虫的道德，我讲的是看图说话故事，所以捧杀我加了引号。箪食壶浆，自然的日常烟火！最终都沦为食物，这是宿命。

2015_8_21

· 先认它是尖角蝽，后从它有尾铗看，判断它是同蝽。资料里见宽铗同蝽，从体色看与它最相似；然从其前胸背板侧角强烈伸展并向前向上翘起，中胸隆脊极长看，它也似翘同蝽。同蝽就有无数种。费思量了好久，决定不苦巴巴地瞎琢磨了，请教同好蝽蝽专家后，知其为大棘同蝽。

2015_8_22

· 山中捡蘑菇，它落我背上，友见告我。请她用小枝拨拉下，回头望它，惊喜——一只20厘米长的荔蝽科的巨蝽！草窠间的它在我眼里美“伤”了。我跪地拍起它来。为演示它有多硕大，我把多年前在苏州订制的银戒取下做拍摄参照物。这时犬吠，众友说笑声远去，天晚起身拔脚追友，匆忙间遗落银戒指。回程发现，开车回去找，再也不见。无参照物，林间空地处处一个样。后一想，无比喜爱的私人订制独款镂空银戒遗落山林间，也没多大遗憾，因为知道它在那里。一切物皆是暂寄，拍得美虫便欢喜，其他不想。

2015_8_23

· 看见它们，我想到福建土楼及欧洲古堡。城堡城池通常都与土地占有、领地划定、粮食的存储有关。堡垒是护卫保守财物，安居乐业的必要保证。蚂蚁，营社会群居生活，分工明确，个体与个体在蚁巢里和睦相处，不然便分家。双眼蚁穴是分家的兄弟蚁穴吗？地下它们还联通来往吗？想知道却不忍去捅蚁穴。不过蚁穴好像原本就不止

这是荔蝽科的荔蝽，该科还有一个种是硕蝽，体型巨大

大棘同蝽

一只蚂蚁又推又拖还是撼不动这只体重是它几倍的泥甲

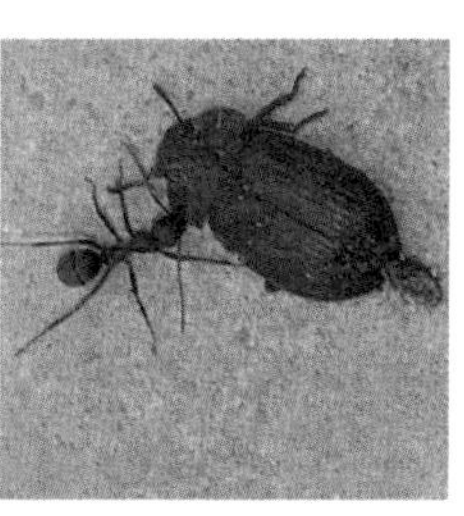

这只蚂蚁打算去约伙伴来一起搬运这只泥甲

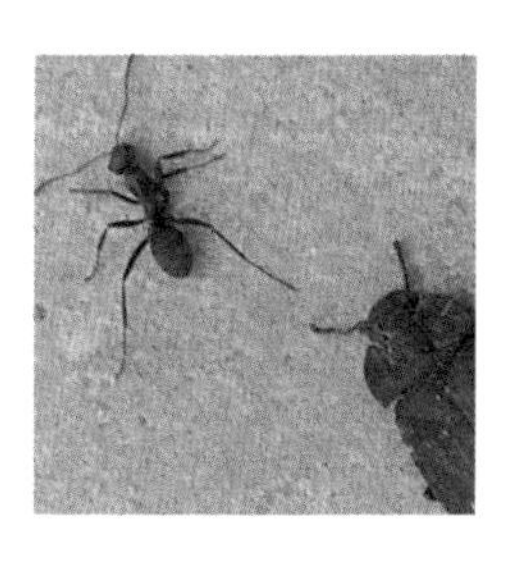

蚁穴都是伟大的建筑

丽水虻颜值高

黑水虻

琉璃蛱蝶食腐烂李子的汁液

翠蛱蝶

小蠹

一个出口，这只是我观察到的。蚁巢里有各种功能分区，进出口太多，会导致巢穴内乱麻麻的不好管理吧？我反正是想当然。我可不敢去捅这蚂蚁的巢穴，结果一定是像捅马蜂窝。

· 观蚁生，见碌碌，见熙来攘往的热闹。察人生，见寂寂，见人生须臾之悲哀。那天拍蚂蚁时两滴咸涩之水落入干草皮，这竟惊动了一只藏于草根的泥甲，它灰头土脸地钻出来，慌不择路快速逃窜。我用一片落叶阻止它，它狡猾地一翻身，肚皮朝上，六肢缩拢胸腹前，一动不动装起死来，蚂蚁嗅到死亡之气息，便从四面八方赶过来，那只泥甲自以为聪明……

2015_8_24

· 自然生境里拍到一只黑水虻，强调这一点是因为它常作为资源型昆虫被人工繁殖，它的幼虫及蛹的蛋白质含量比家蝇多得多。虽都以粪便生活垃圾为食，它却不似家蝇爱往人居里钻。黑水虻是自然食物链中的重要一环，幼虫及蛹是非常有营养的饲料。它的大复眼衍射的色彩好美！相比橙水虻、丽水虻，它是丑一点。

2015_8_25

· 琉璃蛱蝶，爱食水果。6 月看见它食李子，8 月看见它食构树果。当然它偏好的不是挂树上的好果子，而是爱那熟透后掉落地上果皮破裂腐烂了的果子。我想，它爱食腐果恐怕是喜欢其经细菌侵入发酵后的酒香气，它自然就类似于人间好酒之徒了。也猜想，也许是它那细长却柔软的吸食器刺不破果皮无法品食好果子，只能将就了。后面这位怪怪的，因为琉璃蛱蝶翅腹面如烧焦的木片，食构树果的是翅面正反都有那条浅蓝带，它们是不同种？正是，后面的是某种翠蛱蝶。

2015_8_26

· 在山寺里烫了方便面吃下，又要绿茶喝着，放松发呆状态的我忽又被这米粒大的棕色小甲虫吸引，镜头重新聚焦。这是不安分的家伙，一直在石桌边沿上悬空半身地动来动去，以为它要飞了，却又不。想拍它张翅的样子，连拍几十张它都犹犹豫豫，我泄气时，它却起飞了，追望它细小的背影直至化为无，小蠹。

2015_8_27

· 看着一只在蛛丝上扑腾挣扎的蛾子，我承认我动了恻隐之心，我的手指只要轻轻一钩，弄断蛛丝，它或可飞离，得以保命。然而我没帮它，我想到那昼伏夜出的蜘蛛，它辛苦罗织的网。蜘蛛谋生张网似乎是陷害，可这世上谁都生存不易。没想通这只肥胖蛾子拼了老命都挣扎成了虚灰的一团，那纤细的丝为何竟然不断……

· 在远古，一到夜里，蛾子趋两种光——星光与火光，只趋星光就不会死，但火塘之光那么近，勾引它，它以为自己沿着直线飞呢，没想到只是顺内径越来越小的螺旋线飞行，终落入火中。办公桌上有一泡石水盆，常有飞蛾落水。城市夜间无数光源偶尔投在水面形成反光，蛾子一时以为那是光源，趋之，被水淹死……呜呼。

2015_8_28

· 一只凤蛾在我镜头里姿态百变，原因是它不慎飞进一个塑料膜搭建的大温室，却再难找到出去的路。塑料膜的薄灰透明感也许令它错意可以穿越过去，因而它一直大战薄膜，一直盲目又执着地飞扑那层膜，图谋找到出口，终不如愿。我走时，它仍在高处扑腾，我只好把那温室门开得大了点……

2015_8_29

· 看到一只象甲津津有味啃食树叶的样子。这个午后，我原已昏沉的双耳竟然分辨出一只小虫享受午餐的声音“窸窸窣窣”。若全地球都这般安详该有多好，没有战乱屠杀，没有天灾人祸，所有生命衣

在蛛丝上扑腾挣扎的蛾子

它不是凤蝶，它是凤蛾，看触角!

爱爱的瓢虫体色相差大

除了大家最熟悉的七星瓢虫，瓢虫家族很庞大，异色异斑的瓢虫有很多

胸背凸出的一种植食瓢

食无忧。小象甲，你不会知道，地球上最可怜的是毫无节制的人类啊！蚕吃桑叶是有声音的，恐怕是数量多的缘故。感受到象甲吃树叶的声音，是因周遭寂静外加心静。我凭直觉，从它的口器、它的姿态及鞘翅外观，认它为鞘翅目象甲科的长角象。它全身粉绿色，

蝽的若虫①

蝽的若虫②

蝽的若虫③

蝽的若虫④

蜡龟甲

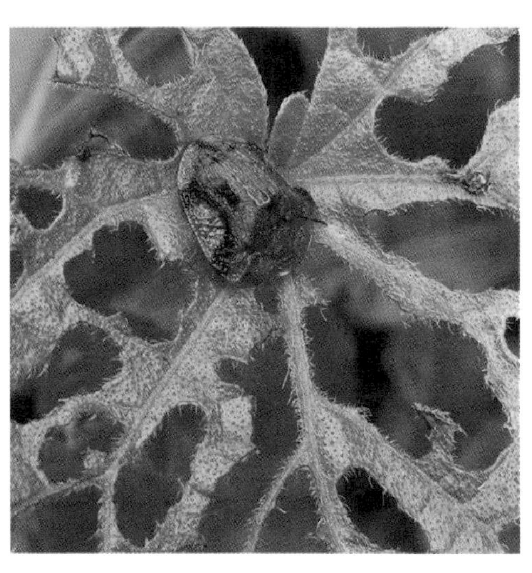

鞘翅有棱条，其翅及触角都很骨感硬扎。查到它是绿鳞象，全称为绿鳞短吻象，若再补充一个特征——长触角，就更准确了！

2015_9_1

· 它是一只瓢虫无疑，有 7 毫米左右的身长，它的体色令我立即想到它是一只异色瓢。瞧它正在产卵，末图是另一时空拍的。它姓甚名谁？今年 4 月以来遇见无数异色瓢，其中的植食性瓢，吃素的，全身黑底红浪线纹，拍它时它在啃食叶子，它体被灰色短毛。我特别爱翻看小瓢的照片，说实在的，没有哪只小瓢不惹人爱。天气预报阵雨，站在阳台上打探了一下，感觉云薄雨少，决定上山。中午时分遇见一只大龟纹瓢，体长估计有 10 毫米，它停在叶片上晾晒翅膀呢！我运气不错，还拍到其他异色瓢，体长皆在 8 ~ 9毫米，体形椭圆，不像龟纹瓢那般圆！异色异斑瓢，独立成单个的物种，还是杂交品种？

2015_9_2

· 第一次见到旋花叶上的它时，我便想它这长相是个“小玳瑁龟”啊，其鞘翅有蜡质感，每见它，都觉得它很“萌”，“萌”这个词用以形容各种动物小幼嫩者的可爱尤准确。可看此龟甲的面容又觉它沧桑显老。因此，看龟甲“嘿咻”的照片，其表情从人的视角看有了幽默感滑稽感。它学名蜡龟甲。

2015_9_3

· 在林子的暗处，长约 30 毫米的荔蝽若虫无与伦比的肉色，把我的眼睛钉住了，一钉就是个把小时。它们是一大一小的两只，千万不可理解为一雌一雄的恋人，大不了算青梅竹马，因为它们还没有长成，还只是终龄若虫！林子里的光线越来越暗，为拍它们打了闪光。荔蝽的若虫比成虫漂亮，在于其肉红色的外缘镶灰蓝的边，乍看其正面形象似人体透视照，有“肺”有“胸椎”有“肋骨”……直感记之。那天有小雨又是下午，首见它们，激动手颤，曝光过头或难聚焦，它停歇之处在一山坡下大树上，生怕不慎一扑滚下坡去，因而没拍好。

· 蝽是我拍得最多的昆虫，因而蝽的若虫也是拍得最多的。若虫是昆虫的童年少年阶段，也就是小时候。在昆虫各目里，蝽的若虫与成虫差别不算大，它们属于不完全变态昆虫。我个人认为，蝽们的若虫时代，可谓花样年华，不论长相体色都花样繁多。比如荔蝽的若虫极富魅力，长成后却姿色平平，想起一句话“人生若只如初见”。

· 辨识分类昆虫的一个难点就在虫的完全变态和不完全变态上，能完成一个世代的观察（卵—若虫—成虫—卵），就不简单。博物的感受就是问题成堆，然后消化问题。有永远解决不了的问题，这就是客观世界。拍虫一个物候年，拍虫点越来越少，外出一次拍得一两种不知的虫就会很高兴了。

2015_9_10

· 由近及远——表示惊讶的眼睛？毛茸茸的地毯图案？蛾子？它体型巨大！翅平展约 18 厘米，用手上串珠做参照物给它拍照。于某古刹看见，形单影只。想起不久前拍到的长尾天蚕蛾。做功课，果真，台湾专家称其大透目天蚕蛾，大陆称其柞蚕蛾。原来它是柞蚕丝的出品者！在柞蚕丝质品的产地，它一定太稀松平常，据说其蛹可食，看它这样子，真有机会吃也吃不下。

2015_9_15

· 龟蝽！对它的认识是从书本上得来的，见到真身后直接叫出了它的名字，与认识其他虫的路径反着。发现了一群龟蝽，傍晚的光线温柔地抚摸着它们，仿佛给它们上了黑釉。它们也确实讨喜。有好几对

龟蝽

龟纹瓢

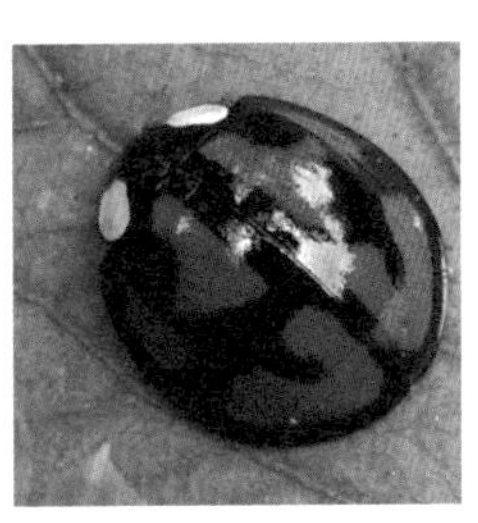

柞蚕蛾①

柞蚕蛾②

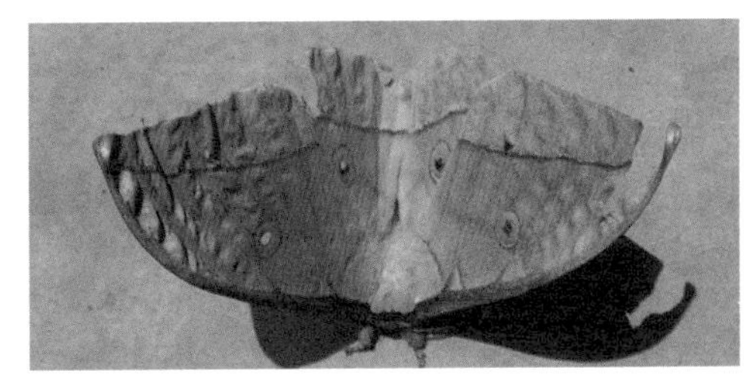

飞虱

蓝翅寄生蝇与一只缘蝽将有一番打斗

玩虫①

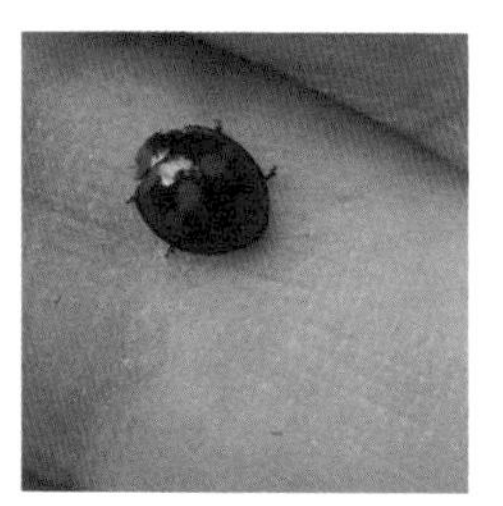

玩虫②

食虫虻的长相野蛮

朝生暮死的蜉蝣，衣裳楚楚

食虫虻眼力极好，捕到一只苍蝇

龟蝽小恋人攀着草茎一起上一起下，私下里邻里间也关系融洽。龟蝽的后小盾片扩展后盖住整个腹部，与其他蝽长相区别较大。迄今仅见一次。

2015_9_19

· 相较于翡翠、南红、玛瑙、琉璃等，它们才是我现在的“宝石”。一度痴迷各种宝石，有闲钱便为颈间腕间饰物破费，当某一日悟出这些宝物皆是“暂寄”后，现在是虫们惑我，当然这类虫宝也是“暂寄”，一般只被我拥有一分钟就飞走了。

2015_9_26

· 我一直当它是同翅目叶蝉之类，近日再翻资料，称它飞虱才正确而恰切。它那么小，约 4 毫米长的样子，以吸食叶汁为生，那片雨久花叶的尖尖已被它吸得锈枯了。它灰蓝色的体表有蜡状粉被，正面形象拍不到，它这侧影正好，高蹈孤清，尽管是小不点儿，也有隔着一点距离的清楚容色，再微距解构它，一定不美。

2015_10_2

· 在嵩明的一农家乐鱼池畔拍到它，最原始的有翅昆虫之一，成虫生命短至仅仅人类的一天，它就是朝生暮死的蜉蝣。《诗经》里写它“蜉蝣之羽，衣裳楚楚”。衣裳楚楚的它起源于石炭纪，在地球上生存两亿年了。好奇怪的，我常出没于滇池湿地那样的环境，从来没遇见它。虫友告诉我，在距离水边 10 ~ 30 米范围找，一定能找到。一般都在树或者叶子下面。看纪录片，看到美国的蜉蝣漫天遍野，死后像树叶聚成堆。水好环境好的地方，蜉蝣才多见。

2015_10_3

· 亲眼看见一场打斗，双方不分胜负。一只有蓝色翅膀的寄生蝇悄悄地接近一只长约 20 毫米的缘蝽（事毕看图，我猜这只缘蝽裸露尾部是在求偶），忽然发起进攻……多次见过食虫虻生猛的捕猎行径，我想这只缘蝽是没命了。两者撕扯了十多秒后，势均力敌，蓝翅寄生蝇，从缘蝽身上飞离，一边歇起，相安无事了。

2015_10_4

· 食虫虻，停歇在一秃枝头，拍时，它忽地飞走了。我的目光追随它到两米多外，见它停下又跟过去拍，却发现它已捕捉到一猎物。猎物感觉像是一只蛉，从蛛网上抢来的？猎物有宽的膜翅。奇的是它没有就地消化享受那猎物，而是捉了它又飞回原先停歇的秃枝头。把猎物牢牢按在那儿后开始品尝……食虫虻的眼力极好，鹰隼般。这次它应该是充当了强盗角色，夺了蜘蛛的美食。

2015_10_5

· 如今是“作秀客”的“骚年”，骚年骚客多，来，看看金龟子里的骚客！这三位是金龟子里的骚金龟——那方扁头，那鳃状角，那身形！枣红色的这只，腿节胫节粗短；另两只艳绿闪金属光泽的，有细长脚，可是它俩也大有差别，后一只的腿节是金色的！金光闪眼！骚，“马叉虫”也，各有各的骚！大陆叫它们花金龟，台湾叫骚金龟。某天外出散步，路上一雨水洼边上，见到艳绿硕大的第一只骚金龟，它没收拾折叠好的膜翅湿了，一动不动地伏着。捡一小枝去拨它，它竟一下子六足紧紧抱住小枝不放，我拎着它回到家。用尺子量它，它身长足有 33 毫米。剥了荔枝给它，后放它在一株海棠枯枝上，它摆出各种姿态。后去忙别的事，再回家便不见它，飞了吧……金龟子最好看的是飞。白天阳光灿烂之时，是它们嗡嗡飞翔的时刻。听见过一次，如小飞机呼啸而过，金绿之光闪烁！

2015_10_6

· 这段时间是竹节虫“频频”出现的日子。因为我接连两天在不同区域发现它，总共见到三只，还听一个朋友说她的花园里也有它的踪影。我发现的竹节虫都不在竹叶间，全都匍匐在阔叶植物的枝叶上，它对枝叶的高仿拟态令我击节。捉了一只在手上，依然觉得只是折断了的小树枝掉了一截在我手上。

2015_10_7

· 今天醒来，撩帘看天，云积西山头，有可能遇雨，上山还是睡懒觉？

· 上山！老天念我殷勤于是厚我，让我遇见之前没见过的龟甲。龟甲总销魂，有一只是金色龟甲，简直就是金子色啊，它不用金光闪我眼，我还发现不了它。

· 更高兴的是终于遇见一只大吉丁。不闪光或闪光情况下拍得这只 15 毫米左右身长的吉丁，隐约间，其灰褐交错色的鞘翅棱脊间有微弱的金属光泽闪烁，略带点古铜色。这只吉丁长相似是云南脊吉丁或日本脊吉丁，瞧它翅尾平钝之态及不显小盾片，更偏向认它为日本脊吉丁。然从体色看又像烟吉丁。

· “霭霭停云，蒙蒙时雨……安得促席，说彼平生。翩翩飞鸟，息我庭柯。”“采采荣木，结根于兹。晨耀其华，夕已丧之。人生若寄，憔悴有时。”——陶潜《停云》与《荣木》，哪句触心抄写哪句。愿做李商隐笔下的殷勤青鸟，飞在这山野间，只为探看虫虫们。

2015_10_10

· 它的体色抓住了我眼，乍看以为是只蜘蛛或是只胡蜂什么的。我先把一只异色瓢拍满意了才去观察它，定睛看——虎天牛！之前拍过榄绿虎天牛。它体长约 18 毫米，虎天牛都擅飞并活跃，而它停在此是要梳晒翅膀，它的后肢不时拨开它的鞘翅。查资料，有一标本图类似其纹饰，叫“四带虎天牛”！虫虫分类很难，它身上的纹饰与我查阅到的那只天牛标本图还是有所不同，但我想它们可能是同种，

金绿体色闪闪发亮的骚金龟

那牵牛花的叶片被龟甲们蚕食得千疮百孔

竹节虫

吉丁，大眼睛，触角很短

臭壳虫，又称琵琶甲，属拟步甲科。琵琶甲是种药用昆虫，被用于泡酒治风湿等病

四带虎天牛，此天牛仅见网上有标本图

仅是个体间的差异。如同非洲黑色人种与亚洲黄色人种的区别。生物学意义上种别区分以能否婚配生殖为检验标准，同时以其后代是否有繁育能力为参考！马与驴是近亲，可生育骡子，而骡子无生育能力，因此马与驴非同种。这类天牛只能碰运气见，它喜欢访花。

2015_10_11

· 病倒，住院。医生说你要多走走，我便来到医院附近的花鸟市场，看到臭壳虫。它们是即将被人买了去浸泡于酒里的命，此时是它们饱食腐烂果皮，与同类麇集一处的最后时光。它们腹部的腺体产生恶臭的分泌物，泡成药酒有用，可疗风湿肿痛等。小时见母亲从破砖烂瓦处捉这臭壳虫。在野外，拟步甲科的虫子不会如此麇集，蚜虫、蝽之若虫才会有这现象。十多天不接地气不能拍虫子真不好过，这时节本是拍秋虫的最好时光啊，花鸟市场拍到非野生境里的它们，聊胜于无。臭壳虫，又称琵琶甲，属拟步甲科。

2015_10_12

· 中野象蜡蝉！高耸朝天的长鼻子，翼翅之态保持蝉之根本特征，长鼻子让其得名“象”，作本种定语前缀。我怎么都不信它只有 6 毫米长，或许这只个体刚刚蜕化为成虫，还没长老熟，相比这只有颜有色的象蜡蝉，前些日子见过的长袖蜡蝉气质过于素雅了，而从前拍到的疑似象蜡蝉现在来看应是菱飞虱。它吸食汁液维生，口器就在头部尖端，如果体型太大，想想也还真不好吸呢。

2015_10_14

· 此为黑额光叶甲，拍于 8 月中旬，但在此前的 5 月也拍过，其停歇处殊为不同，有蕨有黑荆树有菊类，若停栖的植物不同，意味着其食性广泛不挑嘴，那它的生存适应力强。

2015_10_15

· 这个穿“提花”毛衣的小东西是谁？起初我猜它是只小蝉。什么蝉呢？它这么小，约4毫米长，就算它用鸣器高声歌唱，我这人类的耳朵多半也当它是缄默噤声的。疑惑了一个多月，今天打量它，见大复眼、渐尖尾、小盾片、鞘翅才顿悟，它是鞘翅目的弓胫吉丁。我第二次拍到吉丁，在资料上没有见同样纹饰的，资料上有的纹饰没有我拍到的这只漂亮。昨天把一只石蛾误判为蝉，后自我质疑，幸好及时纠正，否则传讹。很小的虫，不注意会以为是鸟粪。我一直渴望遇见一只色彩斑斓金光闪闪的大吉丁！遇见这个小不点，拍到它的飞，目送其一米远，它便隐于繁杂背景，但总算见一次这个鞘翅目小东西苍蝇般爹开翅的一瞬！

2015_10_17

· 红胸的三节叶蜂，膜翅目。红胸毛蚋，双翅目。认虫难，若让我命名它们，我统称为“红背锅虫”，哈！写过红胸毛蚋，一老人家特地告诉我它叫“倮倮婆”。后才明白，在云南，少数民族被叫为“倮倮”（非尊称，少数民族同胞不喜欢这称呼），红与黑是他们衣色的两种主色。你说它们谁拟态谁呢？我猜想，弱者拟强者以壮威风，强者拟弱者以隐藏险恶。观察过拟蜂蝇，连行为都拟了，比如空中悬停等，模拟的机制是什么？我现又想：是否进化过程中同祖的它们朝着不同的方向各自进化，大家谁也没模拟谁；另一种情况也存在，比如各物种出现趋同进化。

2015_10_21

· 昨儿毛毛雨中，沿滇池畔西山龙门村千步岩上山，路上有不少收获。植食性瓢甲啃食叶片的痕迹好有秩序。构树叶上的螽斯似排出了个什么阵式。一对黛眼蝶停在构树干上。红蛛（螨）只有2毫米长。

中野象蜡蝉

弓胫吉丁像穿着提花毛衣

黑额光叶甲

红胸的三节叶蜂

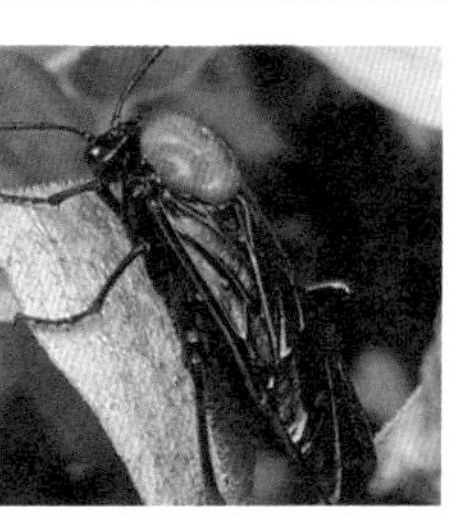

红蛛（螨），只有2 毫米长

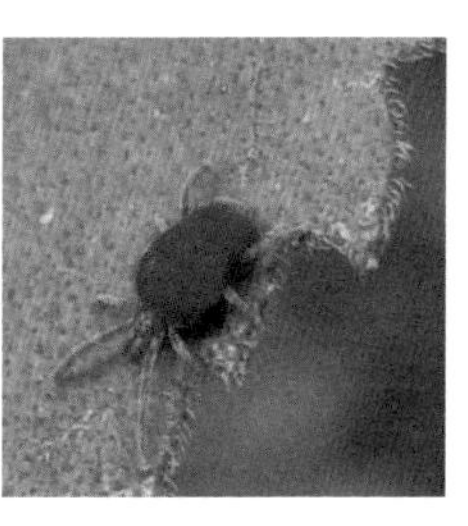

玉带黛眼蝶停在构树树干上

螽斯

某寄生蝇，它的体积是常见丽蝇的两倍，浑身长毛，胸腹皆闪着耀眼的金绿色光

这只树蜂凭一根插进树皮的产卵器就挂住了自己？这个力道！

黑翠萤叶甲

2015_10_30

· 黑翠萤叶甲，6 ~ 7 毫米长。傍晚温柔的光线里看见它鞘翅荧绿又暗沉的光泽，暴露它的是其上半身之黑。因它胸背部、头部的长相及其几乎与身子等长的触角，我疑它为某种小型天牛或拟天牛。在天牛科那儿不见其踪影，发图请教“牛人”，才往萤叶甲上查。资料显示在 1969 年它方被命名，它另两个亲戚在 2003 年才被命名。黑翠萤叶甲成虫存活期很短，而它们成长的过程却非常之长。喜欢它鞘翅的颜色，这个秋冬要努力觅一条正宗纯粹的绿色围巾，拿它做比色标准。

2015_11_2

· 在一山道上看见闪着绿色金光的它时，它硕大（长约20毫米）的身形和体色让我以为它是丽金龟，俯身才发现它是只蝇。它浑身的刺毛和分开长的复眼明显不是丽蝇的范儿，体大，却也不同于蓝寄生蝇。它是谁？见其身上多毛，初判它也属寄生蝇科。蝇类太多，它们是大自然的清道夫。它们以一个无比强势的繁殖率，对抗数值巨大的死亡率，以保存种群的延续。大熊猫是个反例，它们食物面窄，活动区域有限，但更要命的是其繁殖率太低，它们濒危也与此相关。

2015_11_3

· 今天探案。那天散步时突然见一雌性树蜂倒挂于一老柳上，已亡。绕着它上下左右拍了几十张各细部的照片。它身子完整，未见任何残损，全身只有尾部长长的针状物接触柳树，什么力支撑了这只大树蜂不坠落？细究，似乎是它的产卵器牢牢地扎进了柳树皮！

· 著名作家冯骥才先生的随笔《捅马蜂窝》被收入初中语文课本。这篇随笔记述了他小时候的经历，说马蜂（民间称胡蜂为马蜂）蜇人后即死，一爱好昆虫学的初一男生指出其谬误，说马蜂与蜜蜂不同，它尾部的长针可反复使用而不致其亡，而蜜蜂的螯针蜇人后会连带拔出其内脏导致其亡。那这只树蜂的死亡真相是什么？反复看照片，我想象着还原了一个案发现场：事发时可能有一天牛趴伏于此，树蜂对天牛发起攻击。天牛没那么弱，它有厚硬的鞘翅保护自己，它挥动它的触角稍一抵抗，这只树蜂便乱了分寸，慌乱间亮剑，亮其长针刺蜇天牛。天牛避让且能飞，这蜂的尾部针狠狠扎入柳树皮，拔不出，于是它曝晒在烈日下，反丢了卿卿性命。

· 真相是什么？旁人只能猜测推理了。人间虫界不明真相的事多了去，不一定最终全能揭秘，也许真相一直隐于黑暗。分析猜测是免不了的，大胆猜测也许有助于揭示。

虫洞之间等距，切割下的叶片被虫吃了?

我爱察看虫迹，你看虫爹妈还为它们宝宝的育婴室打了好些支撑桩，让它更牢固

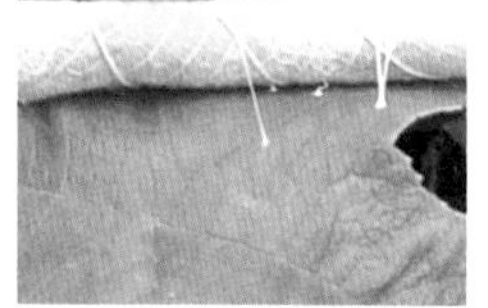

虫宝宝把父母为其卷裹的这个构树叶吃空时，它们也就长大了

一只剑角蝗的若虫，才长出翅芽，像片嫩叶隐于一片绿色中

蓝象甲

深秋，这只小蝗的体色跟周边环境一样“枯败”

悬停在空中的红蜻蜓

· 我这是在自以为是地说什么呢？其实，人家是一只雌树蜂，产完所有的卵然后逝去，此正是其鞠躬尽瘁之生命最后一瞬间，多么荒诞，人类就爱从自己的角度揣测其他生命。

· 我看着这只树蜂，现在佩服的是，那么细细的一根产卵针只插进树皮一点点，那力道竟然支撑起它这么大的一个身体！武功高强的人玩二指禅，它这是玩一针禅？

2015_11_5

· 叶片上的虫迹是虫恣意而行的结果，还是遵循着某种规律？费我思量难识其本意，然笃信其中有奥秘！果真，世间有切叶蜂，常在枯树上蛀孔营巢，将植物叶片切成整齐的小块置于蛀孔中，用小叶片隔成小室，然后存储食物——花粉花蜜，以供其后代成长发育之需。这个有责任有担当的好父母，至今我还没拍到，只四处见它劳作后的痕迹。我注意到切叶蜂选取的建材多是单子叶植物（比如芭蕉、茅竹等）的叶片，想一想，它太懂建材的特质了，因为单子叶植物叶片纤维素含量高，不易腐烂。

· 在那个借构树叶子卷裹弄成的育婴室里，幼虫不愁吃喝地长大，包裹它们的叶肉就是它们的美食，吃完了长大了，育婴室也空了。父母此前还为使这育婴室更牢固又打了好些支撑桩！它们不仅是爱孩子的父母，显然还是了不起的建筑师。

2015_11_8

· 秋天，拍到的这只蝗自身黄灿灿的，生境也充满秋色。它拥抱着这禾本科植物的穗，眼睛里流露出满足。它还稚嫩，翅芽才长出，等双翅长到老熟，草干枯，那时它会在枯草中隐蔽自身。

2015_11_10

· 从前，“红蜻蜓”是个皮鞋品牌，还是文艺青年诗行里轻飘的小浪漫。

我闲坐石桌旁，看一只红蜻蜓像直升机般悬停起落，光溜溜的石桌上有它迷恋的什么？晴天蜻蜓不飞时，爱停在枝梢或砖石上平展晾翅，它应是喜欢光和热辐射的。雨或霜露中，它便抱茎敛翅，不想翼翅再承重。

2015_11_11

· 上周拍得粉蓝底被白色纤毛的象甲，它趴伏在一株三棵针上。隔了一周再去访，未见。象甲里有一种大家都很熟悉的，那就是米象，吃米人家存放大米的缸里常见它。它个体非常细小，微距拍摄后其“长鼻子”昭然可见。

2015_11_12

· 拍一茧蜂时，发现了它。茧蜂敏感飞了，旁边叶片上停着它。一开始以为它是蜂类，却发现其触角很长，天牛？这季节还有天牛？微距看，十之八九是天牛！也太细小了！ 15毫米长，3 ~ 4毫米宽，其触角长接近体长3倍。咨询天牛专家，判它是锐顶天牛属，查台湾“嘎嘎昆虫图鉴”，感觉为瘦天牛类。台湾虫友 Barnett_H 直接来告诉我：这是斜带长角天牛。

2015_11_13

· 最近拍到的蛾子，以人的审美眼光看都不美。伍尔夫笔下的那只飞蛾注定无法突围属于它的舞台，如作家自己的人生结局。多数蛾子的长相都诡异奇幻丑陋，而周末夜游时拍下的这俩蛾子，皆美得干净清爽……八点灰灯蛾、草螟蛾、绿翅蛾。

2015_11_14

· 它们出现在上山途中的石坎上，遇过两次，都仿佛突然从石缝里钻出来似的。身长30毫米左右，细看六足已明显，触须也有了点，头部很小。是什么甲虫的青涩时代？曾在春天认真观察过瓢虫成长的

灯杆上每晚来得最多的是草螟科的各色野螟

粉蝶灯蛾

八点灰灯蛾

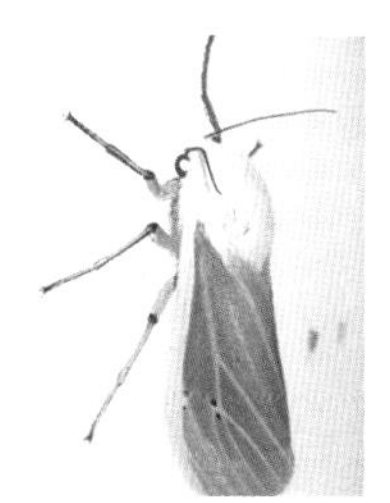

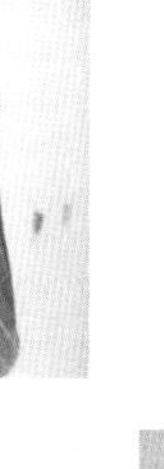

斜带长角天牛

绿翅蛾

萤火虫幼虫

白霜染上它透明的翼翅

山蚁

这只瓢虫的体表全是露珠儿

各阶段，其幼虫化蛹后，身长大大缩短，因而推测此虫之成年也将锻炼出缩身功！它是小时候的萤火虫。

2015_11_15

· 刚入船帆河畔的楠木小径漫步，便来了场过路雨。那朵水渣渣的积雨云水分一挤干就走了。没带伞也没事，于一株树冠密实的树下，看雨点河面跳舞，闻地皮打湿冒起的土腥味。然后见裙边艾蒿枝叶间这一对蒿金叶甲的风雨浓情。想起日本电影《生死恋》中夏子的恋人脱衣为其遮雨的镜头。别以为它们非一对，不能用它们体色体量大小的不同想当然，它们此刻也没交尾，它们就是厮守在一起，雌虫大腹便便要生产了。那场过路雨下了不到一分钟就走了。忽然，高处树叶上一大滴先前积的水滴打落了雄虫……

2015_11_18

· 露凝草茎，霜莹蜻翅。初冬的早晨，枯索的郊野。阳光照拂山坡，结霜的草地上竟有更莹莹的一处闪烁。蜻蜓！白霜染它透明的翼翅，镶了碎钻般地耀眼。可爱的精灵，它僵冻成枯草的胸针了吗？镜头无限趋近它时，它的两对翼忽变换了晾晒的角度。它活着！它是彻夜抱茎而眠的吧？阳光蒸干翅上霜露，它还会飞……

2015_11_19

· 细脚伶仃的山蚁，于黄昏的光影中踮着脚尖，在狗尾巴草的纤细芒刺间跳高难度的舞蹈，也或者说是它独自走秀给我看。它上上下下，扭动着腰肢，膝状触角时而高高举起，探寻未知前路。我看得入迷时，想它沿着草茎从低处独自攀爬上来，而这里没有食物没有同伴，它只能是误入迷途的高蹈者。大部分时候，独自行动的它是拓荒者。拓荒者，活动的边界总是未知和太边远，独步天涯自然总是孤独。往下遐想，它成为蚂蚁拓荒者勇士的条件大概有：1. 要活着回去；2. 留下痕迹；3. 发现有好东西。蚂蚁会不会“感到”孤独，其实很难知道，但回到其社群的本性是一直存在的，所以当闯荡够了的时候，总是会设法回去，除非嗅迹被各种情况给清除或改变了，不然回去的概率很高。

· 蚁族之仪，百看不厌。蚁族是辛勤劳作一族，拍它们，看其碌碌常也搞得我这个跟拍者心慌慌手颤颤。人类引“蚁族”二字比喻社会底层人群、弱势群体麇集之状，我深以为然，而面对真正的蚁族，我总被其团结协作以及牧蚜取蜜的聪明之举折服……

2015_11_20

· 在同一片霜染的荒草地的枯茎上看见蜻蜓，在鬼针草间看见瓢虫后，又见一黄粉蝶停歇于紫茎泽兰的叶片上，霜露凝僵了它们的翅。在昆明，凝成冰晶的霜难见，多是露。午餐后于云南民族大学校园漫步。眼尖的我还是一眼看见它，赫然在目。它怎么了？外翅受了伤？我蹲下去，尝试着轻轻地碰了碰它！这只看起来生命正值盛年的螳好像都撑不起身体来了，那对大刀臂压根儿显不出它的威武和杀气来。受了刺激，它挣扎着把所有翅膀洗牌般"唰"地抹开！却根本无力起飞。担心它就这样子被路人一脚踩死，死得难看，我轻轻拈起它的翅膀放它于路边干草窠窠里。

2015_11_24

· 休年假，来到普洱的自然怀抱，白天最高温 25 摄氏度，海拔又比昆明低了 500 米左右。我想这个地方的气候是永远的"春夏秋"，虫虫会拍得很多很多，却非如想象，迄今只拍得蓑蛾几个。今天由诗人马丽芳带领去小黑江边寻虫，但愿收获多多。

· 从乡村公路的偏坡上，穿过绊腿的灌丛荆棘，到小黑江的沙石浅滩上，一眼便看见它在一块河滩石上快速飞行的身影，它是绿翅缘有三个小白斑的虎甲！目测其身长有 10 毫米左右，行动敏捷，令拍摄艰难。细察，这里有一个不小的虎甲群落，人类的午餐时间于它们却是生命中的欢乐时光，它不算漂亮，长相朴素。云南虎甲那个种才漂亮！没拍好，看见它便手抖心跳，而它又敏感，唉！

2015_11_25

· 两种生境里拍到它，先当它是蝇，后当它是蜂，再后是大蚊，就没想过它是别种，尽管昆虫分类到目到科便不错了，可我总想把拍到的虫虫都定义到种，便死钻牛角尖。放大镜下用眼扫描两遍图鉴，又反复回忆在两座生境差异很大的山中遇见它时的情形，终于盯着

这只临终前的螳螂虽然已歪着身体要倒地了，它还是挣扎着打开了翅

普洱小黑江边沙滩上的虎甲

刚刚从江石下面找到的齿蛉幼虫

褐蛉，脉翅目

蝎蛉

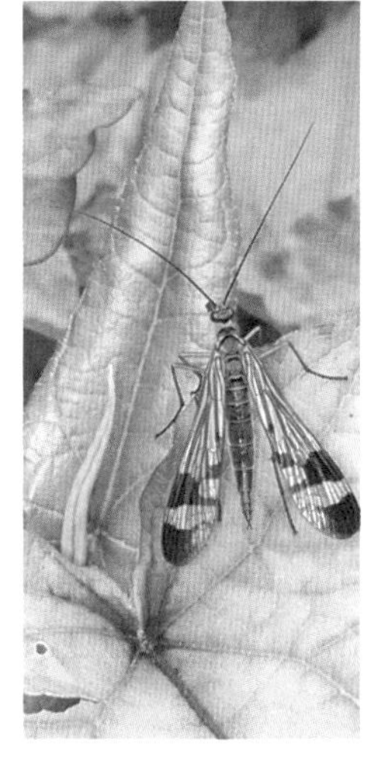

草蛉

它的翅膀想到蛉。一切迎刃而解，长翅目的蝎蛉！它平时很活跃，拍它时是下午阳光最热辣的时候，它还算安静。瞧见没，那长长的头喙部！那像蝎子一样向上卷曲的尾部！卷尾之态正是它得此名之缘起。半透明外膜翅上有黑斑及色带，约 20 毫米长。蝎蛉少见，其重要性在其与双翅目及鳞翅目皆有遗传上的亲缘关系，是一种古老的昆虫。

· 我还拍过脉翅目里的草蛉、褐蛉。曾见有人拍到一只蛇蛉，据说全国不超过 20 人见过它，后来我见某博客上一昆虫爱好者不断拍到此蛇蛉。东西南北中各自在一方，某些地罕见的，在另地却常见。

· 在普洱小黑江畔拍虫时见一当地人手提小桶，不时翻开江边滩石寻找什么，走近，见小半桶蠕动着的大虫，每条皆有我大拇指那么长（约 60 毫米），问当地人叫它啥？找它何用？答曰：“虾蟆！好食！”据说虾蟆是当地人的一种美食，时价 60 元一斤！回来查资料，知其是广翅目齿蛉的幼虫！但愿它不因此在人口下灭绝。微博上一放，有好虫者跟帖：人类的这种采集对种群数量几乎没有影响，然而水质污染、栖息地减少会直接给它们带来毁灭性的打击。也许跟帖者是食虫爱好者。

2015_11_26

· 宽阔漂亮的膜翅收拢时，交叠处呈幻彩的菱形网格，整体膜翅部分呈灯泡形，晃眼看以为是蛉的大膜翅。但见其蝇形大复眼，跗节上密布的野性钢毛，及露出于膜翅外的尾节之态，又认其为某种食虫虻。对不认识的虫，我会先给它起个我认可的名儿，我叫它灯泡虻……

2015_11_27

· 普洱拍虫行，小黑江畔拍得最爽，一下子拍到珍稀的疣蝽、菲缘蝽以及颈红蝽，等等。颈红蝽颈部明显，属红蝽科，观全身三分之二为红色，三分之一为黄及黑色，因此体色人禁不住便往番茄炒鸡蛋

菲缘蝽

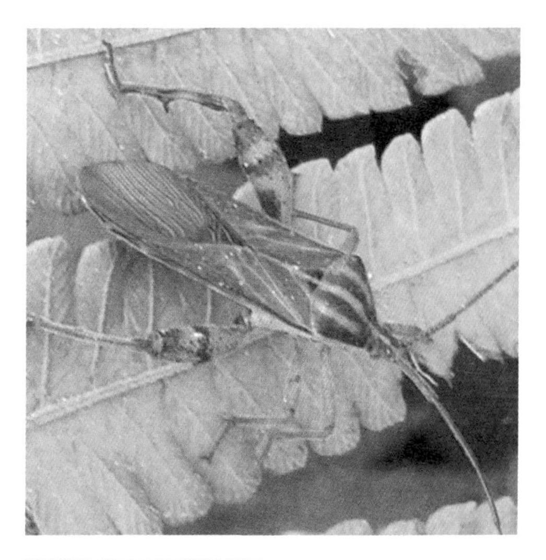

颈红蝽

某种虻，其膜翅合拢似灯泡，我称它“灯泡虻”

上想。菲缘蝽的体色让人想到新疆维吾尔族大叔的条纹大氅，接着想到一种用烙铁在木头上作的炭烧画。菲缘蝽，后腿节粗大，不知其名为何以“菲”为前缀，“菲”有微薄之意，叠用“菲菲”是指香气。看到同一生境的地桃花果实上卧蝽类若虫，观其翅芽颜色，断

网面直径目测有80厘米

我见过的最大的一面蛛网，在秋天的清晨，上面凝着小露珠，是棒络新妇的杰作

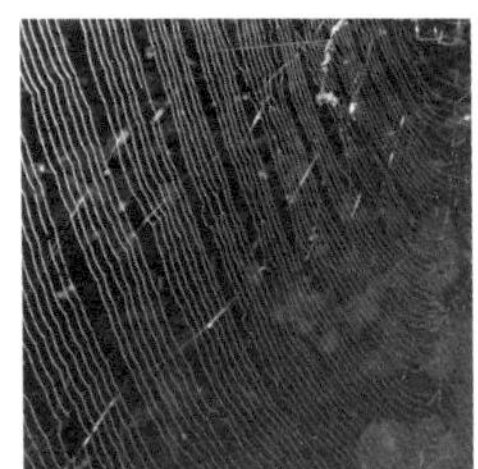
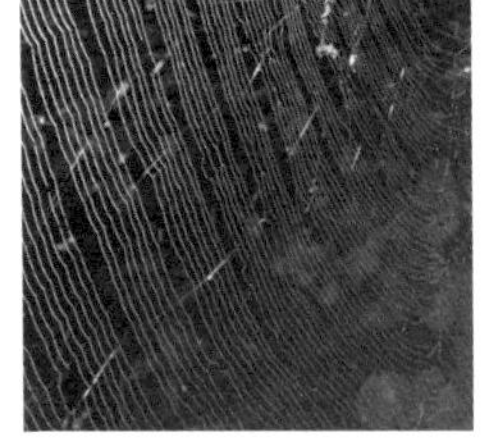

同缘蝽，它的学名是版纳同缘蝽，我称它“白眉大侠”

显脉同缘蝽

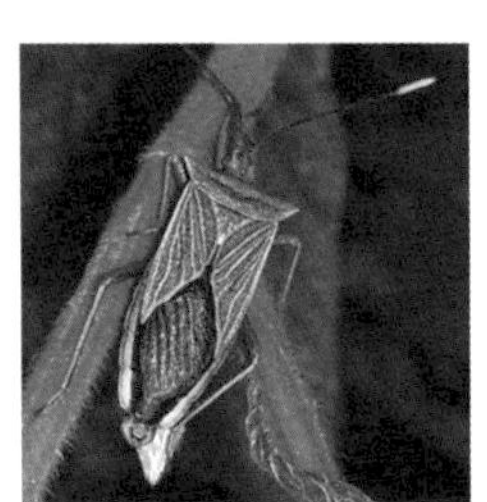

豹纹猫蛛

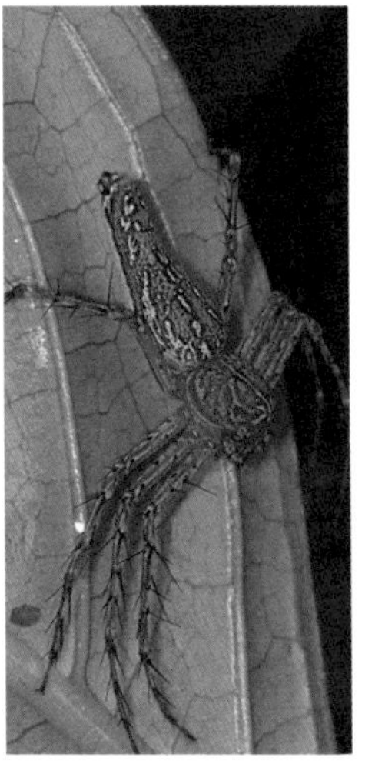

条纹猫蛛

它为菲缘蝽若虫！台湾虫友 Barnett_H 跟我讨论起它来。他说：瞎猜一下，菲缘蝽的拉丁学名为 *Physomerus grossipes*，会不会是根据属名 ph 开头的发音，音译的菲啊，参见 Philips 的音译飞利浦。我说：种加词 grossip 也很有意思，似乎有谣言谗言的意思，你说的种加词在英文里是“长舌妇”之意！另有专家跟帖：grossipes 由拉丁语 grossus（粗大的）和 pes（足）构成，是标准的名词性形容词。是的，其腿是粗大！

2015_12_1

· 冬之晨，山林中逆光撞见一大面蛛网，拍到它完整的形状，这得益于寒夜空气中的湿气在蛛网上凝结成晶莹的小露珠儿，网的直径目测有 80 厘米，逆着光，露珠闪烁着七彩光炫我目。凑近观，是棒络新妇的杰作！

2015_12_2

· 又是一只我不认识的蝽，我又亲自命名它为“白眉大侠”。想起来了吗？单田芳先生的评书讲过“白眉大侠”的故事！还有一只，有干草色翅脉，也不知它姓甚名谁，前后两种都是缘蝽无疑！自媒体上一贴出，蝽族昆虫控回复：版纳同缘蝽和显脉同缘蝽。

2015_12_3

· 对蛛形纲实在不熟悉，今天终于把在普洱拍到的蛛归为猫蛛科豹纹猫蛛，以为它是我拍到的第一只猫蛛，回翻图库时想起初夏时曾拍过一只猫蛛——条纹猫蛛。猫蛛，不结网却是凶猛捕食的高手！眼睛堆聚额头高处，眼力很好，八只脚被刺状毛，前六只脚向前随时呈抱扑状，腹部向后渐尖，足细长。不用网的捕猎高手还有蟹蛛，且是以极“友好的拥抱”姿势扼杀它者！想到林志玲“爱的抱抱”的抱抱，这可是“会饱的抱抱”啊！

· 虫界食物链大虫食小虫，小虫食小小虫，此链不存，草木会长得更好？也许你会说，无虫害了呀！不！草木无虫媒传粉估计全死光光！物种须多样性存在，这世界一个都不能少！

2015_12_4

· 胆小者慎入！万物萧索的冬天，偶然间分辨出干枯树枝间的它是活物时，还是吓了一跳。当我被吓着时，我要出的绝招就是瞧清望准它，正如看见“鬼”。曾被暗处一飘动之影吓坏，天亮后看清那是衣衫时，惊悚无依的心方释然。近距微观，我只想这个老家伙是谁呀？拟态树皮本领不错！有毒吗？我是无知者无畏！台湾虫友告诉我，它是毒蛾科的！网上“刨”了下毒蛾科，认同它是该科的小东西，具体种未知。很多虫虫外形类似色不同。

2015_12_5

· 这几张图特专递给时尚界人士，应该对潮流发型师、对爱染头发的潮人都有所启发，可参考设计发色的挑染层次！除此以外，对时装色彩的搭配及纹饰设计也有重要参照意义。定睛一看，越看越美！

· 说实话，我曾经也很怕毛毛虫。大学时，有次外出采集植物标本，山道上，忽看见旁逸斜出的树枝上爬满了毛毛虫，不敢打树下经过，怕它们掉我衣领里，宁绕很远的路。多年前昆明的悬铃木遭虫灾，一种俗称吊死鬼的小毛毛虫悬丝晃荡。我曾月夜撑伞行，不防雨不防晒，防的是树上挂下来的小毛毛虫！不怕毛毛虫的朋友仔细看图，那么多黏结在一起的毛毛虫只靠一两只附着在那草叶上，而那力道竟然可以让这么一大团的虫虫缀在那儿不掉落，而它们还各自在蠕动。毛毛虫的能耐让我惊讶不已！我一直是皮肤极易过敏者，从前看见毛毛虫浑身就痒，现在好多了，逼近观察也没事。人怕鬼，是鬼的形象如影子一样模糊，定睛看清楚了可能就不怕了。

某种毒蛾幼虫

此毛毛虫的“发色”可给发型师启发

毛毛虫组图

双峰疣蝽珍稀少见

装死的土甲

2015_12_6

· 年末天寒，外出也基本拍不到虫，于是在家里按图索骥。曾有过误认黑翠萤叶甲为天牛的经历，失了信心，有时便不那么自信，对这个未知者忽然有了联想，依它这"赖鼓鼓"的长相，直觉它属疣蝽。我想起 11 月在普洱小黑江边遇见的珍贵的双峰疣蝽来，顺着疣蝽这个路径一查，果然，很快得知其叫双疣枝蝽！难题挂一挂，机缘巧合时就迎刃而解了！你看它像背了个大铁锚！

· 须知双峰疣蝽这家伙是颇珍稀的，这个不漂亮的小家伙不期而至。仔细看，很稀奇的是它前右足胫节与前左足胫节不对称，右足是空谷壳式的胫节。

· 生得丑陋者现身世界多不易，像是虫界的癞蛤蟆。人怕虫，怕见其密集、多足、蠕动、蜿蜒爬行、长相狰狞、毛刺、鼓包瘤突、隐匿、刺目的警戒色、叮咬或噬啮，等等。人多难以克服恐惧心理，然而学着盯着它们看，会看出奇妙来。看花是种世界观，看虫也是。

2015_12_17

· 冬日里，遇晴日，我爱来滇池湿地公园里漫步。走了一段路，在一木椅上坐下来，背对冬阳，很舒服。忽看见地上有动静，一虫在跑。这时节还有虫子在活动？我仔细观察，不知它是谁。我确信直感很重要，但也常会偏执地深陷盲区。判断它属何种虫时我两眼一抹黑，只好用排除法，排除完了，便想它可能是何种，看它胸背下缘侧角及它装死后苏醒挣扎的样子，疑惑地想它是不是叩甲。后又否定，叩甲的腹尾部一般是渐尖的且应该整体长形……百思不得其解时还是去查阅叩甲图鉴，见"铁锈叩甲"与其似，它予我的感觉确有铁的感觉，它装死时仰躺着，就像是一铸铁质地的物件，而翻过身来它的胸背部就像是一块锈铁的盖板——无论是颜色还是质地。在自媒体上一发布，高人来告诉我，那是拟步甲科土甲族的虫虫。

· 人间有英雄梦的八成都想当孤胆英雄吧？榜样有景阳冈打虎的武松，有 007 系列里的王牌间谍邦德。蚁界的它太想当孤胆英雄了，它在路上发现了这只土甲，土甲已死或者装死。蚂蚁尽管力气大，却搬不动这土甲，它离开了，走出两步又折头，它显然不想去叫同伴帮忙，我猜它想荣归！这只蚂蚁也许想像海明威《老人与海》里那位拖着大鱼骨架凯旋的圣地亚哥老人一样。

2016年拍拍拍拍拍虫拍拍拍拍拍拍拍拍拍拍拍拍拍拍虫拍拍拍拍拍拍拍拍拍拍拍拍拍虫
拍拍拍拍拍拍拍拍拍拍拍拍拍拍拍拍拍拍虫拍拍拍拍拍拍拍拍拍拍拍拍拍拍拍拍拍拍拍
拍拍拍拍拍拍拍拍拍拍拍拍拍拍拍拍拍拍拍拍拍拍拍拍拍拍拍拍拍拍拍拍拍拍拍拍拍拍
拍虫拍拍拍拍拍虫拍拍拍拍拍拍拍拍拍拍拍拍拍拍拍拍拍拍拍拍拍拍拍拍拍拍拍拍拍拍
拍拍拍拍拍虫拍拍拍拍拍拍拍拍拍拍虫拍拍拍拍拍拍拍虫拍拍拍拍拍拍拍拍拍拍拍拍拍
拍拍拍拍拍拍拍拍拍拍拍拍拍拍拍拍拍拍拍拍拍拍拍拍拍拍拍拍拍虫拍拍拍拍拍拍拍拍
拍拍拍虫拍拍拍拍拍拍拍拍拍拍拍虫拍拍拍拍拍拍拍拍拍拍拍拍拍拍拍拍拍拍拍拍拍虫
拍拍拍拍拍拍拍拍拍拍拍拍拍拍拍拍拍拍拍拍拍拍拍拍拍拍拍拍拍拍拍拍拍拍拍拍拍拍
拍拍拍拍拍拍拍拍拍拍拍拍拍拍拍拍拍拍拍拍拍拍拍拍拍拍拍拍拍拍拍拍拍拍拍拍拍拍
拍拍拍拍拍拍拍拍拍拍拍拍拍拍拍拍拍虫拍拍拍拍拍拍拍拍拍拍虫拍拍拍拍拍拍拍拍拍
拍拍拍拍拍拍拍拍拍拍拍拍拍拍拍拍拍拍拍拍拍拍拍拍拍拍拍拍拍拍拍拍拍拍虫虫虫拍
拍拍拍拍拍拍拍拍拍拍拍拍拍拍拍拍拍拍拍拍拍拍拍拍拍拍拍拍虫拍拍拍拍拍拍拍拍拍
拍拍拍拍拍拍拍拍拍拍拍拍拍拍拍拍拍拍拍拍拍拍虫拍拍拍拍拍拍拍拍拍拍拍拍拍拍拍
拍拍拍拍拍拍拍拍拍拍拍虫拍拍拍拍拍拍拍拍拍拍拍拍拍拍拍拍拍拍拍拍拍拍拍拍拍拍
拍拍拍拍拍拍拍拍拍拍拍拍拍拍拍拍拍虫拍拍拍拍拍拍拍拍拍虫拍拍拍拍拍拍拍拍拍拍
拍拍拍拍拍拍拍拍拍拍拍拍拍拍拍拍拍拍拍拍拍拍拍拍拍拍拍拍拍拍拍拍拍拍拍拍拍拍
拍拍拍拍拍拍拍拍拍拍拍拍拍拍拍拍拍拍拍拍拍拍拍拍拍拍拍拍拍拍拍拍拍拍拍拍拍拍
拍拍拍拍拍拍拍拍拍拍拍拍拍拍拍拍拍拍拍拍拍拍拍拍拍拍拍拍拍拍拍拍拍拍拍拍拍虫
虫拍拍拍拍拍拍拍拍拍拍拍拍拍拍拍拍拍拍拍拍拍拍拍拍拍拍拍拍虫拍拍拍拍拍拍拍拍
拍拍拍拍拍拍拍拍虫虫拍拍拍拍拍拍拍拍拍拍拍拍拍拍拍拍拍拍拍拍拍拍拍拍拍拍拍拍
拍拍拍拍拍拍拍拍拍拍拍拍拍拍拍拍拍拍拍拍拍拍拍拍拍拍拍拍拍拍拍拍拍拍拍拍拍拍
拍拍拍拍拍拍拍拍拍拍拍拍拍拍拍拍拍拍拍拍拍拍拍拍拍拍拍拍拍拍拍拍拍拍拍拍拍拍
拍拍拍拍拍拍拍拍拍虫拍拍拍拍拍拍拍拍拍拍拍拍拍拍拍拍拍拍拍拍拍拍拍拍拍拍拍拍
拍拍拍拍拍拍拍拍拍拍拍拍拍拍拍拍拍拍拍拍拍虫拍拍拍拍拍拍拍拍拍拍拍拍拍拍拍拍
拍拍拍虫拍拍拍拍拍拍拍拍拍拍拍拍拍拍拍拍拍拍拍拍拍拍拍拍拍拍拍拍拍拍拍拍拍拍
拍拍拍拍拍拍拍拍拍拍拍拍拍拍拍拍拍虫拍拍拍虫拍拍拍拍拍拍拍拍拍拍拍拍拍拍拍拍
拍虫拍拍拍拍拍拍拍拍拍拍拍拍拍拍拍拍拍拍拍拍拍拍拍拍拍拍拍拍拍拍拍拍拍拍拍拍
拍拍拍拍拍拍拍拍拍拍拍拍拍拍拍拍拍拍拍拍拍拍拍拍拍拍拍拍虫拍拍拍拍拍拍拍拍拍
拍拍拍拍拍拍虫拍拍拍拍拍拍拍拍拍拍拍拍拍拍拍拍拍拍拍拍拍拍拍拍拍拍虫虫虫拍拍
拍拍拍拍拍拍拍拍拍拍拍拍拍拍拍拍拍拍拍拍拍拍拍拍拍拍拍拍拍拍拍拍拍拍拍拍拍拍
拍拍拍拍拍拍拍拍拍拍拍拍拍拍拍拍拍拍拍拍拍拍拍拍拍拍拍拍拍拍拍拍拍拍拍拍拍拍
拍虫拍拍拍拍虫拍拍拍拍拍拍拍拍拍拍拍拍拍拍拍拍拍拍拍拍拍拍拍拍拍拍拍拍拍拍拍
拍拍拍拍拍拍拍拍拍拍拍拍拍拍拍拍拍拍拍拍拍拍拍拍拍拍拍拍拍拍拍拍拍拍拍拍拍虫
拍拍拍拍拍拍拍拍拍拍拍拍拍拍拍拍拍拍拍拍拍拍拍拍拍拍拍拍拍拍拍拍拍拍拍拍拍拍
拍拍拍拍拍拍拍拍拍拍拍拍拍拍拍拍拍拍拍拍拍拍拍拍拍拍拍拍拍拍拍拍拍拍拍拍拍拍
拍拍拍拍拍拍拍拍拍拍拍拍拍拍拍拍拍拍拍拍拍拍拍拍拍拍拍拍拍拍拍拍拍拍拍拍拍拍
拍拍拍拍拍拍拍拍拍拍拍拍拍拍拍拍拍拍拍拍拍拍拍拍拍拍拍拍拍拍拍拍拍拍拍拍拍拍
拍拍拍拍拍拍拍拍拍拍拍拍拍拍虫拍拍拍拍拍拍拍拍拍拍拍拍拍拍拍拍拍拍拍拍拍拍拍
虫拍拍拍拍拍拍拍拍拍虫拍拍拍拍拍拍拍拍拍拍拍拍拍拍拍拍拍拍拍拍拍拍拍拍拍拍拍
拍拍拍拍拍拍拍拍拍拍拍拍拍拍拍拍拍拍拍拍拍拍拍拍拍拍拍拍拍拍拍拍拍拍拍拍拍拍
拍拍拍拍拍拍拍拍拍拍拍拍拍拍拍拍拍拍拍拍拍拍拍拍拍拍拍拍拍拍拍拍拍拍拍拍拍拍
拍拍拍拍拍拍拍拍拍拍拍拍拍拍拍拍拍拍拍拍拍拍拍拍拍拍拍拍拍拍拍拍拍拍拍拍拍拍
拍拍拍拍拍拍拍拍拍拍拍拍拍拍拍拍拍拍拍拍虫拍拍拍拍拍拍拍拍拍拍拍拍拍拍拍拍拍
拍拍拍拍拍拍拍拍拍拍拍拍拍拍拍拍拍拍拍拍拍拍拍拍拍拍拍虫拍拍拍拍拍拍拍拍拍拍
拍拍拍拍拍拍拍拍拍拍拍拍拍拍拍拍拍拍拍拍拍拍拍拍拍虫拍拍拍拍拍虫虫拍拍拍拍拍
拍拍虫拍拍拍拍拍拍拍拍拍拍拍拍拍虫拍拍拍拍拍拍拍拍拍拍拍拍拍拍拍拍拍拍拍拍拍
虫拍拍拍拍拍拍拍拍拍拍拍拍拍拍拍拍拍拍拍拍拍拍拍拍拍拍拍拍拍拍拍拍拍拍拍拍拍
拍拍拍拍拍拍拍拍拍拍拍拍拍拍拍拍拍拍拍拍拍拍拍拍拍拍拍拍拍拍拍拍拍拍拍拍拍虫
拍拍拍拍拍拍拍拍拍拍拍拍拍拍拍拍拍拍拍拍拍拍拍拍拍拍虫拍拍拍拍拍拍拍拍拍拍拍
拍拍拍拍拍拍拍拍拍拍拍拍拍拍拍拍拍拍拍拍拍拍拍拍拍拍拍拍拍拍拍拍拍拍拍拍拍拍
拍拍拍拍拍拍拍拍拍拍拍拍拍拍拍拍拍拍拍拍拍拍拍拍拍拍拍拍拍拍拍拍拍拍拍拍拍拍
拍拍拍拍拍拍拍拍拍拍拍拍拍拍拍拍拍拍拍拍拍拍拍拍拍拍拍拍拍拍拍拍拍拍拍拍拍拍
拍拍拍拍拍拍拍虫拍拍拍拍拍拍拍拍拍虫拍拍拍拍拍拍拍虫虫拍拍拍拍拍拍拍拍拍拍拍
拍拍拍拍拍拍虫虫拍拍拍拍拍拍拍拍拍拍拍拍拍拍拍拍拍拍拍拍拍拍拍拍拍拍拍拍拍拍
拍拍拍拍拍拍拍拍拍拍拍拍拍拍拍拍拍拍拍拍拍拍拍拍拍拍拍拍拍拍拍拍拍拍拍虫拍拍
拍拍拍拍拍拍拍拍拍拍拍拍拍拍虫虫虫虫拍拍虫拍拍拍拍拍拍拍拍拍拍拍拍拍拍拍拍拍
拍拍拍拍拍虫虫拍拍拍拍拍拍拍虫拍拍拍拍拍拍拍拍拍拍拍虫拍拍拍拍拍拍拍拍拍拍拍
拍拍拍拍拍拍拍拍拍拍拍拍拍虫拍拍拍拍拍拍拍拍拍拍拍拍拍拍拍拍拍拍拍拍拍拍拍拍
拍拍拍拍拍拍拍拍拍拍拍拍拍拍拍拍拍拍拍拍拍拍拍拍拍虫拍拍拍拍拍拍拍拍拍拍拍拍
拍拍虫拍拍拍虫拍拍拍拍拍拍拍拍拍拍拍拍拍拍拍拍拍拍拍拍拍拍拍拍拍拍拍拍拍拍虫
拍拍拍拍拍拍拍拍拍拍拍拍拍拍拍拍拍拍拍拍拍拍拍拍拍拍拍拍虫拍拍拍拍拍拍拍拍拍
拍拍拍拍拍拍拍拍拍拍拍虫拍拍拍拍拍拍拍拍拍拍拍拍拍拍拍拍拍拍拍拍拍拍拍拍拍拍
拍拍拍拍拍拍拍拍拍拍拍拍拍拍拍拍拍拍拍拍拍拍拍拍拍拍拍拍拍拍拍拍拍拍虫拍虫季

黄刺蛾的茧壳里常常会有寄生蜂出来

豆娘

螳螂的卵鞘

雄摇蚊

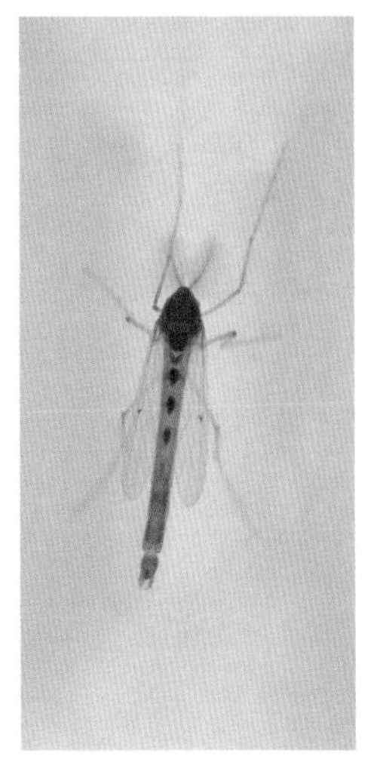

雌摇蚊

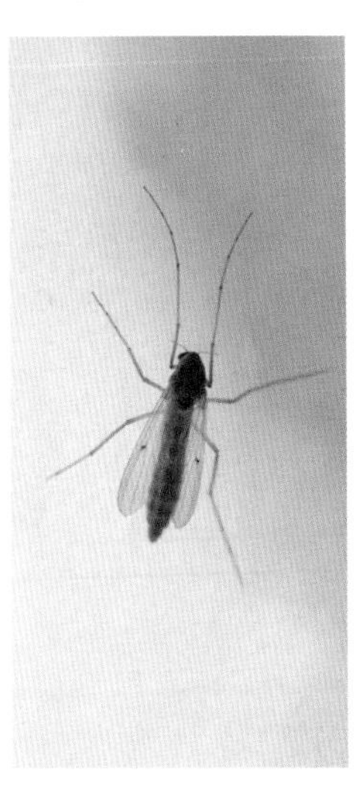

B

2016_3_4

· 明日惊蛰，春虫蠢蠢欲动。今儿是今年首次灯杆夜拍。摇蚊、大蚊较多，大蚊平衡棒明显可见。摇蚊的雄雌对比在触角上，羽毛状的是雄蚊。这鞘翅目的小瓢也有一只在爬着。日子过得快，真快啊！

2016_3_5

· 惊蛰日一早进山，对拍虫不抱太多希望，多半是观察记录生态。果真，整座山基本还干皮料草的，没拍得虫虫，但见些虫虫的卵壳，见螳螂卵鞘、黄翅蛾的茧壳以及一个树干上的几个小陶器似的东西。我还不曾研习过虫卵壳。昆明今冬下了两场雪，草木冻死不少，小叶榕的绿叶冻成酱棕色，难醒转过来。城里那种没几年的行道树小叶榕、樟树皆遭“斩首”“截肢”，灌丛红花檵木、假花连翘等受伤惨重。所以这个春天是山寒水瘦的，虫虫也不见太多动静。中医书里有用虫卵鞘当药用的说法，学中医的朋友告诉我螳螂的卵鞘叫螵蛸，用作一味药引子，说是利尿。

2016_3_16

· 下午五时半，船帆河入滇池草海河段岸边，有一片喜水凤仙花的小群落。现还不是开花季，茎叶已发成一片盈盈的绿。高处树木枝叶间筛下些光亮，我走过去时，见几只伏在叶片上的豆娘，没见一只飞的，全都呆头呆脑爬着，细察，翅脉还都不硬朗，才从水里爬上岸不久的小嫩家伙？今春还没啥子欣喜，从拍蚊子小蚜开始，山野里也还枯着。

2016_3_29

· 最常见的蚜虫给我最长久的疑惑，为何同种群有的有翅有的无翅？是性别之分？是成长的不同阶段？只察觉到，有翅蚜有了翅，活动空间大多了，晚间会在灯杆上独自玩；无翅蚜及其若虫只集体营生。而它们的繁殖据说是无性有性兼具，这是弱小者的超级天赋。蚜虫大多数是雌性的，进行无性生殖，但在环境变差时，会生出雄性，然后有性繁殖出部分有翅雌虫，甚至有一些种固定在夏天就会生出有翅雌虫。有翅无翅大致上与生活条件有关，生活条件不好时，就会设法生出有翅雌虫，以便离开这里寻找新的生活环境，找到适当环境后，就会进行无性生殖。蚜这种本事也是为了种群生命的延续，伟大的了不起的小蚜！有翅蚜是让种群生生不已的拓荒勇士！台湾虫友 Barnett_H 告诉我，蚜虫是集合了有性生殖 + 孤雌生殖 + 童体生殖 + 卵生 + 卵胎生 + 周期性循环的奇葩家族。蚜虫的繁殖策略是，既然我毫无战斗力又天敌众多，干脆我就超量繁殖，多到你吃不完我，我们的族群如是可以源源不断，生生不已！每种虫虫都不可小觑，谁没有生存秘诀？如若不这样，何以亿万年地活在这世上？

2016_3_30

· 一株老柳，皮皲裂，伤口泌出浓稠汁液。听见蜜蜂的动静，“嗡嗡”的，捷足先登者整个头部都浸在树汁里沉醉而忘我地吮吸，更有后来者飞来抢食。我盯着看了好一会儿，以人的角度揣摩：你们兀自开小差，离了蜂巢不采花蜜攒集花粉，是花蜜不如这树汁喝起来过瘾吗？另一株树上也有树皮创口，树液吸引来的是树创蝇。

2016_3_31

· 没见过这么漂亮的蜚蠊，它的胸背板及前翅边缘是透明的，我喜欢透明的翼翅，一眼就能看清它的身形，看得清的我就不怕，世间看不清的多鬼魅，让人生出隐忧不安。这一阵艾叶长高长肥，艾叶里藏虫多多，屈指一数，那天艾叶上有十来种虫虫，拍到的这只是姬蠊。它只是一种生命的不同形态，看清楚就不怕啦，反而觉得这是似曾相识的老朋友。

· 世间所有的虫虫，直接贴近人生活的家蠊家蝇，吸人血的蚊子臭虫

蚜虫中更多的是无翅蚜，
有翅蚜少

蜜蜂捷足先登，
整个头部都浸在树汁里
沉醉而忘我地吮吸

树液也吸引来了树创蝇

户外草木间的小蠊蛮可爱，
点都不讨厌

虱子，我都厌恶。人类是它们最大的天敌，所以它们伴随着人也进化出了非凡的生存技艺。那些在野，在草木间生息，丰富着世界生物多样性的虫虫我皆不惧不厌！

2016_4_1

· 这些小土陶罐似的壳里到底藏着谁？我远观近看上看下看，硬是猜不透，不耻下问当然是在愚人节不想继续愚下去的唯一解决方案。我总发岔地想，何时可以对周遭、对一棵树的生态做持续观察记录？这每隔一周的记录，变化已太大。那天我在一株杨树上发现了一群小“土陶罐”，拍得很清晰，查资料后终于获知它是刺蛾的茧壳，我没忍住好奇心，用登山杖敲开一茧壳，一看，里面的小东西果真还有着一点刺蛾的小模样，身上还有一点刺毛毛。

2016_4_3

· 人间四月天，清明节小长假至，一早起来就往山里跑，直接跑至去年锁定的拍虫基地。火棘才打着碎米似的花苞，羽状复叶的接骨草方长至尺把高，距长至两三米高开出白色伞形花序引来众虫虫，还有些时日，失望。蹲下见叶上“蚂蚁”在爬，爬得慢，一聚焦，蚁蛛！蛛眼，八只脚，一对螯肢！蝇拟蜂是吓接近它的天敌：莫惹我，蜇你！蛛拟蚁是为什么？大概是：别怕，我只是没什么攻击力的蚁！麻痹更弱者，是这道理吗？虫界有一种说法是攻击型拟态，另一说是蚂蚁的天敌少，所以蚁蛛模仿这类不受捕猎者欢迎的昆虫，将会减少被捕食的概率。可能两者都有，但后者可能性高，因为攻击型拟态必须骗过被攻击者，但要骗过蚂蚁，不只要外观像，连化学特征都要像。

2016_4_6

· 乍见以为它是红胸毛蚋，不想理它，因刚拍过很好的一组照片。定睛看它头胸部特征，是只大窗萤！它飞起又停下，活动环境是浓荫之下的一处砂石壁上。开闪光灯拍的，它没让我见它的萤光，倒被闪光灯闪得老相毕现，形象沧桑，鞘翅上那灰白磨刈的斑块是其经历的岁月证词。它终是飞了。

2016_4_15

· 昨天是大力神蚂蚁的劳动节吗？奇怪！先是看见两只蚂蚁拖拽着一只蠼螋快速转移，蠼螋全没动静似已亡，任由蚂蚁拖行。后在别处，各见一只蚂蚁拖着体重体积显大于它们的马陆、苍蝇、鼠妇匆匆前行。春天来了，虫出没，经历一冬的巢穴潜伏，蚁们纷纷外出“为

树干上的“土陶罐”是刺蛾的茧壳

敲开一刺蛾的茧壳，里面的小东西果真还有着一点刺蛾幼虫的模样

我好奇地从树干上取了一个壳，里面有虫，它是原主人还是后来利用这壳的寄居者？

窗萤，到了夜里它的尾部发出荧光来

叶上“蚂蚁”在爬，爬得慢。一聚焦，蚁蛛！蛛眼，八只脚，一对螯肢！

稻粱谋”？这些画面不好瞧，却是这世上碌碌营生的一种。蚁们的嗅觉不亚于苍蝇吧？它们总是迅速地觉察到死亡的气息，迅速集结。有研究说蚁的嗅觉很灵敏，它们可以依照腹部在地面留下的嗅迹回巢或找帮手来。原本人类在某些方面的敏感也是有的，后来这些感觉沉睡不醒甚至失落了退化了，也许人类需要回溯到从前，“师法自然”一下子。

2016_4_19

· 有如草种萌发，从地上冒出，伸展新芽嫩叶，打出花苞。世间一切生命的初始都有着稚气可爱的新鲜劲，迷上拍叶蝉，镜头下，3 毫米左右身长的它们玲珑可爱，如羞涩的小仙女藏在叶片毛茸茸的纤毛里朦胧着，又如一尾尾小鱼儿游弋在绿叶的海洋里！

2016_4_20

· 水黾，我们叫它水板凳，半翅目，也叫黾蝽。其后两对肢细长，看起来是缓缓水流上飘着些大写的 X，移动时非四肢在水面滑水，而是忽忽地快速平移，两只碰上了会立马闪开，水面因它们的移动而起细波纹，各个方向细纹交汇后叠加出更好看的波纹后渐渐散去。周日清晨顺入滇河道船帆河漫步，看见了它们。水清的地方数量更多，水道最近被人工分流成两股，大的一股直接流入滇池，小的一股流入种满香蒲的池塘。流水经香蒲根系过滤后流入更宽阔的荷花池。一过滤，那水流清澈了好多。在那股清流的狭窄水道流入口，水黾们聚此迎着流水的来处，像在“抢新水”。（云南的少数民族同胞，除夕之夜要去“抢新水”。一个村的人吃一口井水或者一眼流泉的水，最早去挑水抢到“新水”说明自家比其他人家醒得更早人更勤快，是吉祥的预兆。）

· 黾蝽怎么就能浮在水面而不下沉呢？它后面两对长肢把它细扁的身

躯呈 X 形延展在水面上，使其与水面的接触面积增大，而将压力分摊开来，另外它身上带油脂的纤毛不会被水濡湿，像浮于水面的鸭子的背部羽毛一样。昆明本地称呼其为水板凳真是形象，细扁的身躯加上后两对足真像四只脚的板凳。

2016_4_22

· 此前不曾把这不到 3 毫米长的斑皮蠹拍清楚过。赭褐色斑纹及棒状横着的触角，令放大的它看起来有点像小瓢。这些花被它们摧残了，隔远看，花已起锈色，说来它们除索取花粉舔食花蜜外，给花们还做了什么贡献？也起虫媒作用吗？我看它们不及小瓢可爱实在，没见过它飞。

2016_4_23

· 回顾拍虫史，我对虫有歧视，认为昆虫纲的虫虫颜色漂亮丰富，蛛形纲的虫虫灰暗且毛乎乎地难看，于是疏于了解。上周看见它从绿叶中蹿出，拍两张，回来整理图片方觉异，这家伙尾部拖着个啥子？若没这团东西，那它们没入环境隐身的功夫就没说的了。临时抱佛脚获知——是狼蛛携带着自己的卵囊！狼蛛常有此举，法布尔有详细记述，这也是狼蛛科的特征。4 月 23 日是世界读书日，周六，我身没在野地里林子里山风里，在电脑旁书堆间，而意识在那些关于生态关于野外关于森林关于草木关于花事的书里，在字里行间建构的森林荒野草木之芬芳里。幻想做个超级书蠹，把这些书啃成渣渣，然后再吐出来。

2016_4_25

· 这两年在大观公园滇池岸边及草海湿地公园的老柳上拍得些虫蜕，凭感觉有些猜测，因为虫蜕上总有长长的“角”，接着又在柳树干上拍到这只大天牛用尾部割树皮产卵的样子，给柳树干上弄出些

蚁拖苍蝇回穴

蚁拖马陆回穴

蚁拖鼠妇回穴

总是把叶蝉看成是绿叶中游着的小鱼儿

水黾，我们叫它水板凳

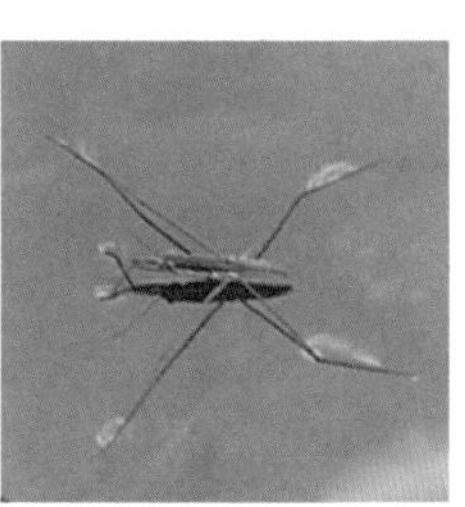

难得拍到叶蝉张翅的样子，它就6毫米长的样子

3 毫米长的斑皮蠹喜欢待在花蕊里

狼蛛携带着自己的卵囊

狼蛛的卵囊呈浅蓝色

交尾中的木蠹蛾

木蠹蛾的蜕

伤痕，于是想当然地在脑子里联想拼图，完成它们一个世代的发育路径图。自媒体上九宫格一发布，贻笑虫专家，原来那虫蜕是木蠹蛾的，与天牛没半点关系。此番大谬令我观察自然时变得更加细致严谨。苏州作家叶弥有篇小说成名作《成长如蜕》，人的成长有蜕吗？是什么？想来想去，人长大后从身体上抛去的只有乳牙，一副乳牙的脱落是人的蜕？或许。

2016_4_28

· 这夏初时节首次看见它们，大大小小密布在青蒿叶的背面，那长相像纸雕，规整对称，非常漂亮。此前见过蜡蝉的若虫，那是密被白蜡粉的一蓬乱丝，一蹦一跳的，面容模糊，丑得很。半月后去原地找长大的它们，杳无踪迹，不知它们长大后变成了谁。台湾虫友告诉我它属旌蚧壳虫科。

2016_4_29

· 这个红与黑的臭家伙，我叫它“于连”，判它为叶甲，什么种？鞘翅黑尾突尖，头胸及腿节红色。仅见一次，拍于西山林间一大片冷水花叶上，拍时它太活跃，图片只局部清晰，鞘翅有刻点无金属光辉。最后从台湾“嘎嘎昆虫图鉴”里查得它是熙萤金花虫属，大陆叫它萤叶甲。

2016_5_1

· 头上长角浑身长刺，这形象不讨巧，过敏体质人见到了要小心为妙！见它头上长角，角尖有两小红叉，我叫它“小龙”。这“小龙”是什么虫的幼年时代？鳞翅目幼虫？所有昆虫的幼虫似乎都只知道吃吃吃，只负责长大成虫，经历一次次的蜕变，它是谁的小时候？有虫友告诉我是蒺藜纹脉蛱蝶。

2016_5_2

· 八角金盘花球上的是黄斑花金龟。大蓟花上的是小青花金龟，体表被

蒺藜纹脉蛱蝶幼虫

旌蚧壳虫

赭翅臀花金龟

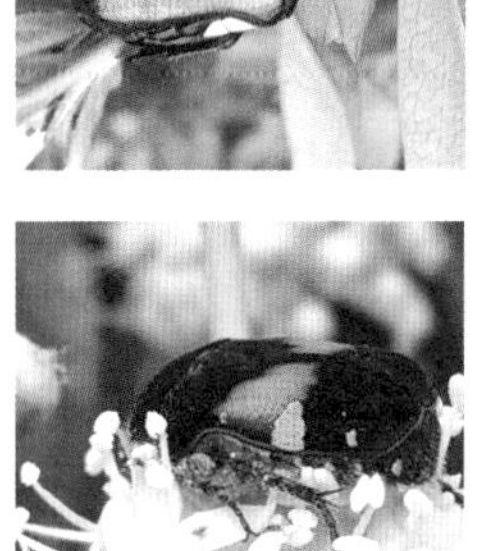

黄斑花金龟

小青花金龟

螳螂若虫，在火棘果中自在舞蹈

小嫩螳！世间凡嫩小之物皆萌

短纤毛。火棘枝上的是赭翅臀花金龟，正在狂食蚜及蚁。前二者吸花蜜，属植食性，体色暗淡具纤毛，后者食肉便油光水滑体型大！因之想到人。农村人食素多，发密，城市食肉多，皮肤油，易患脂溢性脱发，哈哈，这个联想不是没道理！

2016_5_6

· 四川青城山上拍的这只螳螂的神情是人间小痞子的翻版！但它更多时刻是机警而具攻击性的姿态。关于螳螂，最著名的说法是螳螂婚配后，新娘会把新郎吃了。这“血腥”的爱情简直让人类受不了！人类却不知虫界的成虫为完成繁衍任务会不惜牺牲一切！雄螳的祭献是为雌螳补充繁殖后代的营养。

· 鼠麴草上这只小螳螂像个杂耍者，黄花白绒间跟我躲猫猫玩。我的镜头追光灯般追随它，但是，人家并非如我这般孔雀开屏自作多情，事后才知它其实一直在找寻捕猎的机会，它蹑手蹑脚地想逮一只蜷。它的大刀臂举着时真的吓人！我琢磨着人是听不到那动静，但其他小虫儿一定听得见，那刀臂忽地举起时，那架势怕是让空气都颤抖了。

· 它的尾部若不向上翘卷，平伸的身长应该有 20 毫米，但它始终没有放平尾部，这姿态自始至终。它触角很短，奇特的是它那一对大眼不是纺锤形斜插于头部，感觉眼变成了耳，面目不清，浑身饰褐黄迷彩，斯是何螳？某种眼斑螳螂的若虫。

· 正屏气蹲拍艾叶上的叶蝉，裸露的手臂上一点轻浅的痒忽生，定睛看，是一只只有山蚁那般大小、刚生出一点翅芽的小嫩螳！世间凡嫩小之物皆“萌”，它们的刀臂或蜷缩或张舞，后四足踩高跷般平衡着头尾，行动时有韵律感。美！

· 它是一只小螳扮演的新版“影子武士”，它来了！导演黑泽明地下有知，应该满意！我命名它为“螳小帅”！人跟虫玩会玩得忘了今夕何夕，年纪几何！我的大脑可能换制式了吧？我倒活回童年了吗？

· 趴地上，拍螳螂先生被阳光雕塑变形的影子。我可能是童年时有点自闭得闷了点，现在弥补一下。我说我是“奔五”年纪，有人说：对头，你4岁奔5岁的样子！可是昨天有一个四五岁的小丫头看我拍螳螂，后来不耐烦，走开了。剩我独自跟这只螳玩。现在的孩子对自然没兴趣？也许小孩子就算很有兴趣，注意力也撑不了很久，也许这样可以让他们找到更多的兴趣也说不定。

2016_5_11

· 坐在一棵合欢树的阴凉儿里，面迎田野刮来的风，惬意。藤椅上忽来了一小家伙，黑头、橙色饴糖质地的胸、钢蓝色的鞘翅，是漂亮的蓝色细花萤！台湾昆虫分类图鉴里称此类昆虫为“菊虎”。我问台湾虫友 Barnett_H，为何叫它菊虎，他反问我，你们为何叫它花萤？在英语里它们叫 soldier beetle，直译来就是士兵甲虫，所以一定是一开始翻译的人的想法不同。他说：我猜，台湾可能是因为这类甲虫的体形都像菊花花瓣，色彩斑斓，还是捕食者，所以就叫菊虎；你们可能是一律翻成“花甲”，而且这位有点像萤火虫，所以就花萤吧！

· 哦，菊虎，有形有性情描绘，花萤太笼统。我很喜欢与虫友这样的交流，因为一碰撞，可能会找到认识它们的路径，这也是博物的魅力所在。

2016_5_17

· 虎天牛一只，静卧艾蒿叶尖，从头至尾几乎不动，相当配合拍摄，不像从前遇见的都很活跃。天气原因吗？空气湿度大，天冷，远处像在下雨。鞘翅有三排单引号双引号式纵纹，与从前拍到的榄绿虎天牛不同，其体长13毫米左右。具体属何种？有虫友来说：祝贺，蓝色细花萤，我更喜欢它的台湾名字“菊虎”

蓝色细花萤张翅起飞

散愈斑格虎天牛

橙斑白条天牛，这个大“将军”模样的天牛倒趴在树上也威武

橙斑白条天牛的脸

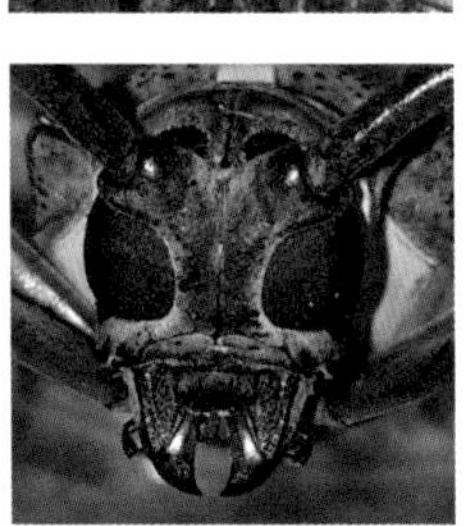

橙斑白条天牛正在产卵

天气是你幸运地拍到它的原因。这种天牛飞得特别快，喜爱访花。是散愈斑格虎天牛。是啊，去年拍到的没这个清晰。

2016_5_25

· 下班回位于海埂的家，看时辰是下午六点半钟光景，天日晴好，这时刻我猜测湿地公园那边的老柳树上定有天牛等着我。果然，我与它们约会般见面了！最近是天牛的生命旺盛期。一只橙斑白条天牛在产卵，沿途老柳树干上皆有新鲜的凹痕。今年，湿地公园的柳树上天牛有点“猖狂”，任这天牛“横行”繁殖下去，这些树非毁了不可。同一株柳树上星天牛、条天牛各自忙碌相安无事，彼此遇上，触角相碰，像是邻里打招呼，过后又各自忙去。园林工人喷杀虫剂的次数多起来，散步时嗅到空气中有难闻的味道了。

· 柳树与天牛都存于世的生态平衡如何维持？人类是柳树与天牛之外的第三方。人类发明的杀虫剂困惑着我，它杀死虫子时同时反过来刺激危害着我们人类。

· 生态平衡，交给自然处理或许是最佳途径，天牛有天敌，它们的数量自然就会被约束。查知，天牛的天敌是管氏肿腿蜂！肿腿蜂是天牛等多种蛀食树干害虫的重要寄生性天敌，对控制天牛危害具有重要作用。

· 前些日子，我在大观公园里拍到一只超大的橙斑白条天牛，拍时引起游人特别是很多孩子的好奇，很多孩子不知它是啥虫，我趁机做科普。公园里一位清洁工立即上来捉住它，我问：“你干什么？”那大天牛在她手里挣扎着，关节“嘎吱”作响。清洁工说，公园管理处让我们见着它就捉，捉了上交。后我得知，此举有奖金！上交一只她得一元钱。

· 捉了一只回城里家，观察测量其触角长和体长。事后把它放悬铃木树干上，感觉它体表的迷彩色与树干类似。那悬铃木树干滑，又把它放另一树干上。周遭无柳，但想它会飞走寻柳去。

2016_5_28

· 起先不知它姓甚名谁，直感属鳞翅目蛾类，它全身通黑，漂亮的羽状触角，一种蛾式停歇方式，翅展后趴伏叶面，整体为A型，其翅半透明状。既疑惑，便去寻解，得知其是斑蛾，全黑色透翅的斑蛾！有虫友来告诉我：分种不必太较真，到科就可以。但我还是查到了其具体名是梨叶斑蛾。这是我第一次拍到斑蛾。

2016_5_30

· 我阳台盆栽的花椒树上突然出现两个闯入者——花椒凤蝶（也叫柑橘凤蝶。花椒、柑橘同属芸香科）的幼虫宝宝，超级“萌娃”啊，我立马就给了它们个昵称——花椒小龙。尽管它们一下子蚕食了十多片花椒叶，嘿，我要把它们养起来，看蛹化蝶。先前说它们是“闯入者”不对，它们应是从卵开始便在这花椒枝上了，只是它们鸟粪一样的童年我没看见而已。

· 民间偏方，取这“花椒小龙”入白酒浸泡做药，关节炎风湿痛发作时，蘸取药酒涂抹患处，止痛效果明显，管用得很。想想，食花椒茎叶的小虫身体里有花椒的种种精华素，自古以来花椒便被用作麻醉剂，酒泡之，萃取出其体内精华，止痛那是自然！但把活生生的它们往酒里放我可不忍，这么可爱如布绒玩具的它们！

· 地球上生命的多样性和复杂性，是亿万年演化的结果。有的虫子为了保护自己，蛮拼地朝着藏匿自身、拟态生存环境的方向演变，有的却朝着突显自己、给自身饰以鲜艳之色警戒天敌的态势发展。谁更聪明？谁在生存斗争中能胜出？没有定论。物竞天择，扬长避短，活着不易。这花椒小龙饕餮花椒叶，只两天时间，这株花椒树已被啃得只剩刺儿了。贪吃的结局是叶子被吃光了，没个遮掩，它们肉乎乎的身子暴露无遗。很快我发现少了一只花椒小龙，一定是被鸟叼走了。我于是为它站岗，夜里、清晨、正午、傍晚都在观察它。花椒小龙少了一条令我失落，江湖险恶，它们还弱小，作为食物链里一环节，总有闪失。又一天到来，起床即去阳台看它。夜里狂风暴雨，最后那条也不见了。两条花椒小龙弃我而去，看它们化蛹变蝶成为妄想。

2016_5_31

· 蚂蚁的力气可真是大！它在什么情况下逮到体重是它两三倍的小瓢的？一点不费力地拖着它奔回蚁巢。欲去邀功？它叫黄缘巧瓢虫，鞘翅主体黄色，鞘翅尾合拢成黑桃心形。它一般是深卧于草叶上捉蚜虫吃的。想一想，不起眼处其实有惊心动魄的生存之战。它是我所拍瓢虫中个头最小的，个体只是常见七星瓢的一半大。一只小蚂蚁的力量真是了得，我追拍了一阵后，动了恻隐之心，用一细棍阻止蚂蚁往窝里钻，蚂蚁弃这只瓢虫狂逃时我才发现这瓢虫是活着的。我救了它，它呆头呆脑吓晕了。装死可能会麻痹对手，但也有一种可能，人家就真的把你当死物对待，我用细草撩它时它才奓开翅膀飞了。甲虫用装死法躲避险恶有风险，若被小小蚂蚁拖进蚁巢它秒秒钟就被活活肢解……

2016_6_5

· 你姓蠼名螋，有个老头儿名的你，却一向被我看成爱披小斗篷的妖精！又到了你的寻欢季！夜幕降临，灯杆上，扭捏作态穿小马甲的妖精们粉墨登场了！销声匿迹整一年，你显然不是从前的那个你了。进入虫虫夜总会后的蠼螋，这时拿捏出了女王的派头，趾高气扬，待在哪儿都一副尊贵模样，只两触角动动。今天我忽觉着它们像京

梨叶斑蛾（透翅）

花椒凤蝶的幼虫宝宝

黄缘巧瓢虫被小蚂蚁拖着狂奔

每见着蠼螋我都认为它是个人形的妖精，在灯杆夜总会，它一会儿是女王、一会儿是贵妇、一会儿又是舞姬，灯杆是它的大舞台，掌声响起来……

黄脊高曲隼蟌

针尾蛱蝶

剧《杨家将》里那头上插翎羽挂帅出征的杨门女将穆桂英，似在唱：“非是我临国难袖手不问，见帅印又勾起多少前情……”

2016_6_8

· 跑个远途到抚仙湖畔波息湾住了一夜，为拍虫，可收获实在是不太满意。去之前，梦见此行拍了很多虫！我只依稀觉着那个蜻蜓目的它是鼓蟌科的朱环鼓蟌，若是，那2013年才命名的这个台湾地区的特有种或许非特有。微博自媒体去求证，台湾虫友Barnett_H说：“不是，朱环鼓蟌雄虫腹背橙色，雌虫体色暗绿，有白色翅痣。”后在《中国昆虫生态图鉴》里获知其属黄脊高曲隼蟌，隼蟌科，分布于云南山中洁净溪流环境，应属云南本土特有种。

2016_6_9

· 它停在湖边大树上，光线透过其翅，翅色是青的，又见其有尾刺突，想当然看它成宽带青凤蝶。幸好，细察时翻了下图鉴，才知其是分布区只标注云南的针尾蛱蝶。抚仙湖畔拍到的这只针尾蛱蝶，它的一点动静——后翅的错动及吸食长喙的盘卷，是否也产生了太平洋这头扇动翅膀引起太平洋另一头大动静的蝴蝶效应呢？这株树，树干上有溃破口，不断地分泌着树液，靠近这棵树便闻见一股带着发酵气息的甜腐味，单是蝶便有蛱蝶、粉蝶、眼蝶前来！更别说还有胡蜂、骚金龟和各种蝇循味而来。那树液是让它们迷醉的玉液琼浆吧？针尾蛱蝶很像二尾蛱蝶，与二尾蛱蝶仅是在“翅斑”有一小点不同。

2016_6_11

· 这一阵，观察树叶，叶甲在行动，很猖狂！一片构树叶片上，三只体态差不多、头胸部颜色各不相同的叶甲把叶肉剔啃得满目疮痍。我只疑惑了一下，它们为何“穿着打扮”如此不同？表亲吧？再看那些独个儿的，也衣色各不同！构树叶叶肉很美味？据说构树蛋白质含量高，全株含乳汁，各种虫虫喜欢围着它转，果子成熟时各种虫子更是扑向它！

· 面对各种叶甲，我得了脸盲症，它们鞘翅色以及胸腹的色各不相同，而总体长相是相同的，比如构树叶上这几只，它们是同种吗？晕！

· 拿着高倍放大镜，细细地比较，我晓得这些区别都可能是种别鉴定之关键……虫界浩瀚，知难，知难矣！

2016_6_12

· 有 40 年没见过这样的情景，从前，我们手拿个空墨水瓶，在手电筒的光亮里把一种虫子一一捉进瓶里，然后拿回家喂鸡。那时家家都养鸡，母鸡吃了肯产蛋，鸡也长得肥，我们称这种虫子为铁豆虫。这次去乡下听见它们嗡嗡地围着一树狂欢时，只是估摸了它们的数量，有成百上千只吧！为了种族的繁衍，它们正大光明地爱着！小时候我妈鼓励我外出捉它，说是喂母鸡吃，吃了下双黄蛋。铁豆虫是一种最常见的鳃角金龟。

2016_6_13

· 周五傍晚开始的雷雨下了一夜。雨后一放晴，进山好拍虫，果然！下山时坐在石块上歇气，老天还给我遇见它，目测，体长 7 毫米的小虎甲！山地虎甲。去年秋在普洱拍过小黑江畔虎甲，体长是其两倍！虎甲一般体色斑斓艳丽，这只古铜色的虎甲长相低调，有一对白颚“虎牙”，胸腰及颈间如有细铜丝箍束。石块上独此小虎甲，先以为是只小蝽，镜头下一放大，喜得我跟它玩了近一个小时，它位移的速度远不及江边沙地拍到的那种。记得江边虎甲很难拍，移动像滑行，我想看它飞，它却不飞。查资料获知虎甲的位移速度远比非洲猎豹奔跑的速度快得多！查台湾“嘎嘎昆虫图鉴”，无此山地虎

最常见的鳃角金龟

一片构树叶满目疮痍。疑惑这几只叶甲为何“穿着打扮”如此不同

山地虎甲

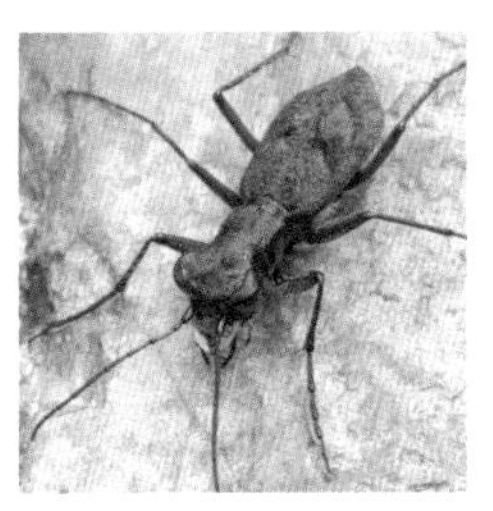

山地虎甲，可用我手为参照物估摸它的大小

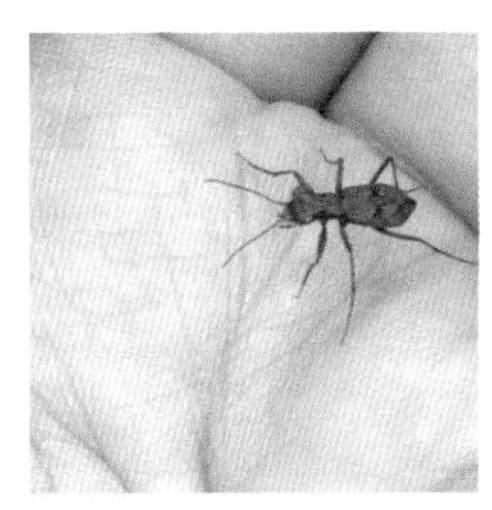

铁甲吃叶子，叶后有一只蜘蛛，不知那蜘蛛对铁甲有兴趣没有，铁甲的刺它怕吗？

铁甲

我猜它一定是一只植食性的小瓢虫，它鞘翅上长毛，没查到它的学名，我给它取个名——巴顿将军的钢盔瓢！

它最终是飞了，拍了一张它飞的图，不太清晰，却令我对鞘翅目的昆虫鞘翅下护着的膜翅有了印象

甲记载。其录有的几种深山小虎甲个体皆比此大且艳丽些。拍虫时总想拍到漂亮者，一直幻想拍到艳丽的吉丁、步甲，还有金斑虎甲等。拍虫者皆好色之徒啊。

2016_6_14

· 输“铁甲”二字在网上搜图，只出现些坦克、装甲车。搜索时须加个“虫”字后缀方有它毛刺刺的模样出现。我想它浑身的利刺可能起到警戒保护作用，类似刺猬身上的刺！它多活动于单子叶禾本科植物上。铁甲科还是叶甲大家族的奇葩，狼牙棒钢刷子样的铁甲，自有威严。山里拍这铁甲时，因为它实在微小，约 4 毫米长，蹲着拍无支撑点，镜头难控制，放下包扔下登山杖，干脆坐在地上跪在地上拍。有两个孩子好奇地看我拍了一阵后问：“阿姨，它是什么虫？”一看是两个八九岁的孩子，停下来，调出四五种甲虫教他们认了认。对自然有好奇心的孩子永远需要鼓励和引导，我特愿意解答他们的问题，对自以为是的世故的成年人，我只以微笑示之。看我拍虫的大人通常对虫没有兴趣，也不觉得我镜头下的虫是美的，而是问我：“拍虫子干吗？你是做研究的？”我只答：“拍了玩。”他们多半狐疑地看我一眼便走开。铁甲，狼牙棒战士！

2016_6_16

· 时值仲夏，长虫山终于开封了，头一年 12 月中旬到第二年 6 月中旬的半年封山季过去了，进山不用再过各种关卡，我第一时间进入长虫山腹地。

· 这只小瓢，长得特别憨萌，背脊圆凸，鞘翅上密被灰白纤毛。看起来，它就是一顶钢盔，那红色的斑块是红星？！它的样子令我想起巴顿将军的钢盔！又一只全身被毛的植食性小瓢！它正在毛茸茸的嫩叶上啃食叶肉，一嘴一嘴，吃得香而忘我。它身体色斑红黑分明，鞘翅前端像架着一副黑框大眼镜。我发现一般情况下，植食性的甲虫，比如马铃薯瓢虫体表一般都被纤毛，而吃蚜虫的就一个个油光水滑。人似乎也这样，肉食者多秃发——允我再次求证！

2016_6_18

· 这只小蝗，初见以为是蜂，惹眼，后才发现它是蝗。它披上此衣吓不了我，只吓了周围其他虫虫。这身亮眼衣有夜间执守交警及护路工人着衣的警示功能，另一些蝗却赛着隐身于周边生境，那只小蝗若爬在长满地衣的树干上，你也难发现。虽都为蝗，进化史上却各自修行，各具非凡本事。

· 它的身长只是齿状叶缘的两个齿长，这是迄今我拍过的最迷你的小蝗，约 4 毫米长，乍看以为是叶蝉。看清它的真面目后有点惊讶，它显然还是若虫，它的头脸部占体长三分之一，直竖的触角，长卵形大眼，诸种稚萌态，它一再配合我摆各种姿势，可爱度不因其微小而打折。细微处虚实间，皆有灵性。它们的动静一定有人耳无法捕捉的音频，那就睁大我们人的眼，来看它们细微的美丽吧。其实，虫虫们都是微物之神灵。

2016_6_19

· 目睹一只肉食性的猎蝽享用一只金绿色叶甲。蝽的刺吸器太神奇，蝽竟然只是用刺吸器便能把叶甲悬空吊起，惊奇之！这个蝽吃货，一看就是猎蝽科的。台湾虫友说它可能是白斑素猎蝽或近缘种，我查了“嘎嘎昆虫图鉴”，外表看起来更可能是菱猎蝽，再细一比较，我拍的这只的胸甲和第一对足与素猎蝽、菱猎蝽及塔猎蝽三者都不太一样，好难辨识！前人没描述过没记录过的就是新种！纳博科夫热爱蝴蝶，他小时候就敢写信给相关机构说他发现了新种，尽管不是，但他后来对鳞翅目的研究贡献是非凡的！自然，他后来就发现了很多新种。不过，虫类新种的发现，现在争论也颇多，全球每年有近一千个新种被宣布发现，然而从前物种标本文献交流的封闭也导致了从前一些“种”的重复“发现”。如今，有了现代科技的支撑，精准描述备份检索一个新种，甄别起来方便快捷得多，谬误大大减少。

2016_6_20

· 这只蓝丽天牛是我先生送我的礼物，用一个装喜糖的心形盒子装着。打开盒子，它仍灵动鲜活。当天我先生打一树下过，它落到头上，他手一拂，不曾想它掉入领口，他一时没察觉。过后，直到它咬了他一口，他用手捉出，差点摔地上踩死。一看，它太漂亮，不忍，遂找个小盒装了它送我这个“虫拜者”。拍毕放飞……那倒是，送只虫虫给我，比送我个宝石戒指或几颗糖吃好得多！

2016_6_22

· 忽然看见它们，我的天！我遇见过的最耀眼虫虫就在眼前！我的小心脏受不了了，做了一个长长的深呼吸后开始拍！天牛！何种？图鉴里似乎见过。我真想自己命名它为彩虹天牛！它身上赤橙黄绿青蓝紫七色全有。《中国昆虫生态大图鉴》上有一只类于它，称紫缘长绿天牛！但头胸部色不同。台湾虫友 Barnett_H 立马查来，是 *Chloridolum lameeri*（红缘细蓝天牛）！查《中国昆虫生态大图鉴》上的紫缘长绿天牛与“嘎嘎昆虫图鉴”里红缘细蓝天牛，我看长相体色一致，而我拍的这个头胸部颜色是金绿色的。或许，它们就是同一个种，是我太过拘泥于它们的体色了。

2016_6_24

· 从其身体结构看，它应属叶甲总科下负泥虫科的一个种，与资料上提及的苏铁负泥虫和分爪负泥虫酷似。苏铁负泥虫身、头、胸部都是红色，分爪负泥虫身、胸部红色，头部黑色。我遇见的这只，身红，头胸腹足皆黑得发亮，鞘翅因而显得更红，是正宗的中国传统大红色，喜气洋洋的。负泥虫幼虫脏兮兮，把自己的便便背负在身上，这是种伪装术，把自己搞脏搞臭，目的只有一个，吓退敌人！好歹赖活着，等到长大落入土中吐丝粘泥成茧壳，化蛹成虫，摇身一变，干干净净闪亮登场。

· 山间下起小雨，一片绿海间看见一对儿在细藤梢上爱爱，想拍好它们却一直有雨点下下来，震动那藤子，生怕它们被雨点打落分开，我便呵护它们于伞盖下。雨停后拍了一百多张图，只几张图稍微清晰，那么纤细的藤，最微的空气流动都影响拍摄效果。我深呼吸半天再拍也没用。其锯齿状触角及红翅上的细刻点可见。其时每年都见它，它都生活于菝葜藤上，百合科的菝葜是它之专属宿主？之后我往高处去逛荡了四五个小时，回来时在它们的附近发现了红色的虫卵，是它们产下的吗？

· 在《中国昆虫生态大图鉴》中看见一幅张巍巍老师拍的叶下爱爱的杨叶甲图，乍看如我拍到的这几张图，细察还是有别，杨叶甲的胸背部要宽厚圆凸一点，而我拍的这个胸背部窄圆一点。杨叶甲是杨柳科植物的主要害虫，几年来，我拍的这个只在山林里百合科菝葜的藤及叶上。存疑。

2016_6_27

· 请了假要去某高山草甸拍虫，却因当地连续雷暴雨未成行，只好在周边山野拍。今有阵雨仍一早进山。中午大雨，进古寺避雨食素。

· 午后初霁，在归途中于一株冷水花上遇见一只鞘翅目的隐翅虫！你见过隐翅虫漂亮的膜翅吗？隐翅虫多，而有幸见其膜翅者少。瞧它，一袭时尚短外套（鞘翅）下露着紫色长纱裙（膜翅）。若是先前无

它应是叶甲总科下负泥虫科的一个种，与资料上提及的苏铁负泥虫和分爪负泥虫酷似

一只拟蜂的小蝗，虫虫们都是微物之神

肉食性的猎蝽捕虫

猎蝽用其针管式吸食器刺进可怜虫的体内吸其体液

紫缘长绿天牛，乍见它，它的体色像彩虹，亮“瞎”我眼

隐翅虫这身打扮很时尚哦

隐翅虫刚刚把膜翅卷裹后藏在革质翅下

四斑角伪叶甲

荔蝽

中华角伪叶甲

四斑角伪叶甲张翅飞起

我得到的蓝丽天牛礼物

绿松石蓝的宽碧蝽

雨，它会轻易晾晒平时隐藏着的翅吗？我正对着这只隐翅虫拍摄时，它翘起尾部，刹那间协助身体推裹折叠隐藏起它的膜翅，变魔术般，一秒钟便完成，直看得我眼花缭乱惊奇不已！幸好拍到这几图，可探看出它隐藏膜翅的全过程。

· 拍虫之初曾把蠼螋和隐翅虫混淆，前者属革翅目，后者属鞘翅目。外出拍虫，我都穿长衣长裤戴帽子系围巾，因免不了往林间草窠里钻。其实隐翅虫晚上很多。我就在灯杆上拍过。此虫千万千万不能碰，遭它叮咬后会引发很恐怖的皮炎。

2016_6_29

· 昨儿在海口林场拍到大昆虫：荔蝽和长尾天蚕蛾。这只天蚕蛾翅展宽约 60 毫米，体长连尾端约 65 毫米，一只小风筝的样子。昨儿被细小野蜂蜇了手臂，立马用瑞士军刀的小镊子拔出螫针，被叮处起一红疙瘩，急用唾液涂之，并一路摘艾叶挤汁涂抹，止了痒。

2016_6_30

· 连着两周日都到长虫山后山，在那个我称为小草坝的地方拍虫，都有收获，这次首见四斑角伪叶甲。乍见它便想到之前拍过的中华角伪叶甲，因而回来查资料，猜测方向正确，它们果然是亲戚。它体长 10 毫米左右，姜黄色的鞘翅上有两对称色斑，还有圆点斑及撇捺斑。我幸运地拍到它起飞的漂亮姿态！

· 中华角伪叶甲，以“中华”二字冠之，想必它是独有种或者首先在中国被发现和命名的，模式标本取自中国。它鞘翅被毛，闪出紫铜色的光！拍它时遇一专业拍微距的，大相机对着一只蛱蝶狂拍。主动搭讪，他只拍蝴蝶和野花。此人告诉我后山的深箐某处有个蝴蝶窝，在六七月间可去看一看。

· 今天左手臂被野蜂叮处不太舒服，红肿了一大片，虫子正日益多起

月肩奇缘蝽成虫

月肩奇缘蝽若虫，看它就觉得它有点强悍

大团扇春蜓

大团扇春蜓的尾部

象甲全是素食者

黄纹卷叶象甲，可能只在云南有

蚂蚁在卷象的育儿室外活动

B

来，千万别出大事，我要拍虫！拍虫！

2016_7_3

· 在禾本科植物白茅的纯正鲜草绿色茎叶上，很容易就看见了它。看它的外观长相，判它为宽碧蝽，但这“碧”在我看来是绿松石般的那种绿，有点艳，有点妖冶！从前拍过的绿色蝽有稻缘蝽、同蝽等，那些蝽的绿隐于草间是不易看见的，而这只却很跳脱！我的判断对吗？对于宽碧蝽，我觉得要长期追踪观察才能得出结论——也许某些栖地，就这种颜色。另外，靠色彩来辨识它们的天敌，大概就是鸟类了，鸟类看到的虫的样子，跟我们人看到的不一样，光谱的频宽更宽，涵盖了紫外线那一块。我总在想，控制昆虫体色的机制是什么？与本土土地里的微量元素一定有关吧？因为土地最终给了我们一切！我从前也拍过宽碧蝽，不是这色，我主观估计此地土壤里含铜元素多一些，它这色让我想到硫酸铜的颜色……瞧我东扯西拉，但是真相有时就在这发散性的联想里。

· 上周被野蜂蜇处，痛痒感染，本周乖乖在家不拍虫，一只野蜂的“后发制人”，叮后三天发作，积极疗治中！

2016_7_20

· 皮肤过敏，大约有两周没去野外拍虫了，却有美虫上门找我拍写真！在阳台上给花草浇水，赫然见黑黄体色大蜻蜓一只，歇在纷披的大花蕙兰叶片上。双翅展约 12 厘米，头尾身长约 9 厘米，以前没拍到过！一查，是大团扇春蜓，尾部一对小翅膀似的东西像团扇吧？据说这种蜓的雌蜓方有此夸张构造，察之，其翼抖动时，小团扇亦微微颤动，在求偶吗？

2016_7_28

· 过敏症状缓解，请年休假到普洱休养两日。昨儿于朋友哈尼族著名文化人黄雁家花园中，拍到一支奇缘蝽的大部队，此前只在资料上看见过。瞧瞧，奇缘蝽可有雄霸之气？我一直觉得它是虫中武士！其肩部形状让我感觉它像是披了件大氅、拢着肩的《三国演义》里的大将军，甚是威武！朋友说要拿灭害灵杀死它们，我为它们求了情……大学在校时学植物，现在自学昆虫！这是月肩奇缘蝽，成虫和若虫都拍到了，开心。

2016_7_29

· 昨儿拍到卷叶象甲的一个生态小专题，这是第三次拍到卷叶象甲。我一直对卷叶象甲肃然起敬，它把一片叶子按特别的角度进行切割，然后打包卷裹折叠成密实的封闭桶状，把卵产于其中，卵及幼虫在这个襁褓里长大成熟，复又担起种群繁衍之大任。如今提倡工匠精神，它是大工匠。

2016_7_31

· 在普洱首次拍到盾蝽，竟然是不曾在内地各大图鉴及台湾地区的昆虫图鉴中有收录的。其背部覆盖了身体的“盾片”，样子乍看像一个京剧脸谱，触须的颜色是闪着些许金光的蓝。拍时很激动，现在回到家遍查资料不知其身份。求教专家后知是斜纹宽盾蝽。

2016_8_3

· 毛簇天牛？龟背天牛？鞘翅是此等颜色的天牛有，但色斑纹路不同。是个体长相有别？虫友告诉我这是橘斑簇天牛，此天牛云南独有，宿主红木（胭脂木）、大花紫薇、番荔枝属、腊肠树、木槿属等，看宿主树木皆热带植物。我拍的这只天牛出现在红木上。

2016_8_4

· 从其触须及体型看，它是一蛾子，从其花衣及大白天飞来飞去地采花蜜行为看，又有点花蝴蝶的样子。鬼针草（大咸丰草）、小蓬正

橘斑簇天牛

拟三色星灯蛾，其粗肥的身躯也暴露它是蛾子

斜纹宽盾蝽，其背部纹饰像一个京剧脸谱

有一张微笑大叔“脸”的丽盾蝽

红萤

栉角红萤

盛开，它陶醉于花间，它的行动不及蛱蝶、粉蝶、凤蝶、灰蝶敏捷。昨夜翻资料，不得要领，但还是判其是蛾类，虫友 Barnett_H 指点迷津：可能是拟三色星灯蛾。按他提供的拉丁学名一查，果真是。

2016_8_5

· 在普洱白天拍到一只很清丽亮眼的红萤，热带多见。它飞行爬行较缓慢，好拍。鞘翅目红萤科，为完全变态昆虫，外形类似窗萤。

2016_8_6

· 棉红蝽的恋爱季只在地桃花的枝叶间悄悄藏着，当我的镜头无限接近它们时，它们无比敏感地跑开了，一个拖着另一个，一起跑一起躲我，步调一致，绝不分离。第一次看我拍虫的妹妹一旁说了句："人家这样也不好意思嘛，莫打搅人家了。"以人类的理解角度看它们，我笑得如筛糠，然后听我妹的话，走开了。夏末秋初，虫虫世界进入卿卿我我的恋爱季，物种生生不已。虫虫的生殖结合有审美意趣。它们恋爱分季节吗？当然也分，但夏秋两季更热烈一点！须知，虫虫交配产卵后，它们的一生便到了画句号的时候，它们努力地经历世代的各个阶段，活下来，就是为了寻一配偶以完成其种群繁衍之大任，交配行为一生仅此一次，这是昆虫进化的结果。

· 大多数雄性昆虫在交配完以后就死了，如果继续活着反而会消耗受孕雌性昆虫的食物，所以雄虫死去，可以减少雌虫寻找食物的竞争激烈程度。另外昆虫的寿命跟自身营养储备有关，雄虫交配的精液里富含大量营养，是为了给雌性补身体，也是为了让雌虫接受自己交配抛出的诱惑。昆虫纲的螳螂、萤火虫等以及蛛形纲的黑寡妇蜘蛛等交配后，雌虫会把雄虫吃了，这是雄虫最后的奉献，为了后代为了种群的生生不已——以人类的角度看待这事或许又将生发很多感慨——歇了吧，这是人家进化的结果，是一种自然而然的行为。

人类以人性的角度看虫性发感慨，皆多余且可笑。交配后又失去了这么多营养物质，就支撑不了生命的继续，一死了之。

2016_8_7

· 咦，什么蝶？有尾突，自然先想到是凤蝶，那么，是什么凤蝶？前翅有两条斜纹白带，是玉带凤蝶？查玉带凤蝶，与此大不同！赭黄色翅面，后翅有眼，玉带黛眼蝶？某种灰蝶？……不乱猜了，我的直觉是，它是图鉴上的蚬蝶！按这方向搜！果真是长尾褐蚬蝶，这命名多么直接。

2016_8_12

· 在小饭馆吃饭，天热，饭桌置于树荫下，等上菜时，忽见桌边地上有一僵坠之蝶，路人的脚随时会踩踏到它，而它似乎一息尚存。轻拈起它的翅，把它放进一花台的落叶及小草间，它竟又挣扎着立起翅，展开来，然后合并了翅歪斜在草叶间，我对它进行了临终关怀……蛱蝶无疑，它立起来的翅面古雅，犹如一幅几笔勾勒的古典扇面的写意画，颜色是怀旧的淡粉绿。台湾虫友 Barnett_H 来跟帖："你看是不是……"路径一对，一查一个准——某翠蛱蝶。

2016_8_13

· 它不是蚁，它们是蜂缘蝽的若虫，它们在外形习性上模拟了蚁族！缘蝽属全是植食性，它们特别喜食豆科植物大荚果里成熟的种子。思茅猪屎豆（当地叫响铃果）是土著种，有毒，这种蝽蝽能消解其毒？思茅改名普洱，难道此植物种名里的思茅要改普洱？永远不会！一种草名留住了一个地方的历史之根脉。

2016_9_10

· 也许普洱夏日的阳光太辣，尽管外出拍虫时戴手套喷驱虫剂，回到昆明后，手部皮肤好了的地方又过敏，近一月没有外出拍虫。昨夜

长尾褐蚬蝶

翠蛱蝶，翅面像一幅毛笔勾勒的枝叶画

大黄豹天蚕蛾，它太大，我随身带的瑞士军刀还没有它的翅展长

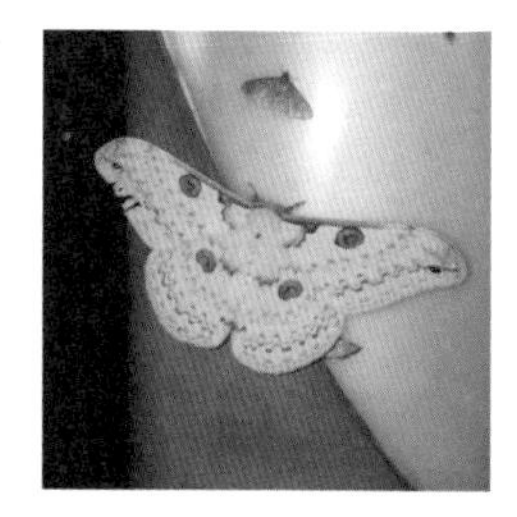

猜错了，不是核桃星尺蛾，也不是空点尺蛾，是斑晶钩蛾。翼翅有纱巾的质感

B

蜂缘蝽的成虫

蜂缘蝽的若虫，它们在外形习性上模拟了蚁族

叶蜂收敛起触角，身体一歪，便一动不动，进入休眠状态

近10点方上大堤，白天一直未雨，有点热，预感会遇美虫。看见它时，可用狂喜来形容我的心情。黄豹天蚕蛾！用钥匙包里的一把瑞士军刀做参照物，可知其翅展近120毫米。拟眼纹里有黑线纹，翅基有红色弯曲线，以此区分于乍看很相似的大黄豹天蚕蛾。它的色

彩如此瑰丽，有如夜里发现美蝶，我必须把这夜里的现实与美梦串连在一起，吟李商隐的“庄生晓梦迷蝴蝶，望帝春心托杜鹃”一回，若非如此，那就仅仅是看见一只独异的虫子罢了，若没对它进行无边的想象，做出精神愉悦的升华，那多可惜啊！当然它是蛾子，美艳的蛾子，非蝶，是黄豹天蚕蛾，至少念叨三遍它的名。

2016_9_11

· 今夜，通透轻盈是你们侧身入我梦的共同气质。一只半透明翅的蛾子，这是第二次见，我起初认为它是晶钩蛾（台湾称纱钩蛾），但又觉得不像，看见与一资料标本图标名为“核桃星尺蛾”的有点像，但其翅不透。后来在台湾“嘎嘎昆虫图鉴”上感觉“空点尺蛾”更似它。私信请教昆虫大神张巍巍老师，他正带队在马来西亚拍虫，看了图回复我说，手边无资料，不能确定。

· 不论你是谁，我都敬畏你！蕾切尔·卡逊的《万物皆奇迹》是我一再捧读的书，这本书的序里有获 1952 年诺贝尔和平奖的阿尔贝特·施韦泽《文化哲学》里的一句话：“不敬畏所有的生命就不是真的道德，敬畏生命的伦理是必要的理智。”

2016_9_14

· 从前，没想过虫虫睡觉的事，那天拍叶蜂，意识到这问题。虫最敏锐的器官是触角。触角是虫虫行动的雷达、扫描器和方向盘，触角警惕地竖着感知风吹草动时，虫虫醒着。这只叶蜂收敛起触角，身体一歪，便一动不动，进入休眠状态。于是回忆起从前拍的一只红萤和某只蠼螋，拍时它们那般乖，原来人家在休息……

2016_9_18

· 昨儿午后，雨雾，天空晴开一角。速进山，眼放羊自牧心。九月安生，独自在杂草丛生的小路上走着，耳朵听见草叶窸窸窣窣一阵响

看见叶蜂睡觉后我才想到这只蠼螋“小妖精”也是在睡觉，你看它触角顺朝身后

眼斑螳

长袖蜡蝉展翅欲飞

睡着的红萤

长袖蜡蝉，好像让草茎生了一双美丽的翅膀

一只异色瓢虫的饕餮盛宴

酢浆灰蝶

小叶甲敢在巨蝽头上作威作福

藏在秋叶下的豆粉蝶

人囚禁蝈蝈是为了听它振翅时的鸣声

动。每每在自然里自在时，我双耳听觉会无比敏感。我停下来，定睛往草窠里打探，嘿嘿，眼斑螳！背上那眼状浅粉色斑令我发现了它！它那一对大眼与我对视了下，便弃我而去，是飞走的，很想拍螳螂振翅飞前的一瞬，却又错失良机……

2016_9_24

· 我拍过的它，只停歇在单子叶植物分披的叶片或茎秆上，比如茅竹、山稗子。相比它短小的身子，它长长的翼翅非常惹眼。其若虫无此特征，只是些被满蜡粉、面目不清的小虫，一跳一跳的。任何长成熟的虫虫都是其生命的末段。寻找配偶完成繁衍任务必须招惹同类异性的眼，它也不例外，它秀出了超出身体很多倍的翼翅，它叫长袖蜡蝉。我当它“寂寞嫦娥舒广袖”，求伴吴刚呢！

2016_9_25

· 由远及近，看一只异色瓢的饕餮虫生……那些灰色的树蚜不躲，逃无可逃。在密集的一个种群里，身处边缘的个体要为种群忠诚牺牲，“舍身饲虎”，保得一个种群的生命维系。非洲角马的大迁徙行程中，上百万头角马里，羸弱的边缘化的总被鳄鱼、狮子一路猎杀。自然法则也！我迄今应该拍有 30 多种瓢虫了。云南生物多样性还是不容置疑的，但虫是越来越少了，杀虫剂滥用，自然野生环境面临水泥森林的压倒性入侵，虫们的生存之境一再被压缩。

2016_9_27

· 哪个小姑娘的别致发饰遗落在了草叶间？平时小灰蝶只有在低处翩飞时，人们方能见它翅上的神秘蓝紫色一闪一闪。停歇在草叶上时，它多是敛翅呈灰褐色。这天拍它是早晨 8 点来钟，它可能刚刚醒来，早上的湿气还滞留在低处待蒸发，它不飞，就停驻此处移移身子！
一只无尾突的酢浆灰蝶于清晨停在草叶上，充当草叶的饰品。

2016_9_28

· 看一只小叶甲与大硕蝽的睦邻友好关系，两个物种间相安无事，共享共荣……它们的亲密打动了我这个人。瞧那只小叶甲，把硕蝽的身体当成了玩物，它在它身上爬上爬下的，真是悠游自在得很。

2016_9_29

· 夜里，一只豆粉蝶睡在这里。早晨 8：50，我差点错过它，它把自己隐匿在锈色斑斑的黄叶下，眼尖的我看见它还在酣睡。这时太阳升起很高了，它翅上凝结的水珠都已蒸发，它就要醒了。

2016_10_3

· 古时人们对自然界的熟悉远胜现代人，而文明进程中人们却一再丢弃曾经的智识。不知《诗经》里描绘过多少动物乃至一介小虫，《诗经·周南·螽斯》写螽斯喻现实："螽斯羽，诜诜兮。宜尔子孙，振振兮。螽斯羽，薨薨兮。宜尔子孙，绳绳兮。螽斯羽，揖揖兮。宜尔子孙，蛰蛰兮。"（蝈蝈张翅膀，群集低飞翔啊。你的子孙多又多，家族正兴旺啊。蝈蝈张翅膀，群飞嗡嗡响啊。你的子孙多又多，世代绵延长啊。蝈蝈张翅膀，群聚挤满堂啊。你的子孙多又多，和睦好欢畅啊。）这不难理解。螽斯在人们生活中常见，在北方通常它叫蝈蝈。螽斯，直翅目虫虫，与蟋与蝗是挂角亲。

· 人囚禁蝈蝈是为了听它振翅时的鸣声，那么好听。它不像蝉聒噪起来没个完，也不像蛐蛐儿。蝈蝈比蛐蛐儿帅气俊朗养人的眼。人饲宠蝈蝈，自认有恩于它，而笼中的它每每难受憋屈想自由，便又再次发出美妙的声音，悦人耳。蝈蝈不知这是更错了，于是人更加不会还它自由。蝈蝈不了解人，这是它的宿命。于花鸟市场逛荡，看见装饰精美的笼子关住了一只蝈蝈。

2016_10_17

· 昨进山的收获只有它是独异的，请看，你看见了什么？一些枯叶里一片锈蚀的叶？这一枯叶不是常识里那拟枯叶形态的“枯叶蛾”，而是因它身体的纹饰色差深浅，从某个角度看去，予人眼的错觉！这种错觉在拍一只葡萄天蛾时有过类似的感受。那么它是谁！两个小时的苦苦追索，依然没结果。请教虫友 Barnett_H，这只蛾子也难住了他。他回复我：“从分类的外观特征看，这种形状，应该不是钩蛾就是尺蛾，更像钩蛾。”不过，到目前为止没有找到特征完全相同的，昆虫的种类太多了，难啊，查了一下钩蛾科，虽没找到具体种，但也越来越觉得其是钩蛾！

2016_10_22

· 钢蓝色大复眼，触角、腿足、胸腹皆橙色。透明膜翅，翅脉黑色，这俊模样太入我眼，以至一个劲儿拍它。打了闪光，其膜翅的凹凸反射形成细碎斑斓的七彩光，小小的迷幻令我难舍下它。其有明显的趋光性，从前拍过它两次，分类时出错，误认它为悬茧姬蜂，非也！应为瘦姬蜂。

2016_10_23

· 蜘蛛一般长得不讨巧不好看，体色灰暗，还多生毛刺，毛乎乎的，吓人。头脸又多显得鬼头鬼脑的，样子有点狰狞。给你看的这个算是观感不那么吓人的，它被人命名为悦目金蛛！很怪，从前我不大拍蛛形纲虫虫，只拍昆虫纲，有形象歧视，去年方开始拍，我这拍虫态度愚蠢！

2016_10_25

· 霜降日见这漂亮小叶甲喜不自禁！嘿，先以为遇上只异色瓢，看清触角才知是拟瓢叶甲。今年被野蜂叮一次、被荔蝽若虫施放体液收拾一次，皆引起皮肤过敏反应，这次只好裹严实了进山，扎紧裤脚戴上手套。捉它于手，它启动防御机制喷一点黄色体液在手套上。

它飞起又落我手机上，拍它不得，只好说再见！

2016_10_28

·褐蛉的脉翅没有草蛉的好看，大凡因为它的翅不如草蛉的翅纱帐般通透。那天它在高处，踮着脚尖才把它拍成这样。哈，我发现人类的眼睛习惯看颜值高的虫虫：色彩斑斓的或者身形结构符合人类审美的。如是，褐蛉明显比草蛉暗淡。不过拍虫时我越来越不会看“麻衣相”了，小头虻无法与水虻媲美，然我拍它拍得好开心。接着晴了两天，下午去青龙峡爬山，已很疲倦，但晚饭后不想放弃拍夜虫，所以又外出去有光源处找虫。它，这个从头至尾不过6毫米长的小褐蛉来到我眼前，其脉翅天生有梦一般的朦胧气质，它会带给我一帘幽梦……

2016_11_5

·昨夜，灯杆虫虫夜总会最美的舞会皇后是她，一只雌性茧蜂！不是武媚娘，却是妖媚娘！浅粉的纱裙若隐若现，把大蚊、摇蚊、各种蝇包括时时扭腰摆臀的妖精蠼螋，也给打败了！时至深秋，灯杆上最多的只是双翅目的蚊蝇了，兴致不高地掐指算了算，得等来年的四月天，虫虫们才会再多起来，得等半年啊！

2016_11_22

·今日，把最后五天年休假请了，飞来普洱，在这里买了一小居室，我的心就牵系在这里了。普洱森林覆盖率近百分之七十，要说空气，何处有这里好？！一大早来湿地公园走。角蝉，翅上带露珠，停于锦葵科植物叶上，机灵又酷帅。角蝉的角长得奇异，它的角，不像兽类那样是从头骨上长出来的，而是由胸部的前胸背板形成的。目测其长约5毫米，仿的是树干尖刺，因停叶上，我认出它来。拍罢这几张图，它借助后腿弹跳起来，逃走不见。蝉的角，不为打架争

"枯叶"的边还是"卷"着的，可能是某种钩蛾

悦目金蛛

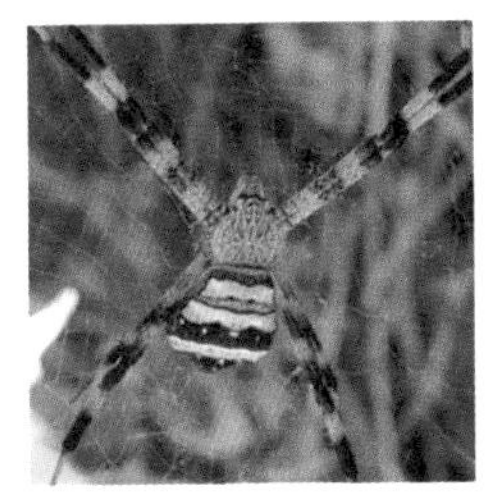

拟瓢叶甲，瓢虫的触角是小棒状的，而它的不是

一只雌性茧蜂，透明膜翅几层交错产生了粉紫色，很柔媚的样子

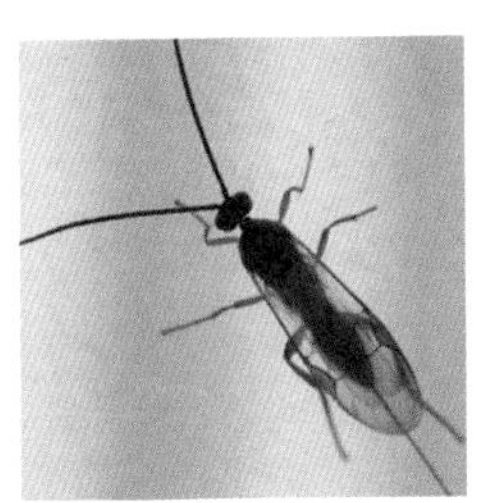

褐蛉在夜灯下气质朦胧

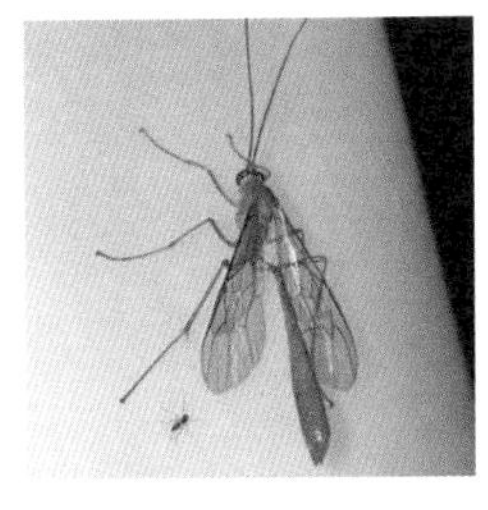

瘦姬蜂

粉蝶灯蛾，白天它静卧花蕊

角蝉

茶叶上盾蝽的若虫

古树茶园常见的油茶盾蝽的若虫

优越斑粉蝶

报喜斑粉蝶

B

雄只为伪装。

2016_11_26

· 若它不停下来让我拍到它静卧花上的样子，我怎么会知道它原来是只粉蝶灯蛾。有两三天，我看见它们扇着清秀的翅膀款款飞过时，我甚至以为它是某种优雅的绢蝶。谁会想到这在大中午的时候出来活动的，原来是只蛾子——灯蛾。因而我想蛾与蝶之间可能有某些过渡品种吧。那么，是否有蝶会在夜间出没呢？这只粉蝶灯蛾飞的时候像粉蝶，停时全蛾态，也像有斑纹的粉蝶！

· 冬天的节奏里，蝶蛾残缺了翅甚或殒命作别，活动着的谁不显得孤寂灰暗？不同的虫虫出没规律也不同，这种四五月份出现，那种九十月份才有，同一座山同一处灌丛，空间不变，不同种虫子出现的时间却是尽量错开的，从大处说，这是彼此之间为减少物资争夺，为活动空间不拥堵而形成的生存格局。昆虫纲是地球上动物界包含物种数最多的纲，各种昆虫尽可能地和睦相处，使物种得以多样性存在，这是所有生命的生态平衡智慧。

2016_11_27

· 在普洱度假的最后一天起了个大早，独自上龙山栈道。印象中，栈道修在自然长成的林木中，应可遇见些不曾拍过的虫子。果然，才进栈道口便见一惹眼的靓丽虫虫，定睛看，那是在资料图片里已很熟悉的油茶盾蝽的若虫。试图在附近寻找更加漂亮的成虫，未见，就只见三只若虫，不同龄期的若虫，甚憾。若论体色模样，盾蝽在蝽类里颜值很高。回来查阅，得知夏天方有成虫。油茶盾蝽每年发生 1 代，以 5 龄若虫越冬。翌年 4 月上旬，越冬若虫开始活动。成虫在 6 月上旬开始出现，6 月中旬至 7 月初为羽化高峰期。卵于 7 月中旬出现，7 月下旬至 9 月上旬为产卵高峰期。若虫在 7 月下旬出现。

末龄若虫在 10 月下旬开始越冬，越冬若虫多在生长浓密的油茶叶背或林下杂草中，单独或几只蛰伏在一起。而成虫这个阶段是看不见的，成虫得等着吸食成熟的茶果汁。蝽类的若虫多颜色可爱姿态萌，荔蝽、缘蝽、硕蝽便是如此，成虫难媲美若虫。盾蝽例外，从人眼的角度看，盾蝽的成虫颜值高于若虫，油茶盾蝽便是。而鞘翅目的甲虫类、鳞翅目的蝶蛾类等完全变态昆虫好像与蝽相反，成虫更漂亮些！

· 在产茶区，古茶树叶上的茶盾蝽若虫常聚在一起，当地茶农称其为“茶贵”，说它们一出现茶叶就贵。倒腾茶叶的茶商们很忌惮它。我却想：好啊，至少说明你茶树没喷杀虫剂！

· 20 世纪末一本江苏的《东方文化周刊》杂志约写一篇专栏文字，主题是谈谈下世纪你最担心什么。我记得我那文章里说：“我害怕喝茶时茶叶要洗。” 21 世纪，我们喝茶时，谁不洗茶呢？呜呼。

2016_11_28

· 前两日带定居西双版纳的先锋作家马原及其同学一行，到宁洱县的茶马古道驿站——那柯里古镇游。我就没想到要拍虫子，却在一老街巷道拐角处，看见一大蓬从屋顶泼洒而下的正开得红艳的一品红花，走到近前，竟看见比花色更艳的报喜斑粉蝶和优越斑粉蝶绕着这花飞起落下。我“啊啊”地叫着却无奈手中只有手机，我个头再高手再长，还是离它们太远。首见首拍优越斑粉蝶，此番只证明我见到它了。一品红是红黄的番茄炒蛋色，报喜斑粉蝶、优越斑粉蝶也是红黄主色，若蝶不飞，此花便只是扎眼而无聊，正所谓“蝶来风有致”！

2016_11_29

· 那天中午天大晴，挂在枝上的一只蓑蛾有异动，它从隐藏的伪装

白条巨蟹蛛

睇暮眼蝶

槽胫叶蝉

铲头沫蝉，它跳到窗玻璃上

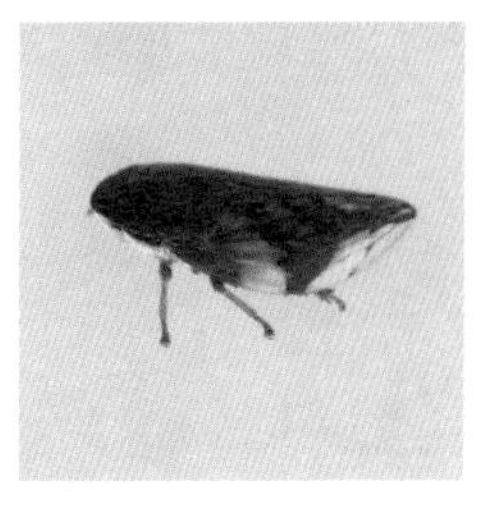

蓑蛾有异动，它从隐藏的伪装“垃圾房”里往外钻

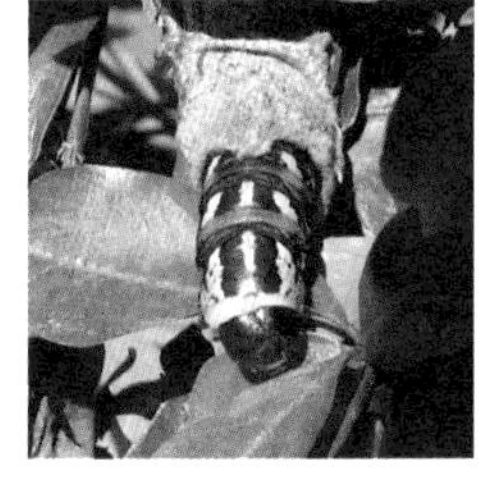

非蚁而是蜂，绒蚁蜂，雌的

“垃圾房”里往外钻，是太热了吗？还是它要脱身出去，完成下一阶段的生命历程？它努力地要挣脱出来，身体前部的小爪扒紧小枝移动着，也许它太用力了，它附着的干燥小枝忽然断裂，它及垃圾房一并掉在地上……我后来把它捡起来重新挂在一小枝上。一只颜值不高的虫之生命挣扎，因为丑陋而无人点赞。

2016_12_1

· 采一束思茅猪屎豆回家插，第二日丢弃时，见一虫跳地上。镜头捕捉之，原是一铲头沫蝉，用手捉之，想看个更清晰，它从我手上跳上窗玻璃。拍了几张，它就消失不见了……目测它身长 5 ~ 6 毫米。我已离开普洱，它或还在那空屋里存活……抱歉，小蝉！铲头沫蝉乍看有点像槽胫叶蝉。

2016_12_2

· 睇暮眼蝶？拿着放大镜仔细看，对比来对比去，基本判断它为睇暮眼蝶。睇暮眼 = 看暮色的眼睛？它停于行道上，看着像一片锈色枯叶，它飞起，我又以为它翅残缺。然非也！人家天生就这模样！它前翅后翅外缘成角状。此图拍于普洱小雪节气后，眼状斑淡而不显。

2016_12_4

· 看见小区园丁拔除绿化区密集生长的吊兰，我从其手里要到了几株，拿回家里泡水养着。养了两三天，忽发现这几株吊兰的叶片锈蚀残缺难看，正打算扔弃时，发现叶片尖梢上竟然有一只 5 ~ 6毫米长的小蜘蛛，一动不动的。我扭动叶片观察时，它活跃起来，呈现各种可爱姿态。只见它前两对步足粗大，明显长于后两对足，且常呈现出朝前拥抱之状。拍了好长时间，只局部清晰。初判为蟹蛛科白条巨蟹蛛（台湾地区叫法），稀少，栖于林下草叶间，它显然是跟着那几株吊兰一起进屋的。

2016_12_16

· 昨天中午，这个小家伙在美人蕉叶上晒太阳，跑来跑去，灵动得一点都不像冬天的虫虫！它头黑胸红，腹部深蓝且带两白色环！目测其 5 毫米长，好像是蚁族之一种。何种？回来一查其血统，非蚁而是蜂！看触角时也想过是蜂。绒蚁蜂，雌的。

2017年拍拍拍拍拍虫拍拍拍拍拍拍拍拍拍拍拍拍拍拍虫拍拍拍拍拍拍拍拍拍拍拍拍拍虫拍拍拍拍拍拍拍拍拍拍拍拍拍拍拍拍拍拍虫拍拍虫拍拍拍拍拍虫拍拍拍拍拍拍拍拍拍拍拍拍拍拍拍拍拍拍拍拍拍拍拍拍拍拍拍拍拍拍拍拍拍拍拍虫拍拍拍拍拍拍拍拍拍拍虫拍拍拍拍拍拍拍虫拍拍虫拍拍拍拍拍拍拍拍拍拍拍拍虫拍拍拍拍拍拍拍拍拍拍拍虫拍拍拍拍拍拍拍拍拍拍拍拍拍拍拍拍拍拍拍拍拍虫拍拍拍虫拍拍拍拍拍拍拍拍拍拍虫拍拍虫虫虫拍拍拍拍拍拍拍拍拍拍拍拍拍拍拍拍拍拍拍拍拍拍拍拍拍拍拍拍拍虫拍拍拍拍拍拍拍拍拍拍拍拍拍拍拍拍拍拍拍拍拍拍拍拍拍拍拍拍拍拍拍拍拍拍虫拍拍拍拍拍拍拍拍拍拍拍拍拍拍拍拍拍拍拍拍拍拍拍拍拍拍拍虫拍拍虫拍拍拍拍拍拍拍拍拍虫拍拍虫虫拍拍拍拍拍拍拍拍拍拍拍拍拍拍拍拍拍拍拍拍拍拍拍拍拍拍拍拍虫拍拍虫虫拍拍虫拍拍拍虫拍拍拍拍拍拍拍拍拍拍拍拍拍拍拍拍拍拍拍拍虫拍拍拍虫拍拍拍拍拍拍拍拍拍拍拍拍拍拍拍拍拍虫拍拍拍虫拍拍拍拍拍拍拍拍拍拍拍拍拍拍拍拍拍拍虫拍拍虫拍拍拍拍拍拍拍拍拍拍拍拍拍拍拍拍拍拍拍拍拍虫拍拍拍拍拍拍拍拍拍拍拍拍拍拍拍拍拍拍拍拍拍拍拍拍拍拍虫虫虫拍拍拍虫拍拍拍拍虫拍拍拍虫拍拍拍虫拍拍拍拍拍拍拍拍拍拍拍拍拍拍拍拍拍拍拍拍拍拍拍虫拍拍拍拍拍拍拍拍拍虫拍拍拍虫拍拍拍虫拍拍拍拍拍拍拍拍拍拍拍拍拍拍拍拍拍拍拍拍拍拍拍拍拍拍拍拍拍拍拍拍拍拍拍虫拍拍拍拍拍拍虫虫拍拍拍拍拍拍拍拍虫拍拍拍拍拍拍拍拍拍拍拍拍拍虫拍拍拍拍拍拍拍拍拍拍拍拍拍拍拍拍拍拍拍拍拍虫拍拍拍虫拍拍拍拍拍拍拍拍拍拍拍拍拍拍拍拍拍拍拍拍拍拍拍拍拍拍虫拍拍拍虫拍拍拍拍拍拍拍拍拍虫拍拍拍拍拍拍拍虫虫拍拍拍拍拍拍拍拍拍拍拍拍拍拍拍拍拍虫虫拍拍拍虫拍拍拍拍拍拍拍拍拍拍拍拍拍拍拍拍拍虫虫虫虫拍拍虫拍拍拍拍拍拍拍拍拍拍拍拍拍拍拍拍拍拍拍拍拍拍拍虫虫拍拍拍拍拍拍拍虫拍拍拍拍拍拍拍拍拍拍拍虫拍拍拍拍拍拍拍拍拍拍拍拍拍拍拍拍拍拍拍拍拍拍拍拍虫拍拍拍虫拍拍拍拍拍拍拍拍拍拍拍拍拍拍虫拍拍拍虫拍拍拍拍拍拍拍拍拍拍拍拍拍拍拍拍拍拍拍拍拍拍拍拍拍拍拍拍拍拍虫拍拍拍拍拍拍拍拍拍拍拍拍拍拍拍拍拍拍拍拍拍拍拍拍拍拍拍拍虫拍拍拍拍拍拍拍拍拍拍拍拍拍拍拍拍拍拍拍拍拍拍拍拍拍拍拍拍拍拍拍拍拍拍拍拍拍拍拍虫拍拍拍虫拍虫季

木蜂钻木为巢

旱金莲的叶片上，被露珠碾压而亡的小蚂蚁

大蚊的身体构造，我一直认为是很美的

跳蛛

2017_3_6

· 这是全身每一部位都黑得彻底的蜂，六足皆被毛。这形象天生凶神恶煞样，遇见还是躲开为妙，我想。图非我拍，是十多天前侄女晗姑娘在西双版纳耍时给我拍的。其膜翅反射出幻紫光，那是物理原因吧，资料说其钻木为巢，用花粉喂养巢内幼儿。查资料应属木蜂竹蜂一类，昆明没有，滇西南的普洱、西双版纳有！

2017_3_14

· 一只被汇聚之露碾压的蚁。后来，我想到琥珀。我定睛的世界，又飘过一句诗，自行改一字——感时花溅泪，恨别蚁惊心。我是现代女东郭。

2017_4_2

· 大蚊的身体构造，我一直认为是很美的。它体形修长轻巧，尤其是再衬上那对小鼓槌一样的平衡棒。

· 白天拍它，一双绿宝石般的大复眼让我着迷，灰褐色低调不惹人眼的它，因此气质出众！虽然跟吸人血的蚊子是挂角亲，它可从来不叮人！这点也是其美德之一！去年 6 月份于西山林中空地拍到的一只大蚊，可真是大！翅展 60 毫米左右，正是其生命的盛年，油光水滑的，一只帅俊的大蚊。平时见的大蚊只有其一半大。大蚊是一种美虫，长翅，那翅像美人拖在身后的长裙，一对平衡棒像它们的饰品。曾拍过一只大蚊，它极像 T 台上走秀的美人！（自拍这只大蚊始，我的手机添加了手机微距镜头，倍数是 15。）

2017_4_9

· 对蛛形纲知之甚少。周日拍得垂丝海棠树干上这毛乎乎的难看家伙，其八眼中前眼列中间，两眼黑亮如炬，炯炯有神。研习，判断其属跳蛛科。跳蛛科是蜘蛛目最大的科，跳蛛视觉发达，行动甚是敏捷。跳蛛在广东、福建、台湾等地又叫蝇虎，说它们是吃苍蝇的老虎。

· 说到蜘蛛，又想起秘鲁纳斯卡荒原上的纳斯卡线条，那些必须从空中俯瞰方能看见的奇妙巨型图画里，竟然有一只长约 50 米的巨型蜘蛛！古代纳斯卡人有一个族群部落是奉蜘蛛为神灵的人？

2017_4_16

· 小灰蝶，很难拍！细灰蝶，沉醉于一朵茄科假酸浆花（又叫冰粉子花）。它气质朴素，除尾部两眼形斑有点彩色，其余体色只黑白灰！它长这样，有利于自保，天敌看见了，只会猛扑这点艳彩而去，避免了它脆弱的头部被攻击，给了它逃命机会。

2017_4_23

· 在一株三棵针上遇见这只黑白二色、身上长着一撮撮白毛的象甲，也不知为何，拍它时我想到穿山甲想到老鼠，有某种形似？不曾见过。拍过十来种象甲，它这毛乎乎的外表并极素的黑白配，不讨喜。它是迄今我见过的象甲里最丑的角儿。人类的审美强加于虫，也许不道德，其实它丑得可爱！

2017_5_1

· 五一假期，与朋友去玉溪新平县，目的地是新华古州野林。那林子高处有高山草甸，我的目的是在林子里拍虫。朋友们以峰顶草甸为目标登山去了。我就在林子里专注拍虫。拍到三种龟甲，我叫它们“纯金龟甲”“环金龟甲”“铜金龟甲”以区别。它们在叶面上均是一粒粒“金子”，直径 4.5 ~ 5 毫米，阳光下金闪闪地刺眼！它们像是琉璃做的艺术品，玲珑精巧又灵异，像一只只微缩小龟笃定地存于世间。

2017_5_2

· 这个翅上长棘刺的卷叶象甲叫刺斑卷叶象甲，生存地只标记为“云南”，甚幸与它相遇。台湾有一种身体颜色与此卷叶象甲相似的，只是身上无刺，被称为黑点卷象，有黑色瘤突无刺，我猜它们有很近

小灰蝶尾部有迷惑天敌的假眼斑及触须，天敌若上当，啄此部位，它还有逃命的可能

毛象甲

纯金龟甲

铜金龟甲

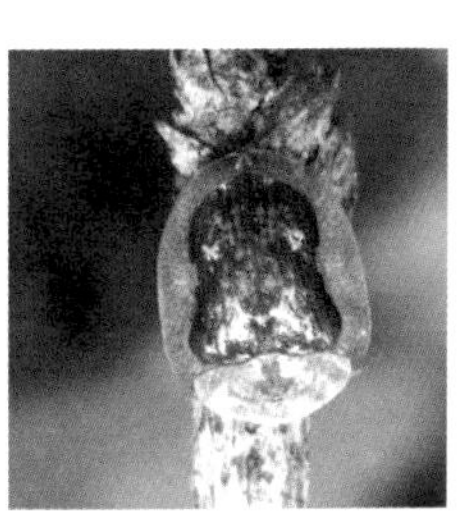

环金龟甲

刺斑卷叶象甲

的亲缘关系。卷叶象甲皆是虫界建筑高手，据我观察，不同的它们选择的建材尽管不同，但用一片叶子切割折叠造就的居屋巢型是一样的，这个值得研究。我在笔记本上录过一句话，博尔赫斯说的——“你的肉体只是时光，不停流逝的时光，你不过是每一个孤独的瞬息。”我忽然觉得，长相类似的它们都有共同的祖先，只是后来它们分开了，在同一时间轴上，不同的空间里各自进化各自基因突变，成了现在的样子。

2017_5_3

· 这只艳丽的蛾子我是第一次见，红黄蓝三原色它都有，还有黑白，拍它时我联想着毛色艳丽的鹦鹉或翠鸟什么的。我看它只剩一根触角了，不知何时折断了另一根，失一触角，行动总归就不灵便了。我用一根棍子把它从暗处接引至阳光下拍它，它的翅看来有问题，它行将就木，飞不动了……什么蛾？斑蛾吧，我对鳞翅目的蛾类不太熟悉，但努力查了一下，应是台湾昆虫分类专家嘎嘎提到的史式狭翅萤斑蛾，雌雄翅色不同，我拍的这只为雌。

2017_5_4

· 一片半透明的塑料薄膜贴在这片树叶上？林中微风吹动它飘落此处？第一眼看见它时就是这感觉。然而我看见了一片塑料薄膜不可能有的规整、对称的长相，是只蛾子！看它的样子，我初判为尺蛾，回来查，只在有关钩蛾的图片里查到一种叫“晶钩蛾”的与它类似。台湾虫友 Barnett_H 指点迷津——台湾称纱钩蛾或透明钩蛾。晶是指其呈透明状吧？

2017_5_5

· 拍到它时，把它当毛翅目的石蛾了，石蛾都是长角，侧看时翅也隆成屋脊状。在查阅晶钩蛾及狭翅萤斑蛾时，偶然间看见鳞翅目里有

“大黄长角蛾”与此蛾十分类似，而拍它时没拍到它脸部。去年秋天拍过毛翅目的黑须长角石蛾！石蛾与长角蛾老是会混淆，看多后，总结出一点经验：两根触角形成的夹角小者是毛翅目的石蛾，而鳞翅目的长角蛾的两根触角形成的夹角大。

2017_5_11

· 卧滇朴叶上的它是谁？不知，有点妩媚。黑白色令我想到大熊猫，那橙黄令我想到甜蜜的饴糖，其表情令我想到一个慈蔼的大婶……正午的阳光下，它们全都躲在朴树叶的背面几乎不动，微笑也凝固了。它们是谁的童年时代？长大后会成为谁？全变态的昆虫不能以幼虫为分类标准。

2017_5_13

· 它是坡天牛！周日上午，拍到我见过的最小的天牛，不连角，头尾长仅 5 毫米，昨天还为拍它被荨麻刺到，隐忍下这小疼痛，终没事。去年被野蜂叮到引发的皮肤过敏，扰我半年大好拍虫时光，今年不可再重复。起先以为它是一只潜吉丁，用手机微距观察后发现是只天牛，体色灰褐，鞘翅上有两对黑色毛簇状瘤突，最初它两长触角顺后不动，应是在睡觉，为拍清楚它，我得左手扯住叶子。这惊动了它，于是拍得其又萌又牛气的各种姿态。细察其触角上下周围有两对对称的复眼，存疑！在“嘎嘎昆虫图鉴”里有“瘤翅锈天牛”与它较相似，但身上花纹等有不同！“嘎嘎昆虫图鉴”里的瘤翅天牛比我拍的这个体长长了一倍……仔细看它，它竟然有两对复眼？！虫友告诉我：“一些天牛，同侧复眼分成上下两个，就变成四只！”这现象够神奇！生命演变进化中的遗传留存，像人类的“尽头牙”，用处已不大？我查了坡天牛属，有一图与此很相似，的确也是有四只复眼。

史式狭翅萤斑蛾的红脸

史式狭翅萤斑蛾

全变态的昆虫不能以幼虫为分类标准，不知它是谁

长角蛾

全身素纱黑的透翅斑蛾

晶钩蛾，乍看以为是一片塑料薄膜

2017_5_20

· 这么漂亮的斑蛾非我亲拍，是我妹妹散步时拍到发给我的，她在曲靖。简直是最好的“5· 20”礼物！我爱虫，全家人现在都会拍虫给我。这只美到极致的斑蛾，有一翅尾端像是受伤了抑或没完全伸展打开？细查，其翅尾端半透明状，整体呈烟灰蓝色，翅上部有两圈黑线描边红带环绕，两环带间乳白色。有哪位时装设计师“拿来主义”地借其配色及款式设计一条长裙，我一定买！查资料知其是双带透翅锦斑蛾。此“妖蛾子”在微博发布后，受到虫界大咖三蝶纪和台湾虫友 Barnett_H 等的转发，微博点击量狂过五万，“5· 20”它真真“网红”了一把！无独有偶，居普洱的朋友黄雁发来图说，她一早出门散步也拍到它！看来，昨日满天下皆此“妖娥子”了！只是两蛾的环带颜色不同！一黄一红！我第一次拍到的那只，全身素纱黑的透翅斑蛾在它面前，如寡妇般沉寂。

长颈鹿天牛，它的中文名字取得太恰切了

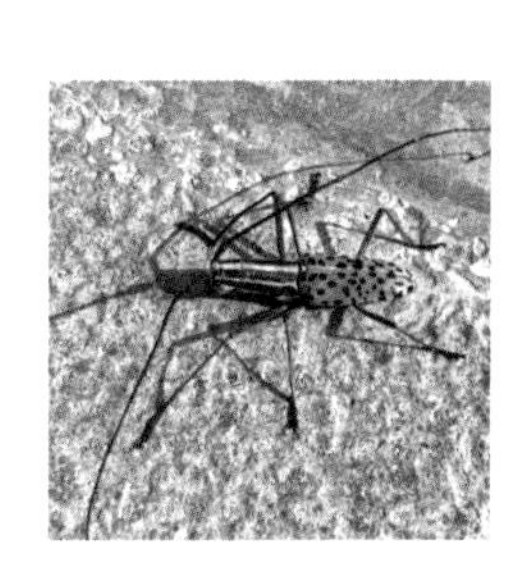

坡天牛！我见过的最小的天牛，头尾长仅5 毫米

看脸的确是天牛样儿

缨绵蚜

绿刺蛾

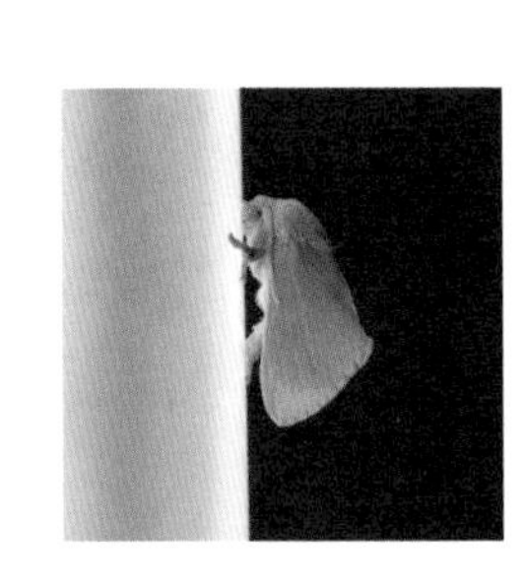

虎天牛

赤条盾蝽

茶壶上虎天牛

萤叶甲的“爱情”

双带透翅锦斑蛾

2017_5_22 · 你这灯杆上的绿妖，你这件很有质感的翡翠色的霓裳羽衣，我盯着你达一小时，我希望你在这蛙鸣四起的夏夜舞弄出一点动静，你偏不，你是静静在等待，等待一场爱情？刺蛾！看它足跗节毛乎乎的样子，这是刺蛾的特征之一。

2017_5_25 · 一开始以为那是蓝雪花暴出的花蕾前端，忽发现其在爬动，再定睛……带着白色蜡丝的有翅小蚜虫？也有点像小蜡蝉吧？目测它长度不到 3 毫米，听不见它们的任何响动，却羡慕其有着惊人的自由自在之美。它是缨绵蚜！

2017_5_27 · 一大早出门，便遇见一对萤叶甲的“爱情”，它们最后竟然爬上了我的鞋……眼看要爬上我裸露的脚面，轻轻用一片树叶引开它们。我自上班去，它们快速离开……继续爱。我挥一挥手作别它们——且行且珍惜吧！

2017_5_30 · 今日端午，祖辈说：“五月五日午，天师骑艾虎。手持菖蒲剑，妖秽全都无！”茶壶上的虎天牛，是莫先生在弥勒拍的。这只赤条盾蝽，是念青在西安拍的。传说中，虫虫常被用作蛊毒药引，人见多避之杀之。有那么严重吗？地球上最早上岸的动物可能就是虫，这是生命进化史上的大事，人类登月成功与昆虫爬上陆地都无法相提并论。人类在地球上的出现晚了虫虫们太多太多年。地球上有存在了亿万年的另类生命，善待之，只会有好处。

2017_6_26 · 近一月未外出拍虫，5 月末出版的两本书《铅灰暗红》及《看花是种世界观》拖了后腿，两书接踵而至得负责宣传。今天终于去了一趟野外。一条小溪干枯的溪床上有一点艳蓝，抢我眼，是只蝶半收敛半张开的翅色。蹲下守了近半个小时，就是拍不到它完全打开翅的样子，最后在我头晕眼花时它还拍翅飞走了，再也找它不见，懊恼不已，那感觉颇似失恋。

· 离开不远，拍到正面翅有蓝色金属光泽的彩灰蝶，是莎罗彩灰蝶。于是有点豁然开朗地想到，先前一直等拍的那只蝶正是它。

2017_8_12

· 整个 7 月都没外出拍虫，拍摄中断多时，一年中最好的拍虫季就要错过，这段时间还是忙于那两本书的宣传等，去上海、杭州做读书分享会等活动，疲惫不堪病倒。昨天外出山林拍到一只长角蛾和一只苍蝇。长角蛾漂亮极了，它的触角打得很开，我就凭这个特征区别它与毛翅目的石蛾。石蛾也有长触角，与虫友多次探讨过二者的区别，触角基部的夹角窄者为石蛾，宽者为长角蛾。话说毛翅目的石蛾身上长的是毛，鳞翅目的长角蛾身上是鳞片，没有特别微细的局部照片是很难区别那毛和鳞的。

· 这只长角蛾一袭上半身金属亮蓝而下半身红铜色的霓裳羽衣，这艳影难道仍不引发时装设计师灵感？如今可是流行带金属闪亮感的材质哦。那只绿眼金身苍蝇的复眼粒粒可数！查了很多资料，目前这二位的大名还未知。

2017_8_25

· 喜旱莲子草是世界公认的恶性入侵杂草，这个小叶蚤是专食苋科莲子草的小虫，我拍它时，脑子里光是汩汩冒那句话——毛尖老师点评萧耳《锦灰堆　美人计》的那句话："它是你不用下山就能看见的莲花！"我还真的没见过这种叶蚤在别的植物上吃叶子。这只叶蚤拉完屎屁屁，走两步又啃起来，啃食得飞快，一会儿就一大缺口。

莎罗彩灰蝶，平时我们只见它敛翅的样子

莎罗彩灰蝶正面翅有蓝色金属光泽

绿眼金身苍蝇

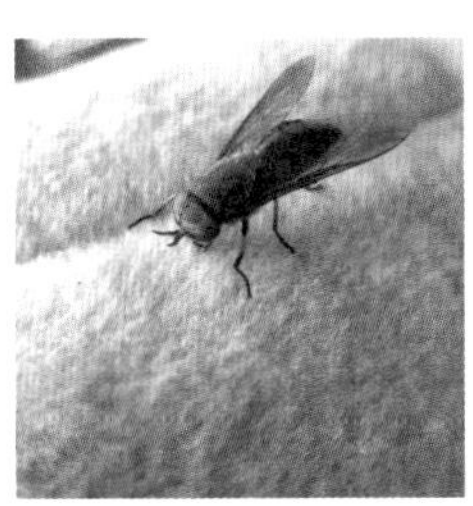

长角蛾艳影

这只叶蚤拉完屎屁屁走两步又啃起来，啃食得飞快，一会儿就一大缺口

专食莲子草的小叶蚤

一个儿时割过猪草的孩子跟帖告诉我："割草时，大人们叮嘱要避开这草的，据说用猪吃了它拉出来的粪便做了肥料的那块田地，就会长这草了。"记忆里是像病毒一样传播疯快的草，有此草就有此虫。一种虫与一种植物竟然就这样紧密联系在了一起，我看是喜旱莲子草对它的单方面供养。它叫双条长叶蚤，不曾见它在别的植物上啃食。

2017_9_9

· 昨夜，雨后天晴，出去转了一转，虫虫夜总会像是蛾子们的包场似的，我共拍到十种蛾子。也有其他家伙来凑热闹，粉墨登场……那只蜘蛛是我拍过的最大者，目测其身长约有 25 毫米，名大腹园蛛。这只大腹园蛛惊动了同城一研究蜘蛛的微博朋友 real_kmlover，竟然私下问了我那只大腹园蛛所在的确切位置，并于第二天夜里，迅速把它带走，在家里饲养起来。那只蛛又在他提供的环境里织起网来。（近一年后的 2018 年 6 月 7 日，real_kmlover 在新浪微博的私信里发它的图片给我看。说它仍活得很好，已产卵三次，但它的娃没有它的体量大。他告诉我，大腹园蛛在东北可活两年，但其中一年都在冬眠。）

2017_9_10

· 我是亲眼看着一滴雨水砸在它的后胸背上，溅成大小几颗水珠儿，挂在其体毛上，它立时变成小清新一枚。大（红）斑芫菁俗名斑蝥，它虽美，我却不敢像玩小瓢、天牛那样碰它一碰！芫菁会分泌出一种刺激性物质，称斑蝥素（cantharidin），皮肤碰着会过敏红肿，斑蝥素可用作一种局部皮肤发炎药剂，以除去皮疣。芫菁对人类既有益又有害，幼虫食蝗卵，而成虫如果数量很多，就会危害作物。看它们食一朵牵牛花，三下五除二，那花就被摧残了。

2017_9_17

· 今天在山中的另一重要收获，是首次拍到这宝蓝色的蓝蝽。我热爱蓝色，它被我归到虫贵族系列，在我的虫虫图库里，我以人的审美角度，给蓝色虫虫单独分配一个“蓝精灵”文件夹。

2017_9_18

· 昨天在山里还首次拍到大锹甲，在一株老柳树靠根部的树洞里发现了它。在它锹下还有个小家伙，是其伴侣，是其孩子，是其猎物，还是其兄弟姊妹？费我思量。小家伙老想出洞，大锹甲就不让，之后它自个儿跑出来，我以一细枝引它，拍了它两三个小时，直拍到太阳西斜。它是中华大锹甲，姿态威武！全身长约35毫米，是迄今我拍过的最大的甲虫。

2017_9_22

· 竹象！竹象！它美得像一件漆器，长沙马王堆汉墓出土的那种漆器！这样的颜值和肤色！竹象是竹子的害虫，它把卵产在竹笋里，幼虫靠蛀食竹笋和嫩竹肉及水分成长，其隐入地下的蛹可食。但是在这里特别要说明的是，云南人特别爱食的油炸“竹虫”并非竹象的幼虫，而是一种蛾子——笋蠹螟的幼虫，竹虫体内蛋白质含量高，它们被人们找到时都是一窝一窝的，用水汆一下捞起油炸后是佐餐下酒的美食，嫩竹里的笋蠹螟幼虫太多，竹子就长不大了。

2017_10_10

· 又到普洱。这是被人用剪子剪开的某毛虫茧壳，蛹自然是被拿去煎食了。还偶见这只羽化的成虫在地上扑腾，它将逝，卵应已布好。什么都敢吃，这是国人的嘴。虫蛹高蛋白有营养，我却想着它成蛹前毛乎乎的样子，皮肤过敏发痒了。去网上搜了一下，竟然有吃货在网上奔走相告大量收购松毛虫蛹的，其蛹已成美食，还有专门养殖卖蛹的。无可厚非。我只是个人觉得竹虫生在竹子芯，竹子干净

大腹园蛛

竹象

到云南旅游过的也许吃过它，竹虫，笋蠹螟的幼虫

蓝蝽

毛虫的蛹没被吃掉，成功羽化的成虫

摧花者，大红斑芫菁

某种毛虫的茧壳

大红斑芫菁飞起来很好看

中华大锹甲，全身长约35毫米，是迄今我拍过的最大甲虫

还敢尝试，这个毛虫的就算了吧，细看，茧壳上还有刺毛的……

2017_10_15

· 我一来便盲人摸象般地说它是锥头螳！它的眼力太好了！为了拍好它，镜头一再靠近它，木栏杆上的它，大眼瞪着我。镜头离它两三寸距离时，它的前肢竟然两次够到我手机上来，还有一次跳到我外衣上，我有些受到惊吓，大着胆折一茎草叶引开它。我是一人外出，无人记录下那情形。见美虫和没拍过的虫，我常常不淡定，何况是遇到这长相独特怪异的虫！今天的图大多数拍花了，手抖个不停，真真气煞人也！它终是不耐烦我，离我而去。它是飞走的，背影简直是太美丽了，唉，不是美丽，是壮丽！！目送它飞走，我惆怅不已。

· 今天回放图，发现拍了个视频，视频拍得比图片好，便发了一组此螳图上微博。回家查资料，我基本否定了"锥头螳"之说，而偏向认为它是屏顶螳，因为它的生境更符合资料上描述的屏顶螳的生境。微信也发了，引众人围观，皆称奇。有人说它是大法师，是国王，是王后，是外星人。更奇葩的说法是，它让人想起诗人顾城——这是因为它头上的那顶"帽子"吗？细观，它的刀臂内侧很出彩，而外部体色拟态一截树枝倒蛮像的！它的大名是短屏顶螳！

2017_10_16

· 探究这只虫虫花费了我很多时间，拍时晃眼乍看以为是蠼螋，因其有尾钳，就没管它。后来翻出细看，越看越觉得奇怪，也许它是有两个尾钳的，损伤了一个。咋没翅呢？若虫？今天翻一资料，发现它很像蛩蠊目的虫虫，但资料上对蛩蠊目的描述是其生活在高冷寒地区，中国只有两种，说是活化石。一看它的生境，我便怀疑我一向的好运气，这次并非捡得了便宜。就有那么巧，忽然看见张巍巍老师微博上晒图，他说所有昆虫目，几年来就差蛩蠊目没拍到，现在终于拍到它了……再看我拍的那图，显然不是，再说拍它的地方在西双版纳……“穷经皓首”地放它于心，终于知晓，它还是蠼螋，最初的直觉没错，它是扁螋若虫。

2017_10_17

· 好运连连啊，又遇见一只小螳！它像个拳击手，把“拳”紧紧抱在胸前，一副警惕的样子，身子还左晃晃右晃晃，瞅准机会便出手。它的刀臂是薄薄的两片，像钢铁厂常见的电锯，内侧红黑色。它的样子令我又想起螳螂拳。Barnett_H 直接找到它的大名告诉我：*Hestiasula basinigra*（基黑巨腿螳）。

2017_10_20

· 这只叩甲，不曾见过拍过，一见它，便给它一个我的命名——熊猫叩甲！正拍它时它竟然很响地“嘀嗒”一声，弹跳蹦进了那梅子湖里，我盯着水面看它半天，浮在水面的它没再弹跳回岸上，叩甲的弹跳需要硬的介质做支撑吧？

· 之前拍到的叩甲多是灰暗体色的，不大上相，体型又小，一直没展示过，但叩甲却是一种常见的昆虫种类，民间叫它叩头虫。其胸腹间有个特殊的、我理解为家具或木制建筑的那种榫卯式结构。受刺激时头胸部与腹部间借一个弹器弓起的弹力向上蹦，同时发出“咔嗒、咔嗒”的响声，试图吓走入侵者。说来，每种虫虫都有独门绝技！我们老家叫它，打卦虫——磕头打卦！灯杆上 15 毫米长的这只扁宽身材虫子，第一次遇见，从各角度看看，它的叩甲特征明显。

· 拍到过一只有颜值的红色叩甲，全身锈红色。也许是因为天阴着，它几乎不动，闪光灯扰了它，它触角动动，扭了扭身子。回来查资料，是叩甲，泥红槽缝叩甲。遂把从前遇见的叩甲及拟叩甲的照片

短屏顶螳

短屏顶螳，有人说它是大法师、是国王、是王后、是外星人

基黑巨腿螳的样子令我想起螳螂拳

基黑巨腿螳

扁螋若虫

某种叩甲，一见它，便想叫它熊猫叩甲

泥红槽缝叩甲

某种叩甲

菱背螳像背了顶“斗笠”

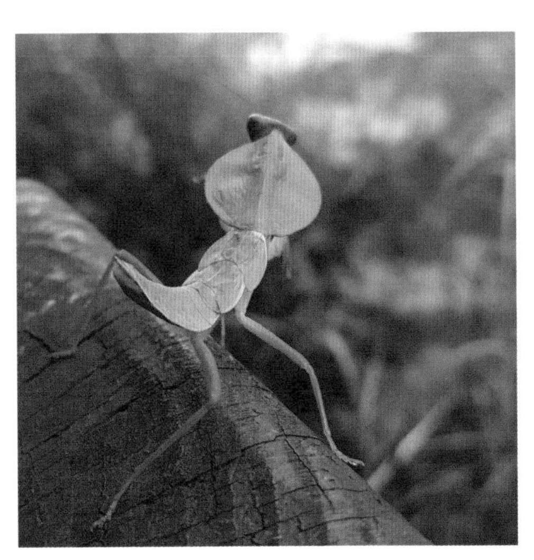

要下雨了，背顶斗笠出门?

“打捞”出来对比。叩甲，不算天生丽质，胸腹之间那结构是真正的巧夺天工，它们都是长相精巧的虫子，容颜精致。

2017_10_24

· 要下雨了，背顶斗笠出门？

· 看到翅膀没长硬的菱背螳，据说此螳只滇地有。

· 那日拍它时，湖边有雨，看着这只小螳，竟然想起苏东坡和他的一阕词，词牌名是《定风波》——莫听穿林打叶声，何妨吟啸且徐行。竹杖芒鞋轻胜马，谁怕？一蓑烟雨任平生……

2017_10_26

· 到了蝶蛾纷纷离世的季节，半个小时里看着它——一只斑蛾从高处落下，在草叶间扑腾着离世的全过程。待它离世后，我扒开它的前翅拍其后翅，它先前扑腾时让我瞥见其色泽美艳的后翅。不过我还是很遗憾，没在它的花样年华它的盛年里看见它，而是在它如此不堪的临终前才与它遇见。

2017_10_31

· 看到两处蜂的巢穴。它们安居乐业了，众生安居乐业了，世界会妥妥的。

· 我捂严实了自己，尽可能地趋近它们，又不打扰到它们，也让自己不被攻击。

2017_11_3

· 盯着这现场看了又看，还是想到惨烈这个词。我判断这只黄刺蛾可能是在夜间被蝙蝠或在早间被鸟袭击了。

· 它身首异处，但终是挣扎着排出了身体内的卵，它要完成繁衍族群的神圣使命，这是它最后的奉献。这是无须我旁白的故事！

蜂巢

另一种蜂的巢穴

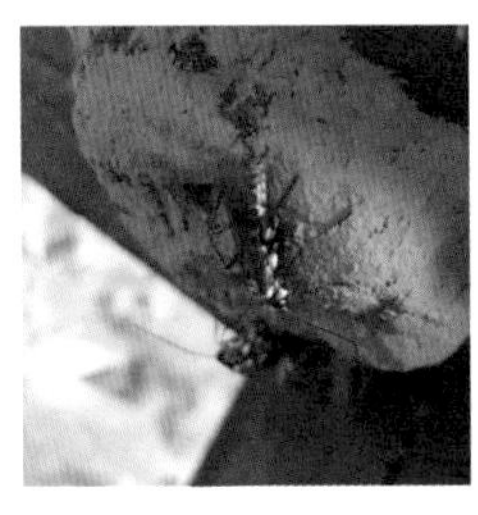

这只斑蛾死了，我才看见它前翅下的斑斓色彩

惨烈，黄刺蛾临死前挣扎着排出卵来……

黄刺蛾

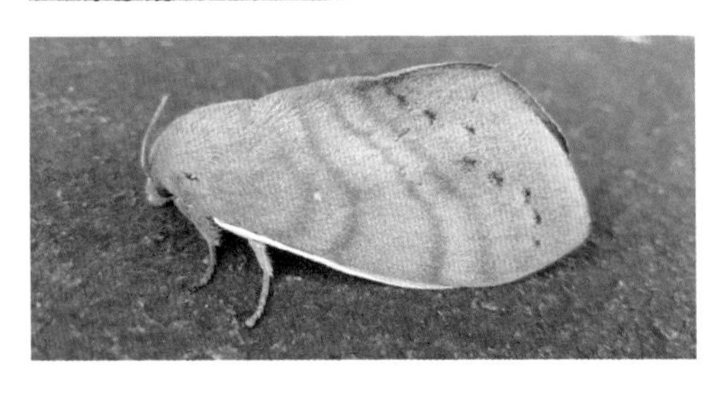

2017_11_4

· 回到我的城，打的去一个地方，遇上出行高峰，车堵在路上。本来低头玩手机的，却有什么召唤我似的，我一扭头——看见它。

· 你来看我？隔着一层玻璃窗的角度看你，多么不可思议。

· 难道，我与你们发生了纠缠？《思念》从心底飞出：

你从哪里来，我的朋友
好像一只蝴蝶飞进我的窗口
不知能作几日停留
我们已经分别的太久太久
你从哪里来，我的朋友
你好像一只蝴蝶飞进我的窗口
为何你一去，别无消息
只把思念积压在我的心头
…………
难道你又要，匆匆离去
又把聚会当成一次分手

2017_12_25

· 冬至已过，未拍虫月余，空时皆在修订《与虫在野》书稿。今天起了个大早，没去山上，往渔村最后一片荒地去，我就想去找一找这大晴天里的虫影。按往常经验，荒地里龙葵、冬葵、苦荬菜什么的正开着花结着果，也许能见到蝽蟠、小瓢啥的。找了又找，唯见一株正开花的菊科植物红花野茼蒿菜上，一只雌摇蚊孤单地挂着。微距看，有蚜虫的各龄虫隐藏其间。除此，回途中见繁花期已过、开始长叶的冬樱残花间，偶有蜜蜂飞舞。

· 旧年将过之际梳理了一个虫与虫的关系图：鹿角花金龟与蚂蚁；猎蝽

与叶甲；铁甲与蜘蛛；硕蝽与小叶甲……

- 一个从小处着眼的大世界。是猎杀？是对峙？是共处，还是依存？
- 这些虫界图示，可以推及人与人，人与自然，国与国之间的关系吗？
- 志留纪末期，陆地面积扩大，陆生植物出现，昆虫成为动物界里首先上岸的物种。最早的维管束植物由于要适应不同的气候条件，开始地理分区，昆虫与植物一起进化，相互依存，它们平行发展，相互成就。
- 噢，所有的生命都是上天的杰作！

2018年拍拍拍拍拍虫拍拍拍拍拍拍拍拍拍拍拍拍拍虫拍拍拍拍拍拍拍拍拍拍拍拍拍虫
拍拍拍拍拍拍拍拍拍拍拍拍拍拍拍拍拍拍虫拍拍拍拍拍拍拍拍拍拍拍拍拍拍拍拍拍拍
拍拍拍拍拍拍拍拍拍拍拍拍拍拍拍拍拍拍拍拍拍拍拍拍拍拍拍拍拍拍拍拍拍拍拍拍拍
拍虫拍拍拍拍拍虫拍拍拍拍拍拍拍拍拍拍拍拍拍拍拍拍拍拍拍拍拍拍拍拍拍拍拍拍拍
拍拍拍拍拍虫拍拍拍拍拍拍拍拍拍拍虫拍拍拍拍拍拍拍虫拍拍拍拍拍拍拍拍拍拍拍拍
拍拍拍拍拍拍拍拍拍拍拍拍拍拍拍拍拍拍拍拍拍拍拍拍拍拍拍拍拍虫拍拍拍拍拍拍拍
拍拍拍虫拍拍拍拍拍拍拍拍拍拍拍虫拍拍拍拍拍拍拍拍拍拍拍拍拍拍拍拍拍拍拍拍虫
拍拍拍拍拍拍拍拍拍拍拍拍拍拍拍拍拍拍拍拍拍拍拍拍拍拍拍拍拍拍拍拍拍拍拍拍拍
拍拍拍拍拍拍拍拍拍拍拍拍拍拍拍拍拍拍拍拍拍拍拍拍拍拍拍拍拍拍拍拍拍拍拍拍拍
拍拍拍拍拍拍拍拍拍拍拍拍拍拍拍拍拍虫拍拍拍拍拍拍拍拍拍拍虫拍拍拍拍拍拍拍拍
拍拍拍拍拍拍拍拍拍拍拍拍拍拍拍拍拍拍拍拍拍拍拍拍拍拍拍拍拍拍拍拍拍虫虫虫拍
拍拍拍拍拍拍拍拍拍拍拍拍拍拍拍拍拍拍拍拍拍拍拍拍拍拍拍拍虫拍拍拍拍拍拍拍拍
拍拍拍拍拍拍拍拍拍拍拍拍拍拍拍拍拍拍拍拍拍拍虫拍拍拍拍拍拍拍拍拍拍拍拍拍拍
拍拍拍拍拍拍拍拍拍拍拍虫拍拍拍拍拍拍拍拍拍拍拍拍拍拍拍拍拍拍拍拍拍拍拍拍拍
拍拍拍拍拍拍拍拍拍拍拍拍拍拍拍拍拍虫拍拍拍拍拍拍拍拍拍虫拍拍拍拍拍拍拍拍拍
拍拍拍拍拍拍拍拍拍拍拍拍拍拍拍拍拍拍拍拍拍拍拍拍拍拍拍拍拍拍拍拍拍拍拍拍拍
拍拍拍拍拍拍拍拍拍拍拍拍拍拍拍拍拍拍拍拍拍拍拍拍拍拍拍拍拍拍拍拍拍拍拍拍拍
拍拍拍拍拍拍拍拍拍拍拍拍拍拍拍拍拍拍拍拍拍拍拍拍拍拍拍拍拍拍拍拍拍拍拍拍虫
虫拍拍拍拍拍拍拍拍拍拍拍拍拍拍拍拍拍拍拍拍拍拍拍拍拍拍拍拍虫拍拍拍拍拍拍拍
拍拍拍拍拍拍拍拍虫虫拍拍拍拍拍拍拍拍拍拍拍拍拍拍拍拍拍拍拍拍拍拍拍拍拍拍拍
拍拍拍拍拍拍拍拍拍拍拍拍拍拍拍拍拍拍拍拍拍拍拍拍拍拍拍拍拍拍拍拍拍拍拍拍拍
拍拍拍拍拍拍拍拍拍拍拍拍拍拍拍拍拍拍拍拍拍拍拍拍拍拍拍拍拍拍拍拍拍拍拍拍拍
拍拍拍拍拍拍拍拍拍虫拍拍拍拍拍拍拍拍拍拍拍拍拍拍拍拍拍拍拍拍拍拍拍拍拍拍拍
拍拍拍拍拍拍拍拍拍拍拍拍拍拍拍拍拍拍拍拍拍虫拍拍拍拍拍拍拍拍拍拍拍拍拍拍拍
拍拍拍虫拍拍拍拍拍拍拍拍拍拍拍拍拍拍拍拍拍拍拍拍拍拍拍拍拍拍拍拍拍拍拍拍拍
拍拍拍拍拍拍拍拍拍拍拍拍拍拍拍拍拍虫拍拍拍虫拍拍拍拍拍拍拍拍拍拍拍拍拍拍拍
拍虫拍拍拍拍拍拍拍拍拍拍拍拍拍拍拍拍拍拍拍拍拍拍拍拍拍拍拍拍拍拍拍拍拍拍拍
拍拍拍拍拍拍拍拍拍拍拍拍拍拍拍拍拍拍拍拍拍拍拍拍拍拍拍拍虫拍拍拍拍拍拍拍拍
拍拍拍拍拍拍虫拍拍拍拍拍拍拍拍拍拍拍拍拍拍拍拍拍拍拍拍拍拍拍拍虫虫虫拍拍
拍拍拍拍拍拍拍拍拍拍拍拍拍拍拍拍拍拍拍拍拍拍拍拍拍拍拍拍拍拍拍拍拍拍拍拍拍
拍拍拍拍拍拍拍拍拍拍拍拍拍拍拍拍拍拍拍拍拍拍拍拍拍拍拍拍拍拍拍拍拍拍拍拍拍
拍虫拍拍拍拍虫拍拍拍拍拍拍拍拍拍拍拍拍拍拍拍拍拍拍拍拍拍拍拍拍拍拍拍拍拍拍
拍拍拍拍拍拍拍拍拍拍拍拍拍拍拍拍拍拍拍拍拍拍拍拍拍拍拍拍拍拍拍拍拍拍拍拍虫
拍拍拍拍拍拍拍拍拍拍拍拍拍拍拍拍拍拍拍拍拍拍拍拍拍拍拍拍拍拍拍拍拍拍拍拍拍
拍拍拍拍拍拍拍拍拍拍拍拍拍拍拍拍拍拍拍拍拍拍拍拍拍拍拍拍拍拍拍拍拍拍拍拍拍
拍拍拍拍拍拍拍拍拍拍拍拍拍拍拍拍拍拍拍拍拍拍拍拍拍拍拍拍拍拍拍拍拍拍拍拍拍
拍拍拍拍拍拍拍拍拍拍拍拍拍拍拍拍拍拍拍拍拍拍拍拍拍拍拍拍拍拍拍拍拍拍拍拍拍
拍拍拍拍拍拍拍拍拍拍拍拍拍拍虫拍拍拍拍拍拍拍拍拍拍拍拍拍拍拍拍拍拍拍拍拍拍
虫拍拍拍拍拍拍拍拍拍虫拍拍拍拍拍拍拍拍拍拍拍拍拍拍拍拍拍拍拍拍拍拍拍拍拍拍
拍拍拍拍拍拍拍拍拍拍拍拍拍拍拍拍拍拍拍拍拍拍拍拍拍拍拍拍拍拍拍拍拍拍拍拍拍
拍拍拍拍拍拍拍拍拍拍拍拍拍拍拍拍拍拍拍拍拍拍拍拍拍拍拍拍拍拍拍拍拍拍拍拍拍
拍拍拍拍拍拍拍拍拍拍拍拍拍拍拍拍拍拍拍拍拍拍拍拍拍拍拍拍拍拍拍拍拍拍拍拍拍
拍拍拍拍拍拍拍拍拍拍拍拍拍拍拍拍拍拍拍拍拍拍拍拍拍拍拍拍拍拍拍拍拍拍拍拍拍
拍拍拍拍拍拍拍拍拍拍拍拍拍拍拍拍拍拍拍拍虫拍拍拍拍拍拍拍拍拍拍拍拍拍拍拍拍
拍拍拍拍拍拍拍拍拍拍拍拍拍拍拍拍拍拍拍拍拍拍拍拍拍拍虫拍拍拍拍拍拍拍拍拍拍
拍拍拍拍拍拍拍拍拍拍拍拍拍拍拍拍拍拍拍拍拍拍拍拍拍虫拍拍拍拍拍虫虫拍拍拍拍
拍拍虫拍拍拍拍拍拍拍拍拍拍拍拍拍虫拍拍拍拍拍拍拍拍拍拍拍拍拍拍拍拍拍拍拍拍
虫拍拍拍拍拍拍拍拍拍拍拍拍拍拍拍拍拍拍拍拍拍拍拍拍拍拍拍拍拍拍拍拍拍拍拍拍
拍拍拍拍拍拍拍拍拍拍拍拍拍拍拍拍拍拍拍拍拍拍拍拍拍拍拍拍拍拍拍拍拍拍拍拍虫
拍拍拍拍拍拍拍拍拍拍拍拍拍拍拍拍拍拍拍拍拍拍拍拍拍拍虫拍拍拍拍拍拍拍拍拍拍
拍拍拍拍拍拍拍拍拍拍拍拍拍拍拍拍拍拍拍拍拍拍拍拍拍拍拍拍拍拍拍拍拍拍拍拍拍
拍拍拍拍拍拍拍拍拍拍拍拍拍拍拍拍拍拍拍拍拍拍拍拍拍拍拍拍拍拍拍拍拍拍拍拍拍
拍拍拍拍拍拍拍拍拍拍拍拍拍拍拍拍拍拍拍拍拍拍拍拍拍拍拍拍拍拍拍拍拍拍拍拍拍
拍拍拍拍拍拍拍拍拍拍拍拍拍拍拍拍拍拍拍拍拍拍拍拍拍拍拍拍拍拍拍拍拍拍拍拍拍
拍拍拍拍拍拍拍拍拍拍拍拍拍拍拍拍拍拍拍拍拍拍拍拍拍拍拍拍拍拍拍拍拍拍拍拍拍
拍拍拍拍拍拍拍虫拍拍拍拍拍拍拍拍拍虫拍拍拍拍拍拍拍虫虫拍拍拍拍拍拍拍拍拍拍
拍拍拍拍拍拍虫虫拍拍拍拍拍拍拍拍拍拍拍拍拍拍拍拍拍拍拍拍拍拍拍拍拍拍拍拍拍
拍拍拍拍拍拍拍拍拍拍拍拍拍拍拍拍拍拍拍拍拍拍拍拍拍拍拍拍拍拍拍拍拍拍虫拍拍
拍拍拍拍拍拍拍拍拍拍拍拍拍拍虫虫虫虫拍拍虫拍拍拍拍拍拍拍拍拍拍拍拍拍拍拍拍
拍拍拍拍拍虫虫拍拍拍拍拍拍拍虫拍拍拍拍拍拍拍拍拍拍拍虫拍拍拍拍拍拍拍拍拍拍
拍拍拍拍拍拍拍拍拍拍拍拍拍虫拍拍拍拍拍拍拍拍拍拍拍拍拍拍拍拍拍拍拍拍拍拍拍
拍拍拍拍拍拍拍拍拍拍拍拍拍拍拍拍拍拍拍拍拍拍拍拍拍虫拍拍拍拍拍拍拍拍拍拍拍
拍拍虫拍拍拍虫拍拍拍拍拍拍拍拍拍拍拍拍拍拍拍拍拍拍拍拍拍拍拍拍拍拍拍拍拍虫
拍拍拍拍拍拍拍拍拍拍拍拍拍拍拍拍拍拍拍拍拍拍拍拍拍拍拍拍虫拍拍拍拍拍拍拍拍
拍拍拍拍拍拍拍拍拍拍拍虫拍拍拍拍拍拍拍拍拍拍拍拍拍拍拍拍拍拍拍拍拍拍拍拍拍
拍拍拍拍拍拍拍拍拍拍拍拍拍拍拍拍拍拍拍拍拍拍拍拍拍拍拍拍拍拍拍拍拍虫拍虫季

2018_6_29

· 2018年，云南的雨水特别多，虫季与往年不太相同，加上一直在修养身体，都到了盛夏，我才开始外出拍虫，但天老阴，拍虫也就是三天打鱼两天晒网的样子。

· 白天，一只摇蚊的翅色亦五彩斑斓，世界有各种颜色，但姹紫嫣红是灰暗衬托出来的。

· 昨日，上海一小学门口有两学生被报复社会者砍死，这事令我后脊背一阵抽搐后发凉好久。面对这样的悲剧我们可以做点什么呢？有识之士说——请你在遇到穿着不得体，或是说话很粗鄙的陌生人时，不要露出鄙夷的神情，给他一个温暖的眼神注视、简单的一句问候，这个小小的举动，也许会改变他一生。请你在遇到极度内向的人时，不要戏弄或者鄙视他，给予他鼓励，让他知道他配得上拥有更好的生活。

· 我又想起发生在昆明的马加爵案件。

· 在虫界，虫虫的爱情、猎杀、友善、独处、逍遥，处处可见；隐匿低调、招摇炫耀也不陌生。我不小觑它们，但我作为人，是不是会有时不屑同类，倒颇难说，这个我要警惕，为人世间祈祷！

2018_6_30

· 雏菊花的花蕊上一小东西有身子有屁股，却不见头，换角度看，头垂直在胸下，头比球状胸腹小很多，侧看它是很凸的罗锅背。它沿着雏菊黄色筒状花序边缘低头抬头、低头抬头地移动，吸食器啄开每一个筒状花冠，勤奋工作。头小身子大，它老要摔跟斗似的，身体极不平衡，匪夷所思，样子滑稽。它是小头虻吗？查资料，果真。这个小东西令我想起加西莫多……它是劳作的钟楼怪人，外表丑但可爱！看来，它长成这样的原因是世代遗传的基因强大，不过它没有被自然淘汰也有其道理吧？后来琢磨，它的小头藏着，哪怕它身

小头虻的小头似乎让它脑力不够，
它工作时动作真的很笨拙

摇蚊的翅色亦五彩斑斓

子抬起，它的天敌也很难攻击到它的头部，天敌看不见它的要害脆弱部位，小头虻的这种身体结构保护了它自己啊！它这个造型与小灰蝶在尾部拟一对触角一对大眼睛、假装出另一个头部的心机如出一辙啊。

2018_7_1

· 云南旭锦斑蛾！以“云南”冠名，它的模式标本出自云南，而再加一个“旭”字，我直觉给它命名者是说它的色彩有如太阳光芒般灿烂夺目。是的，发现它时，是下午，在一片韭菜地里，白色的韭花正盛开着，一片白花中它那么显眼，颜值简直爆表了！

· 白天活动的蛾子，基本不飞，就在那儿花上花下地爬动忙活。

· 正值“世界杯”赛事期间，晚间回到家，我开了电视，只用耳朵听西班牙和俄罗斯的生死决战。我押东道主俄罗斯胜出，但心不在焉，一直在翻手机图库迷醉于咱云南这美艳蛾子的姿色，我是伪球迷，但绝对是真虫迷……

2018_7_29

· 一夜雨，早醒后又蒙眬睡去，于是晓梦蝴蝶——梦中蝶舞翩翩，一株草花上停歇七八种，食指中指轻拎一蝶翅，蝶动及鳞粉的触觉与真实无异，余蝶也不飞，我定睛看，全是没拍过的，手中蝶的翅色竟然是青底白脉及白斑……我于梦中惊异地叫了一声——青花蝶！

· 世上并无青花瓷般的蝴蝶，醒来，久久回味这美梦……

· 古人有诗叹：“梦中蝴蝶，花底人间世！”

· 中午，天大晴，临时决定进山。好梦成真，拍到美蝶，几只美丽的艳眼蝶绕着我飞啊飞。近来是艳眼蝶的生命活跃期，一蓬盛花期的川续断花球上停歇着几只，我拍了，蝶恋花嘛。后来朝前走，看见路边地上几只艳眼蝶萌萌的“大眼”瞪着我。我紧走过去，原来它们迷醉于一泡粪便。它们时而打开翅，时而竖起，那热爱粪便的样子吸引了我，我走过去蹲下来，拍得过瘾，连粪臭都闻不到了。虫虽小微，它们却参加了我们这个星球的生态建设，它们在死与生的加速中成为自然的代管理者。

· 你也逐香花间，吮花蜜翩翩舞，你也奋不顾身扑向粪便吸食粪汁！倘我批评你香臭不分，那只是我作为人类理解上的狭隘，因为吸取有机质存活下去是你此生日常！

· 艳眼蝶，艳眼蝶！

2018_8_12

· 今天邂逅它，拥有半个小时的缠绵。上天厚我，遇到透明翅的鹿蛾。

· 鹿蛾算较常见的透明翅蛾子了，这个科大部分种类都是在翅上“开洞”，不是全部透明，纤翅披纱一派朦胧，更添神秘。

· 很多人先入为主的印象是，鳞翅目的昆虫翅膀上应该是有鳞粉的。的确，鳞翅目是昆虫纲第二大目，已知的种类数量仅次于鞘翅目。鳞翅目翅膀上的鳞片的颜色来源，分为由色素产生的化学色和微观结构使光波发生干涉、衍射和散射产生的物理色。如果它们因某些原因导致鳞片脱落，比如被拿在手里搓掉了粉，就会看见翅膀呈半透明的薄膜质。环境不好，饱经风霜和被天敌蹂躏也会导致翅膀掉粉或残缺。鳞翅目昆虫翅上的鳞片，如屋瓦般重叠排列，首先具有防水功能，其次是为了生存有防御功能。据研究，某些鳞片连结毒腺，当接触鳞片（肉眼所见如粉状）使其脱落后，毒液自然沾到触碰者身上。雄虫的鳞片中有发香鳞，散生于鳞片间，发香鳞基部有一小腺体，产生挥发性的信息素费洛蒙（费洛蒙是一种信息素，散发到体外，用于吸引异性。荷尔蒙是激素，产生于体内），于求爱时刺激雌虫。不过在鳞翅目中，鹿蛾翅膀天生在局部无鳞片，半透明或透明。其翅状令人联想到若隐若现的蕾丝。我观察，白天活动的它飞行力弱，也基本如旭锦斑蛾般只在花枝上爬动。

· 先前在朋友圈看见一个朋友花重金数万元钱抄底买了一个玻璃种的美轮美奂的翡翠玉镯，我觉得值。此刻我觉得今天进山，遇见它我也天值地值了。

2018_8_29

· 你停歇于林道旁供人小憩的石桌面上，尽情地给我看你的美丽。你像有四只大眼睛，不论从任何角度看去，你都似瞅着我，与我对望。此刻，我的呼吸为你屏住。你的翅如折扇，时打开，时敛拢，我只

云南旭锦斑蛾的美是高调的浓墨重彩

云南旭锦斑蛾

“大眼睛”的艳眼蝶访花才是人喜欢的样子

多么美丽的艳眼蝶，你逐花就好啊，为何也迷恋粪便？

鹿蛾翅上的透视窗，照见翅下花

双重的透视仍然可见花影绰绰

爱爱着的鹿蛾，它们的翅尖互相映衬着

管用镜头看你，我用裸眼在镜头后面分辨你的细节。虫友 Barnett_H 跟帖质疑黄珠天蚕蛾（大陆名）与滇藏珠天蚕蛾（台湾名）是指同种，但后来他又查阅资料后告诉我——黄珠天蚕蛾拉丁文名是 *Saturnia anna*，滇藏珠天蚕蛾拉丁文名是 *Rinaca bieti*，不同种。张巍巍的图鉴上称它是滇藏天蚕蛾。

2018_9_16

· 灯杆虫虫夜总会远不如从前热闹了，今天这样子冷清除了季节原因，更因为那些四处炫目的彩色强光灯多起来了，我的眼睛受不了这种强光的刺激，而虫虫们可能喜爱吧……今天看见草蛉，它的绿纱裙每次都吸引我，我手指靠近它时，它乖乖地爬到我指尖上。曾有很多飞虫都停到我手指上不飞，朋友们说我有虫的气味，它们不怕我。我得意地说我有虫缘还有某种驭虫术。今天还拍到一对正爱爱的大蚊。

2018_9_19

· 今年以来，处于更年期后期的我身体大不如从前，全身的骨骼关节像是生了锈，缺钙严重，腿部肌肉时常抽筋，上下楼梯腿使不上力，加上今年云南雨水太多，不适感更重，所以今年拍虫季开始，山里去得少了，我的节假日在野阅微活动大大减少。一晃，到了仲秋，虫儿们渐渐地要销声匿迹了。

· 今天，外地同学回昆明看父母，另一同学邀请我们一同到昆明呈贡与玉溪澄江交界处位于梁王山脚的一农家生态园走走，说梨子成熟，去摘梨子玩。梁王山顶峰是昆明坝子可见的最高山峰，生态一向很好，其山麓一脉的农家梨园生态环境会很好吧。

· 果然，一去便邂逅三种我的“虫神”，单在梨树的树杆上就拍到锹甲、鸣蝉蟪蛄和“帅得想毁容”的红翅拟柄天牛。

· 那鸣蝉，拍虫以来只见过其蜕壳听过其聒噪的叫声，就是不曾拍到过真身。其外表体色一看便是保护色，虽然叫声震天大，但长得实在太低调，隐于树干上，难分辨。正是古诗吟——“垂緌饮清露，流响出疏桐。居高声自远，非是藉秋风。”

· 那只天牛，查张巍巍主编的《中国昆虫生态大图鉴》和“嘎嘎昆虫图鉴”皆无对应品种。上微博请教了台湾虫友 Barnett_H 先生，知其大名在大陆为双纹梨天牛。双纹梨天牛，这也就是说，它的主要宿主是梨树？其体色橙红，翅上部有两黑斑，鞘翅薄，体足头脸触角皆黑色。

· 那锹甲，其颚部短小不显，应是雌虫，不似从前我在别处拍过的那

一袭碧纱衣的草蛉似乎在一年四季都拍得到

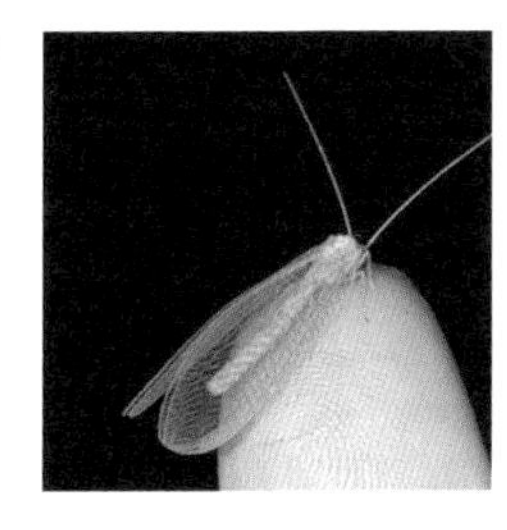

一对正爱爱的大蚊

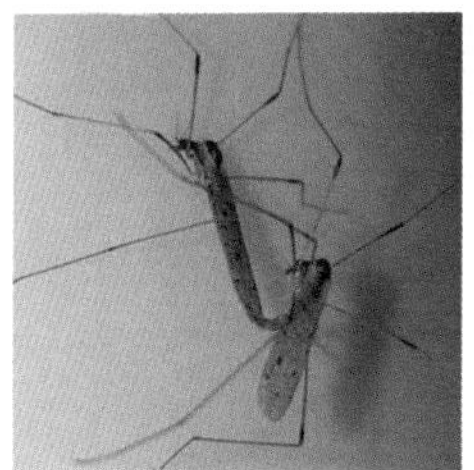

滇藏珠天蚕蛾的大小与曾拍过的柞蚕蛾差不多

最常见的鸣蝉叫蟪蛄，也叫知了，梨园金秋，蝉声大合唱，此起彼伏

美丽的双纹梨天牛，翅色橙红，鞘翅较薄

这只雌性锹甲的足抓握树干的力度不小

被真菌感染的僵死螳螂，死了也威仪不倒

因感染真菌病死的天牛

橙粉蝶

橙粉蝶

蓝凤蝶在雨后潮湿的泥石地上吸水

只雄虫，身长约有我三个拇指甲加在一起那么长。从外表看，它显然是虫界强悍者，细端详，其鞘翅体表有划痕泥迹，可知其生存也不易。

· “夏虫不可语冰，蟪蛄不知春秋”——中国古代智者拿虫喻事，大凡都透着对小虫的一股子不屑，我倒越来越认为，人自以为是的偏见有太多可笑之处。同学说我这个虫拜者气场大，我驾到，大虫都出来见，哈哈。

2018_9_23

· 中秋节小假期三天，今天秋分节气，进山。

· 虫虫也会得病。西山千步岩，才走了百十步，便见草丛中一只大刀螂身被白斑的情形，细瞧，它已僵死。然而，它的身姿仍是生前那张狂威猛的样子，高举着大刀臂，大眼睛也还炯炯有神，只有那对感知世界的触角耷拉着。它这是被真菌感染了，在行进途中死去。

· 举着大刀威猛无边的螳螂天敌有蜘蛛有鸟等，其他恐怕就是这孢子传播的真菌了，这种真菌感染是它的致命绝症。濒死的昆虫四处爬动，便于成熟孢子四散传播。

· 一物降一物，生命之间的关系相生也相克。

· 昆虫染真菌患病而死者，常见的有虫草，这只病死的螳螂是我首见。有学中医的北京朋友告诉我，这种僵螳螂是一味中药，她和老师秋冬季会到野外寻找这种僵螳螂，说是蛮珍贵。我估计其药用价值与我们常说的虫草差不多吧？

· 记得还拍过一只小天牛，也是被真菌感染病死的。

2018_9_24

· 今天是中秋节，这节是晚上过。一大早，我想趁着假期再去滇池边一个我曾拍到过很多蝴蝶的地方看看，那里是个管理不好的基本呈野生状态的小公园（杀虫剂施得少），夜里下过雨，裸露的泥地上有些水洼。老天遂我愿，一只无尾的蓝凤蝶扑在地上吸水，生命活跃期的橙粉蝶一会儿停在何首乌的花上晾翅，一会儿几只一起飞到潮湿的地上吸食泥水。

· 今天遇见它们，正如一早上我的愿望和判断，我不过是五年后再去老地方约会它们，我与它们是久别重逢。

· 时至中秋，蝶们完成传宗接代的任务后将逝去不返。

· 明年春天，我们见到的蝴蝶已是它们的孩子。

· 今日，人世间要花好月圆。

2018_9_28

· “秋后的蚂蚱，蹦跶不了几时了！”——谁说的？

· 仲秋季节，遇见一只蚂蚱脱壳而出，晾翅长成的后半程。乍看，我以为它新鲜皱褶的翼是一朵含苞的兰。阳光直射令它几分钟后翅膀完全抻展变硬。暗示了它一下，它把我手指当草茎，攀附在我的手指上。这个不谙世事的小东西，这个小蚂蚱，还嫩着！蜕下的壳，肌理仍带着蝗全部的特征，它甚至是有表情的，它微笑着。成长如蜕，“长大后我就离开了你”，它把最后这层躯壳丢下，灵与肉又一次新鲜面世！它在这最后一个世代将完成交配繁衍的历史使命，日历上的冬天来了，它最活跃的蹦跶方始。看见这些“蜕”时，我想不论是蝗是小瓢是蝴蝶是蝉，它们自这躯壳里蜕变出来时定是很痛很疼的吧？是撕裂般的不顾一切的挣扎！当然疼痛不在这躯壳里，只在那附了魂灵的肉身上。那肉身完成最后的羽化，世界别开生面，虫生最高级别的生存方式和行为纷至沓来。

2018_10_1

· 国庆假期到，一大早从昆明飞往生物多样性丰富的普洱。吃罢午饭，

撕裂的疼痛后，它羽化成功，这会儿它在阳光里晾翅

它的翅变硬了一点儿，它攀在我的手指上，这会儿它的腿力还不能跳，它的翅还不能让它飞

刚刚被弃置的蝗之蜕还保持着完整的外形

我立马打的往梅子湖去，一年前我在那里拍到很多美虫。

· 梅子湖的雨说来就来，天空亮起一点时我便祈祷，快让我见一两个独异的虫虫吧，我可不想当白跑小战士，一个单程四公里啊……

· 走啊走啊，越往深处走人越少，快到梅子湖栈道的尽头时，我前后数百米都没人影人声了。这样的时候易见到美虫，我心里想。

· 看见它，所有的疲倦都烟消云散。默祷有用，看它趴伏在树干上的样子，你理解它的生存环境了吗？你或许一看便明白它数亿年来祖祖辈辈，所有的努力都是要DNA片断的传承只有一个方向——隐藏好自己，莫被天敌轻易发现。我不知它大名是啥，先给它取个名——地衣螽斯！

· 回到家，我手边资料不多，立马微博上请教台湾的虫友Barnett_H，于是有一段讨论——

> 我问：它属直翅目某螽斯还是某蝗呢？身体很扁，腿部无肌力，不跳，只爬行……费思量。
>
> Barnett_H过了一阵复我：你拍到了我也不知道的虫子！感觉是……不过头部又不太像……晕，是若虫的感觉，另外地衣螽斯，美洲应该有虫把名字抢走了。
>
> 我说：它的确像若虫，没翅芽，不过会不会是翅退化呢，浑身像有鳞片似的，一准是个直翅目里的怪物。它头部身体扁平，是为了趴在树皮上不突兀，也许它不需要翅膀飞，也不需要跳，所以它的那个后腿根本不是肌肉型的。它的触角很长很长，将近60毫米，是身长的3倍……

· 我遇到难题总是第一个想到的Barnett_H老师，这次也不知道它是什么虫虫！我又私信去问了著名的昆虫大咖张巍巍老师，他正在马来西亚拍虫，他很晚回复我：“可能……某种螽斯若虫，感觉像覆翅螽。但也不能最后确定。”我按覆翅螽的线索去查了好些资料，似乎不是啊。我心里困惑时，痴想，难不成我发现了新种？哈哈。（后来，一次偶然的机会，获知其是腐叶螽斯若虫。）

2018_10_2

· 首拍到肿沫蝉，也是昨天雨中去梅子湖遇见的，体长目测 18 毫米左右，拍了昨天那只拟态的直翅目昆虫后，在回程中遇见的。肿沫蝉很像丽沫蝉，因为其头喙部肿大，得此名。沫蝉的若虫有个绝招，为了保护自己不被天敌看见，用其腹部分泌的黏液以及尾部排出的体液与空气搅和成泡沫状把自己覆盖遮掩，同时保持湿度。不知道的人走在林边，偶尔看见枝叶间有唾沫状的东西，这时可别认为那是没公德的人所为。那泡沫是沫蝉若虫的生存基地！我很想扒开泡沫看一看里面的样子，但最终还是按压了自己的好奇心。

2018_10_3

· 天阴，不时有雨，不去梅子湖了，我直接步行去了市政府后面的龙山栈道。没走几步，它便在栏杆上等我。它是我见过的最漂亮的盲蝽——刺角透翅盲蝽！一厘米长的青碧吸引了我的眼睛！其体色有如翠玉，透明玻璃般质地的翅令我困惑，它怎么会是半翅目的虫呢？它分明就是有一对透明膜翅的虫子，难道其翅的上半截是透明革质，下半截是膜质？查“嘎嘎昆虫图鉴”，知晓它很稀少，难得一见。任凭多么巧夺天工的玉雕大师也不能复制这晶莹剔透的翡翠精灵！

2018_10_4

· 每早醒来，我都第一时间掀帘看天光。今天，南边梅子湖那头天空白亮。有阳光，虫子们就会从林子里边出来晾翅晒太阳的。

· 那边厢仍在困惑那个我自行命名的“地衣螽斯”，这边厢，又在梅子湖遇两位虫界隐身大神，螳螂先生和竹节虫先生！查了资料，此螳或许是直翅目攀螳科的螳螂，大体与广缘螳是亲戚。据我观察，它身体扁平，喜欢趴伏在树干上，我用松针触碰它，它一直躲我，胆子特小，这可不像我去年在梅子湖遇见的屏顶螳、广府螳、巨腿螳、菱背螳、刀螳，那几位，手机镜头趋近时不但不躲，还扑向我，敢挑战人，往往把我吓得后退惊叫。

· 拍到此螳，我觉得这一天值了，没想到回程时见栈道木栏朝外趴着一树枝，不往下落，敏感的心一跳再定睛一看，一只竹节虫！立马在附近找来一小树枝跟它搭配着拍，频频有路过我身边的游客都惊呼：“天哪，这怎么会是虫呢？就是树枝嘛！”一个年轻的父亲坚持让他六七岁的孩子亲手碰触它，孩子不敢，那父亲问我它有毒没，我说没事，我亲自用手捉了它，让它在我手上爬，示范给一众人看，男女老少没人敢像我这样玩。我对他们说，不认识的虫还是莫乱触摸。

· 它成了大明星，大家都举起手机拍了它，一致惊叹世界真奇妙。

· 回来查资料，它属竹节虫目，大名叫笛竹节虫，我拍到的这只有翅（有的无翅）。

· 二位这般低调内敛，我佩服得五体投地时，更觉你们虽小微却有投身险象环生的世界之勇气。凭此高超本领，它们是隐匿江湖的世外高手侠士！今年，姜文导演了一部电影叫《邪不压正》，电影改编自小说《侠隐》。我很喜欢小说的名字“侠隐”，相当有情怀。“邪不压正”也太直白，俗气了，我今天遇见的两位隐身大侠可不邪门！人家同样是几亿年的修行方有此功夫！

它是谁？是直翅目的虫虫，还是某螽斯的若虫？请教了大陆及台湾的昆虫专家都不清楚，若虫本不是分类的重要依据。一次偶然的机会，获知其是腐叶螽斯若虫。

肿沫蝉

沫蝉若虫用腹尾部排出的黏液与空气搅出泡沫状物遮掩自己，不让天敌发现自己

刺角透翅盲蝽，这个玲珑剔透的翡翠精灵

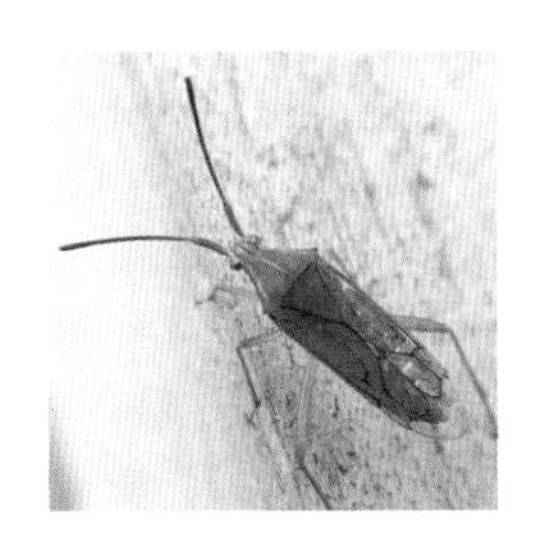

又一位隐身大侠被我看见，还是在树干上，可它是另一种虫了，它是笛竹节虫

这位螳螂先生堪称隐身大师了

俯拍这只笛竹节虫的胸节处可看清它是有网格状收拢的翅的

珍灰蝶翅完全打开的样子真是惊艳，它长长的尾突在飞翔时有如敦煌壁画里的飞天的丝带，自有一种飘逸感

掩耳螽预备产卵的高难行为

· 当然昨日戴千度近视眼镜的拍虫者本人的眼睛也太尖了，而它们所有清晰的局部皆是我摘掉框架镜，裸眼在无限趋近它们的手机微距镜头后聚焦所见……老天爷，谢谢您让我这只“倮虫”对虫虫们如是敏感。

2018_10_5

· 谁的漂亮的胸针遗落在了梅子湖畔无人的栈道上？它从林间的枝叶间出来，在有阳光的地方晾翅，我走过时惊动了它，它飞起来，绕着我前前后后飞，它飞起时那扭曲着的长长的尾突让我一下想起敦煌壁画里的飞天。

· 那只珍灰蝶后来停在了我的半筒靴上，然后像搭乘顺风车一样伴我行了一程……

· 普洱这地方得天独厚，深秋季节，白裙翠蛱蝶和网丝蛱蝶还活跃着。我在栈道上走时就一直在观察相隔百米的两只白裙翠蛱蝶，它们忽然聚到一起，双双翩翩然地飞去，它们发出的性信号相隔那么远都可察觉到？网丝蛱蝶也被人称为地图蝶，那纹饰真的像是地球仪上的图案。

· 收敛与打开，蝶来风有致，蝶去人无聊。你们有颜色，我有情义，与你们的艳遇其实是久别重逢啊！

2018_10_6

· 这个属露螽科大名叫掩耳螽的家伙，我看见它时它正弓起身子做一个杂耍般的高难度动作，我疑惑地看着它，它这是在自洁身体吗？拍了几张图后，它一跳不见了，也许是我惊动了它。回来查资料，张巍巍老师的《昆虫家谱》一书上正好有相关记录，人家是在做产卵前的准备工作，它用头部协助自身的产卵器工作。也许我惊扰了它，它逃跑了，我把拍的图片一再放大看，没见有卵样的东西。好抱歉，我破坏了一桩美事？

· 国庆长假的最后一天，阳光照着梅子湖，运气好，遇见许多虫，很多种蝴蝶都露面了。

· 刚刚产子的报喜斑粉蝶已耗尽全身体力，一动不动静静地挂在树枝上。它功德圆满，将很快僵坠离世。报喜斑？它的翅色真是喜气洋洋的。而另一只刚刚在我眼前坠落蛛网的报喜斑粉蝶可没什么喜事等着它，它一再挣扎着要飞离，却挣不脱了，旁观者我只要伸出手指挑断蛛丝，它便可得救逃离，但是我最终没管这小闲事，因为我想，人家蛛蛛辛勤忙活了半天，张网以待陷落者，蛛蛛也要生存，顺其自然吧！

· 也是在这天，我在一片蕨叶上忽然看见了一块糯润的椭圆形的羊脂白玉或者说看见了一块果冻，我盯着它上下左右地打量时，它竟然缓慢地蠕动起来，最后在我的镜头下，它原形毕露。它竟然是一只肥嘟嘟的虫宝宝，萌萌的。它的变形令我惊讶，长大后它会变成谁呢？微博上请教，著名的虫大咖三蝶纪说它是背刺蛾的幼龄虫。刺蛾？年纪稍长它就会狰狞起来？

· 一只掩耳螽的雌虫正欲生宝宝，来了个讨厌的人侵扰了它。

· 一只报喜斑粉蝶刚产了卵，另一只坠落蛛网即将成为蜘蛛的大餐。

· 一只背刺蛾的宝宝蠕动着在长大。

· 一只斑蛾被天敌掳走了肉身，被弃的残翼呈现惊人的美丽。

· 一只可怜的刺蛾无可奈何，寄生蜂在它还小时，拿它当了最好的营养基地，寄生蜂的茧都做好了，不幸的刺蛾幼虫还在努力地蠕动活命。

· 几只有翅的白蚁初长成，飞出巢穴去婚配，途中却撞上蛛网，生命终结，美丽的未来戛然而止。

· 一具螳螂的完整遗体将被蚁族分享，联想到格列佛与小人国的故事。

网丝蛱蝶

白裙翠蛱蝶

背刺蛾的幼龄虫

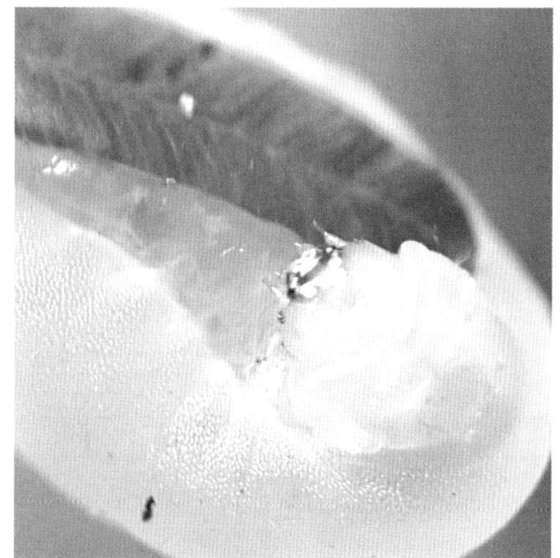

报喜斑粉蝶产卵

有翅婚飞白蚁的美丽人生断送在途中

寄生蜂在一只刺蛾幼虫身上做的茧

一只螳螂的死给群蚁带来了欢乐

· 支离破碎的残肢，寿终正寝者，侵害、战争、博弈、挣扎及结局，以及看见虫界这一切的我这个局外人。生或死也是虫界的日常，所有物种，包括虫豸在内，皆原本山川，极命草木。

· 世间本应井然有序……

Min
22/3

肥角花金龟 3/4
Min

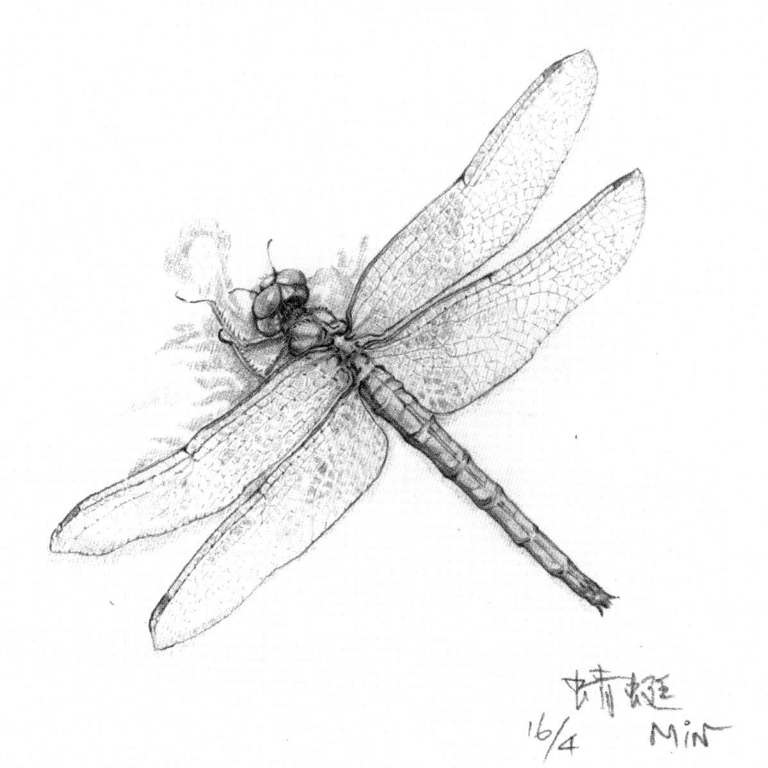
蜻蜓
16/4
Min

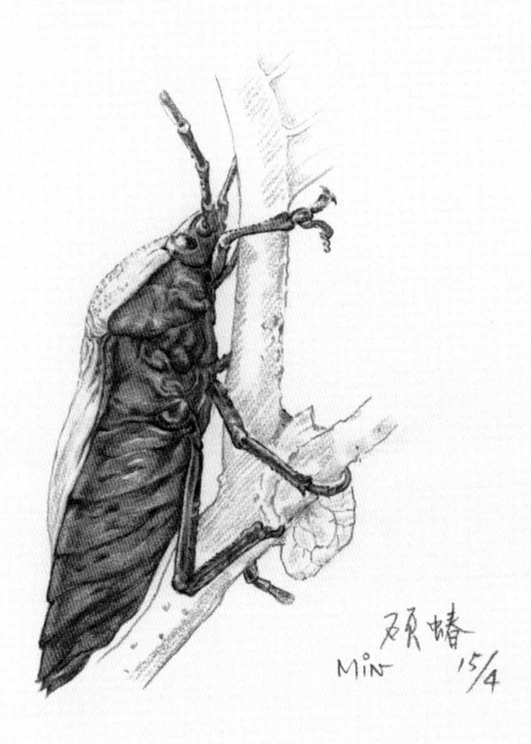
硕蝽
Min
15/4

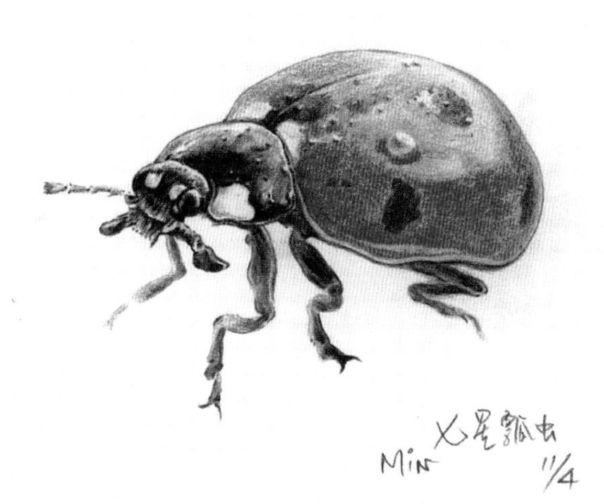
七星瓢虫
Min
11/4

大绢斑蝶
4/4
MIN

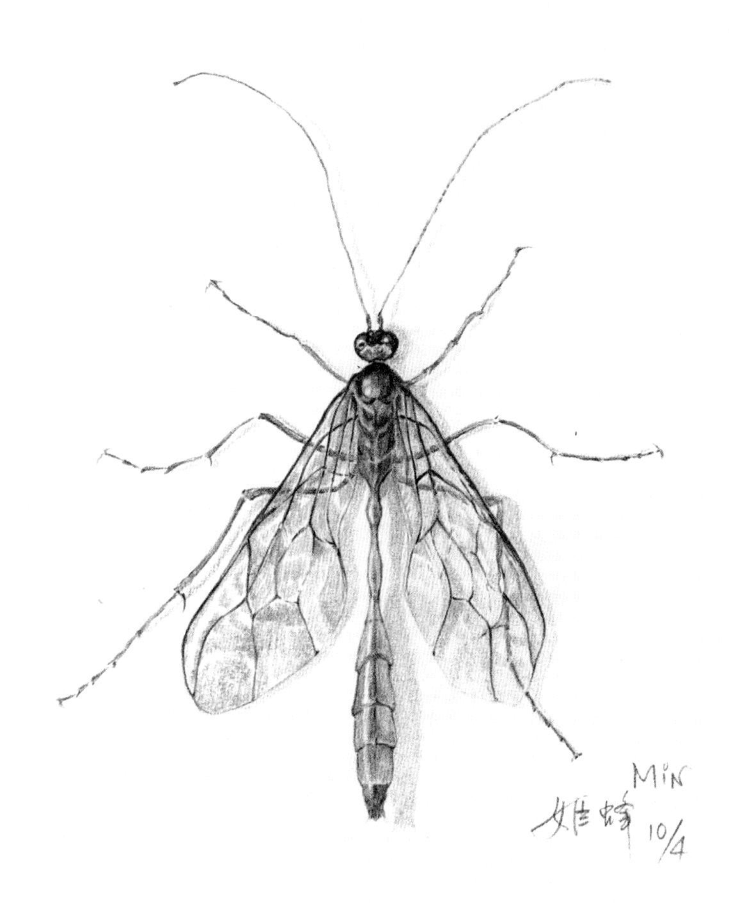
Min
姬蜂
10/4

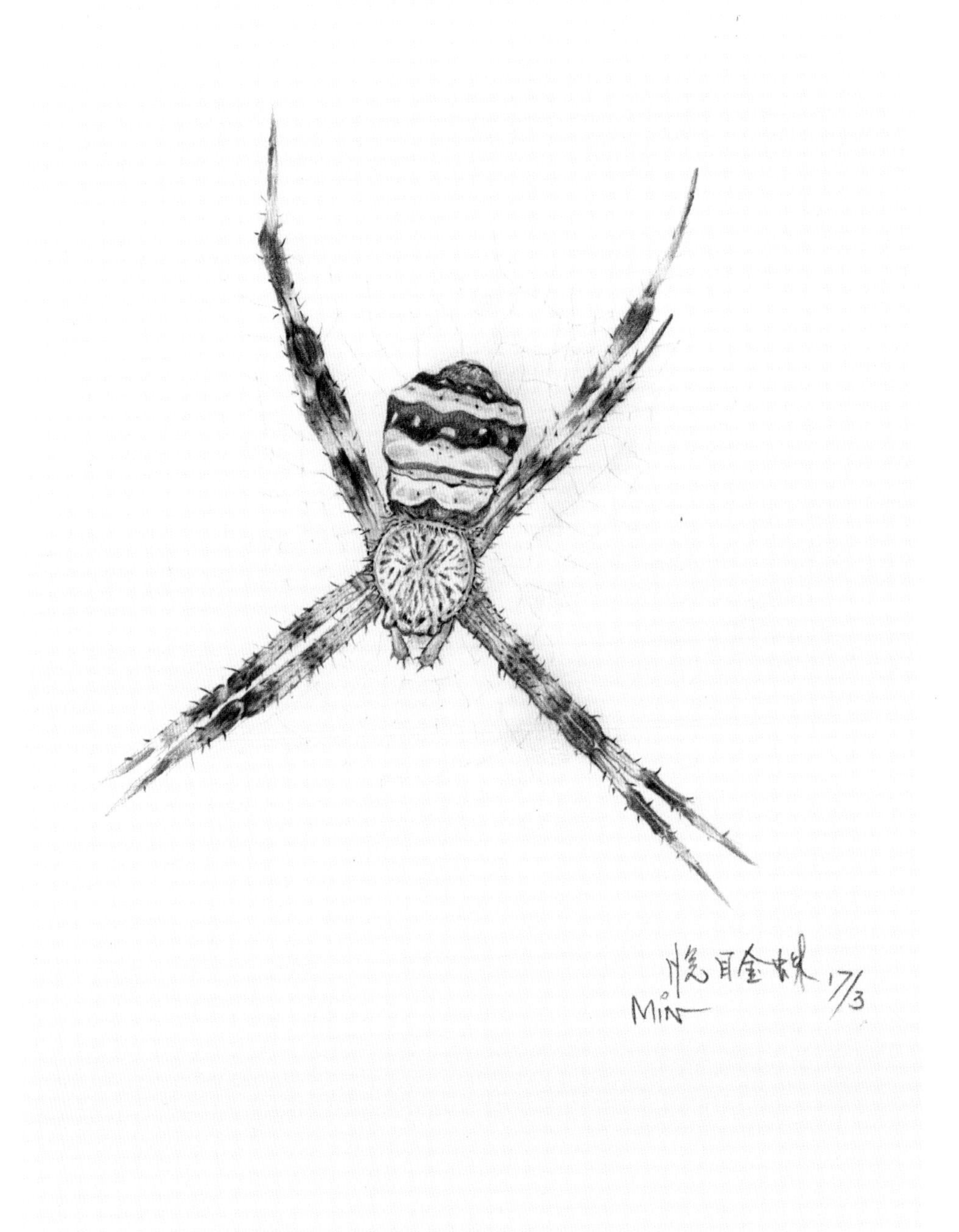
悦目金蛛
Min
17/3

引言　大自然真是随心所欲的馈赠者

沉浸于小微的世界五年——从 2014 年到 2018 年，也是我的视界更开阔了的五年。

老子《道德经》里有“道生一，一生二，二生三，三生万物”。

道生一，一是太极。一生二，二是阴阳。二生三，三是阴阳配合平衡至和谐。三生万物，万物是万事万物，是世间众生。我猜老子当时这般写就不唯人是尊，而是包括世间一切平行同等的生命——草芥虫豸微生物。道家思想其实并非后人理解的无为消极，而是更宏观更客观的世界观和人生观。道法自然，效法自身的发展趋势，水到渠成，自然而然，得大自在也。

季节更迭，万物生生死死，死复又生，生生不已。这样的秩序井然和节律自在，便是天人合一。

我试着拆一回字：人字之上多一为大，大字之上多一为天，天比大更大、比大更多，天即是自然，人尊天地敬畏自然，天与人关系和谐方是最最要紧的事。

山野里那些爱怎么长就怎么长的花枝，常常令我觉出它们的姿态那么符合我的心意。自在处，观自在，自在观，野花之美最难比拟。细微处看虫虫生死，小世界打开成大视界，人眼看虫高。

人或许该内敛低调一点了，不要一味唯我独尊，虫豸与你我其实共荣共生。

虫豸安妥，草木自在，人类或许方安然自得。

每一次从旧年跨向新年的时刻，都是虫子销声匿迹时节。我每每会念叨虫子，也更念念不忘我们身处其间的自然环境，这时候有一些早已结晶的智慧盐粒从大脑里冒出来……

C

念虫恋虫

1

一年将尽，回望我的四季：春天，即将飞往远方的小蓟的种子和椿之芽；夏天，蜻蜓对花的痴恋和一对艳丽天牛的缱绻；秋天，偶然间拍到的虎斑蝶的飞翔姿态和姹紫嫣红的崖爬藤果实；冬天，一杯石斛花茶的暖和，回到大理石上人类最本真的涂鸦；以及，以及这一年里我对自然的亲近和抚摸。一年四季春夏秋冬，梭罗的这句话“野地里蕴含着对这个世界的救赎”被我喋喋不休地提及，因为世界的确是这样的。

这世界，还有什么能比一只昆虫，更能勾起我们深藏在心底的对童年时代的美好记忆？还有什么比一朵正在含苞欲放的花，更能激起我们心中对美的向往？

2

“我不想就拯救地球对人们进行说教，只想与众人分享自然世界的趣味，它是我们的归属之地，保护自然就是保护我们自己。”以上是《缤纷的生命》作者爱德华·威尔逊言。

冬天的干燥枯索这里也有，但是这里还有花木上的凝露和看起来干净的水。大城市的空气污染已让人透不过气来，那么人可以向候鸟学习一下吧！然而，我不是嘚瑟我的云之南，逃离终不是办法。

3

阿列克谢耶维奇女士说：“我信仰这个世界上花园、飞鸟、天空等这样美好事物的创造者。所以其实更应该说我信仰善与美这一类的东西。”

她说的是普适的人类信仰，想想吧，人若对自然不善，何处有美可来信仰？

国人的公民意识越来越强烈了，为环境担一份责从自己做起的意识也强烈了吗？

看地图，似乎还有云贵一带绿着，我却也乐不起来，霾在包抄我们，在这个问题上我是悲观和不安的。

4

云南诗人樊忠慰说：“每一粒沙，都是渴死的水。每一滴水，都是流泪的沙。”那么，我可以说，大地的每一株草都是没渴死的水，草木间每一只虫都是不流泪的世界吗？

旧年仅剩两天就要被花光了。我翻阅我图库里的图片：蚁与卷象共一叶安然；一只硕蝽背负一只叶甲，和谐如相亲相爱的一对。非同类安然相处，感动了我这个人……幸好，人世之外还有虫的世界，虫界比人世单纯，自然是我的治愈系。很多时候，同类才很难相处，通常，那叫作领域性。同类有彻底的排他性？群居的冬天相聚取暖的小瓢蟠蟠们，高度社会分工的蚁群，人在他们面前都狭隘了。

脚踏实地，芃芃其麦，继续身心行于野，阅微知著，与自然友好相处！

5

有时想，那《诗经》时代村妇都认知的世界，我们却把它丢了。“看大自然的花草树木如何在寂静中生长；看日月星辰如何在寂静中移动……我们需要寂静，以碰触灵魂。”这是特蕾莎修女说的。也许，放下人的身段，蹲到草木的高度，调动你的眼睛凝视，竖直你的耳朵聆听，你便会发现周遭生命的繁华。我欣然接受来自大自然的丰厚馈赠。

6

《沙乡年鉴》这本书的主题是“自然伦理”观：野生的很重要，必不可少，人类文明不能消灭野生的自然秩序。

刚开始拍虫，我只想让人们品味另类生命的美好。外出去野地里拍一天虫，拍回来数百张照片，它们姓甚名谁却不知道。每夜，为辨识它们，我像无头苍蝇一样东一下西一下，查阅资料，比对来比对去，然总有“新”虫在镜头下冒出。行万里路读万卷书识一万个人，那是人间的豪迈。入浩瀚虫界，读 10 本书行 100 里路识 1000 种虫是我入虫界之理想矣！面对纷繁复杂的虫世界，囿限于个人的生活半径，对虫情有独钟，那就是一个兴趣无穷尽的探索之旅，只能不断拓展。《沙乡年鉴》的作者利奥波德说：抬头看大雁比看电视重要。

7

虫虫，两情相悦。夏天的热烈也包含这草叶间虫虫们成双成对的热爱吧？

叔本华说：所有两情相悦的情愫，不管表现得多么缠绵悱恻，都根源于性欲本能。

虫虫之爱只是繁殖后代之需？相爱的人不仅仅只是有性趣吧？大蚊之爱有如跳一曲生命之舞，爱爱时的姿态变换无穷。缘蝽们爱得痴缠专注。象甲只是雌背着雄的亲昵和相亲相爱的厮守，因而我想虫虫们也不只是为了繁衍之需才在一起。

不浪漫的叔本华之说深植人心。人类所有与性有关的行为举止也出于传宗接代这个动物性的本能，那会是多么令人尴尬的事啊。高智商的人类后来又确定除性爱之外人还有精神相爱之说，令人难堪的话题这才放进了文明和道德的筐里。的确，相爱之人除“性趣”外，精神依恋不可或缺，有时更为重要。人类有精神生活需要，虫豸们似乎无？我本意绝没有物种歧视之观念，我认为众生平等，但可能不时地还是会有人类的偏见，会以自我为中心。

8　　英国著名的湖畔浪漫主义诗人柯勒律治曾哀叹：生活在这个“割裂与分离的时代”，一切都四分五裂，人们正在丧失“关联万物的理解力”。他的名著《古舟子咏》是一首令人难以忘怀的音乐叙事诗，这首诗讲述了一位古代水手的故事。那位水手在一次航海中故意杀死了一只信天翁，信天翁在水手们眼里被普遍认作是象征好运的海鸟，这个水手后来经受了无数肉体和精神上的折磨后才逐渐明白“人、鸟和兽类”存在着超自然的联系。他赞同其同时代的德国著名地理学家、博物学家亚历山大·冯·洪堡对自然的认识：动态、有机、生气蓬勃。

9　　亚历山大·冯·洪堡说过：自然必须借由人的感受来体察。

我与虫情缘难了。近虫时间长了，身上有了虫味？虫虫飞落我身上成为一种自然。去野外时一只美丽的苍蝇对我手臂进行了造访，天热，臂上有汗。这是一只从没见过的苍蝇，夜间散步时它飞扑到我的衣袖上，微弱光线里它闪着幻彩般的金属光泽。我与虫虫，缘难了……发生了纠缠。量子纠缠？不同物种间的纠缠？蝶、蜻、螳……

在野外，一群人，我永远是被虫虫最喜欢的那一个，也基本上是最先发现虫虫的那个人。都说人以群分、物以类聚，我这个人与虫有缘。

我算是参悟了，在自然里，在山水间，在草虫边，只要是在野状态，我便快活得如一茎草木在风中摇曳，如一只小虫在阳光下漫步晒翅……

后 记

着手写这部书稿时，空气一天比一天干燥。高了的天，给人一种辽远空阔的清寂感，让人遥想远方。草木的颜色经霜，由绿到黄到红，浓淡纷呈，一副满含深情、缱绻不舍的样子。

在那样的时日里，我做了一个自然与文学嫁接在一起的梦。父亲去世后，我第二次梦见他，在现在的家里，梦里的他还没患阿尔茨海默病，他跟老朋友们围桌打麻将，忽然，桌上麻将牌有图的那面变成了各种稀罕虫虫，都是云南独有种。父亲推倒麻将牌说："不打了，走，拍虫去！"然而，跟我上山拍虫的不是父亲，而是看不清面孔的一个人，那人忽地爬上一棵结着很多下荚果的黑荆树，树干上爬着好几只漂亮的网翅蝉，那人对我说莫名其妙的话："我可不是卡夫卡！"我没理他，对着那几只蝉狂拍起来，拍得的蝉翼膜翅清晰无比……

鸣蝉是我正式用手机拍虫后一直想拍的，但听得见它在高处聒噪却只在很多年前去滇南采访时用相机拍过一次。这梦奇异。有人物有细节，记之。

一本本土杂志采访我，本来是要做个纯与读书写作有关的访谈，可我偏偏不往读书上说，我说，最近书读得少了，我现在多在读自然这本书，大书。

阅读自然的这条路径上，人并不多。这条小径两边有关草木有关虫虫的小微视界令我着迷，现在的我更想把这种看见呈现给这个世界。那次采访，我东扯西拉，我对采访者说，借波拉尼奥的一本书名《荒野侦探》，可以定义一下我现在的生活方式。

"荒野侦探"，我真愿给自己贴这么个标签，但我的脚印踩得实在是不远，仅在周边的山野转转看看，我倒愿意以后有更多机会走得远一点，真的走到大荒大野里去，成天跟草木跟虫虫接触，然后于我心深处的旷野高唱我自己的歌。

“世界那么大，我想去看看！”两年前一个女人对自由浪漫生活无比向往，直截了当写下这两句话的辞职信背包出走，触动了太多上班族的心。我想告诉你的是，不走远不辞职也可看大世界，昆虫的世界如此生动，一样地有生死爱恨，有捕猎伪装，有求偶炫耀。世界处处有美，俯拾皆是，可是都被忽略了。世界很大，要去看；家门口，眼前眼下，降低你的身段，去看低处的美丽新世界。

需要说明的是，自我开始拍虫，发图文在自媒体上，就老有人问我用什么拍虫。我说一直用手机拍，问的人多数不信。进山，我的体力只够我背上点干粮和一瓶水，倘若我像那些真正的生态摄影师，比如张巍巍、李元胜、刘晔等老师那样，长枪短炮扛个三脚架，我早就累趴了。背上包，我手里只有拿手机和移动双脚加上双眼在草窠里寻觅虫虫的力气了。四年来，用过小米 2 和三星 6S+，2017 年春天才附加一个网上买的 15 倍微距镜头拍，它的拍摄效果无法与真正的大相机微距镜头比，但我为何坚持这样拍？首先，小小手机拍虫的闯入感不强，较易得到最自然的生境照片！我写此书的目的是想让你跟着我看见那些细微之处，看我用文字图片讲它们的故事，因为“看见”并不容易。我希望读者兴趣盎然地跟着我对另类生命进行观察，对它们产生真诚的情感。其次我因身体不济，基本手无缚“机”之力，而虫虫是会动的，待我凝神静气对准它，它或许已跑出了视野。我是一个业余“博物生存者”，我希望更多的普通人手持一个手机便可看见不曾看过的美。我的镜头要捕捉的是活生生的虫子及它活动范围内的生境，而不是镜头对着大头针固定了的死标本拍摄或者是捉它们回来虚拟个假的生境再聚焦它们，我不是分类学家，要条分缕析到对它们进行分类命名和研究。我在意的是我这人类的两只单眼看见了什么画面以及我呈现了什么。我微观了全貌而不仅仅是局部，我近观了别样生动的虫故事。

不久前参观了一个昆虫微距图片展，展览的微距作品少有真的生境图，多是拍摄者的“导演”图，放置虫的道具背景都是可笑的、谬误的。我视他们为玩虫者，他们把虫刺激得“嗨”起来，自己也自慰般地“嗨”起来，然后抱着这样的作品去参加各种摄影大赛、去拿奖，而这类展览上除了在“作品”下方贴有一张拍摄者获过的奖项说明及个人简历卡片，连所拍的主角是什么种都没个标注。这样的摄影展我自然不屑。

从 2017 年 10 月始，到修订完稿的 2018 年的惊蛰节气，我埋头写这本书，写得慢慢的，这不是我的风格。一天 1 000 多字，脑子最清醒的时候写。同时我开始调整身体，除了上班，我四处游玩，还写起了毛笔字，同时追各种剧，乐活着虚度着。这么放松的情绪里，我又做了个清晰的梦，梦见夜空里很多流星，我说了句“太壮观了，比狮子座流星雨好看多了！”接着，我们一群人惊叫着眼睁睁看见一颗月亮大的流星燃烧着砸在离我估计不到10公里的地方……我恐慌地问旁边的人们，那颗流星落在了什么地方？我认为那是一颗导弹。有人惊恐地对我说：“梯田，有梯田的地方！”

我又惊醒过来。我想了想从前。小时候回乡下外婆家，一到夜间，山野星空灿烂，只要仰望夜空都不难看见流星……外婆告诉我那是星星屙屎，有人去了。我问外婆，那我们家养的猪啊鸡啊牛啊马啊去了，星星也会屙屎吗？我外婆捂嘴笑着回答我：“当然，就连蚂蚱蝴蝶蛇蚤死了，星星也会屙屎的。”外婆有最朴素的生命观，在她的认知里，众生真的平等，万物皆有灵。我后来每见天际流星闪过，便会想到这句话。

梦见那么多流星，有点不安。但愿我梦见的流星不是任何濒临灭绝的物种在逝去。

博物生存者的旨趣不只是传授常识，我想让你跟我一样去野地里寄一份情，探看一番。做一只青鸟吧，青鸟殷勤为探看，这是一种世界观！

或许，在观察我们周遭的另类生命时，我们是在找寻我们可能的盟友，然后反观我们自身的不足，最终认识到我们自以为是的骄矜多么荒唐。是的，在野阅微四年来，自然界的故事令我越来越谦卑了，在此我还要引我上本书《看花是种世界观》里引过的一句话，阿尔贝特·施韦泽说的：“不敬畏所有生命，就不是真的道德。”

万物皆奇迹！在自然界中，人类只是万千物种里的一种，却并非是一个有道德的物种。

要完成这本书，去野地里拍虫及观察是非常重要的一个环节，在此我特别要感谢我的先生张毅，是他在周末节假日毫无怨言地开车送我去想去的地方，同时，除了陪伴还帮我拍到一些我没拍到的虫图，有些是重要补白。另外还要感谢在新浪微博上遇见的虫友们，比如台湾的虫友 Barnett_H 先生就不时与我交流，我不仅得到他的鼓励，还从他那儿长了见识。

2017 年的最后一天，独自往野地里去，去看草木和虫子。唯见着一只蜘蛛，其他虫子皆销声匿迹。山寒水瘦，见霜点染了叶的黄与红，于一派锈色间见千里光亮眼的花，见老熟的菝葜果，见旋花种子弹射后的空壳，见一株倒下的亡树，也见新枝萌芽。季节更替，草木荣枯，各有生命秩序，无论生与死，皆有尊严和传继。我把手伸出去，完成一个行为仪式，以呵护的姿态。年年岁岁，岁岁年年，我见证自然万物的相互依存、向死而生、生生不已。

2018 年的春天，这部书稿我便上交了，打算只收三年的拍虫日记，却没想到，2018 年夏天开始到国庆长假结束，我的虫缘好到爆，又看见和拍到些从前不曾拍到的虫子，我动了在书里增加 2018 年拍虫记的念头。跟策划约稿的张杰老师及编辑多加老师一商量，他们同意了。在此要特别感谢广西师大出版社，感谢鼓励我博物生存并专门为此书写序的博物学家刘华杰教授！感谢设计师张志奇老师，感谢手绘虫图的朋友汪敏先生！感谢为了这本书操尽了心的责任编辑周朋女士！感谢所有支持我的朋友们、读者们！

书里的每只虫在哪里拍的、拍摄时间及生境我异常清晰地记得，它们的故事都有一个备忘记录。然而，我想这纸上呈现的荒野也有一种局限和无力感，你需要接触自然野地，近距离地观花看虫，这样，方有触碰你灵魂的情感发生。

2019 年 5 月 15 日终稿

出版统筹
多马

策划
多马

责任编辑
吴学金

助理编辑
周朋

产品经理
周朋

装帧设计
张志奇工作室

责任技编
龙先华

篆刻
张泽南

手绘插图
汪敏

半夏，原名杨鸿雁，女，1966年秋出生于云南省会泽铅锌矿。云南大学生物系毕业，现供职于云南报业集团，高级编辑。中国作家协会会员，鲁迅文学院第七届高研班学员，昆明市作家协会副主席。致力于长篇小说及自然随笔的写作。出版有长篇小说《铅灰暗红》《忘川之花》《潦草的痛》《心上虫草》《活色余欢》及纪实作品《看花是种世界观》等。